中等职业学校教学用书（网站建设与管理）

ASP 动态网页设计与应用
（第 2 版）

沈大林　主　编
杨　旭　魏雪英　许　崇　等编著

电子工业出版社
Publishing House of Electronics Industry
北京·BEIJING

内 容 简 介

全书采用任务驱动方式进行讲解，以任务实现为主导，将知识点融入实例，以案例带动知识点的学习。通过对 38 个任务的分析讲解，以及最后的综合建站，再利用上百道习题的练习与巩固，由浅至深，层层引导，让学生能够快速掌握 ASP 动态网页的设计，提高编程能力。

本书内容丰富、结构清晰、图文并茂，程序实例有详细的讲解，容易看懂、易于教学与个人自学。本书可以作为中职中专学校计算机网络专业的教材，还适于作为初学者的自学用书。

未经许可，不得以任何方式复制或抄袭本书之部分或全部内容。
版权所有，侵权必究。

图书在版编目（CIP）数据

ASP 动态网页设计与应用 / 沈大林主编；杨旭等编著. —2 版. —北京：电子工业出版社，2012.9
中等职业学校教学用书（网站建设与管理）
ISBN 978-7-121-18050-7

Ⅰ. ①A… Ⅱ. ①沈… ②杨… Ⅲ. ①网页制作工具－程序设计－中等专业学校－教材
Ⅳ. ①TP393.092

中国版本图书馆 CIP 数据核字（2012）第 200280 号

策划编辑：关雅莉
责任编辑：郝黎明　　　　　　文字编辑：裴　杰
印　　刷：北京虎彩文化传播有限公司
装　　订：北京虎彩文化传播有限公司
出版发行：电子工业出版社
　　　　　北京市海淀区万寿路 173 信箱　邮编 100036
开　　本：787×1092　1/16　印张：22.75　字数：528.4 千字
版　　次：2007 年 2 月第 1 版
　　　　　2012 年 9 月第 2 版
印　　次：2022 年 12 月第 15 次印刷
定　　价：38.00 元

凡所购买电子工业出版社图书有缺损问题，请向购买书店调换。若书店售缺，请与本社发行部联系，联系及邮购电话：(010) 88254888，88258888。
质量投诉请发邮件至 zlts@phei.com.cn，盗版侵权举报请发邮件至 dbqq@phei.com.cn。
本书咨询联系方式：(010) 88254617，luomn@phei.com.cn。

PREFACE 前 言

ASP（Active Server Pages，活动服务页）是微软公司推出的一种动态网页技术，是位于服务器端的脚本运行环境，通过这种环境，用户可以创建和运行动态的交互式 Web 服务器应用程序，如交互式的动态网页，包括使用 HTML 表单收集和处理信息，上传与下载等等。更重要的是，ASP 使用的 ActiveX 技术基于开放设计环境，用户可以自己定义和制作组件加入其中，使自己的动态网页几乎具有无限的扩充能力，这是传统的 CGI 等程序所远远不及的地方。使用 ASP 还有个好处，就在于 ASP 可利用 ADO（Active Data Object，活动数据对象）来方便地访问数据库，从而使得开发基于 WWW 的应用系统成为可能。

动态网页与电子商务成为近年的热门，国内的各个院校也纷纷开设了相关的专业。相关方面的书籍也出得不少，但是，很少有一本书能够全面系统地概括出完整的动态网页与商务网站的技术要点。因此，读者在学习时常常不得不同时参考多本书的内容；而书中概念往往又不统一，导致学习上的困难。

针对以上的特点，作者从多年教学实践及网站开发的经验出发，将动态网页与商务网站开发所需的各方面知识进行系统整合，从动态网页的开发环境设置、简单的 HTML 语言、ASP 脚本语法到 Web 程序的设计、数据库网络应用程序的开发等，由浅入深地进行编排和讲解。

本书采用任务驱动方式进行讲解，以一个真实的网站"助学科网站"的构建为主线，以任务实现为重点，将知识点融入任务，贯穿以任务例带动知识点的学习。在按任务进行讲解时，充分注意保证知识的相对完整性和系统性，通过学习实例掌握软件的操作方法和操作技巧。

全书共分 8 章，第 1 章是通过一个简单案例来了解 ASP 动态网页，并学习如何设置 ASP 操作环境。

第 2 章是网页程序的基础知识，主要是 HTML 的应用。

第 3 章主要学习 VBScript 的基本数据、运算符、程序流程控制、数组和函数等内容。

第 4 章是 ASP 的 Request 对象和 Response 对象，主要学习内置对象 Request 和 Response、网页信息传递、Cookie 的应用等内容。

第 5 章是 ASP 的内置对象 Session、Application 和 Server 对象等内容，学习了聊天室、计数器等网页的制作。

第 6 章是数据库程序的实现，在这里将学习如何通过 ADO 组件来操作数据库，以及数据库环境设置等内容。

第 7 章是 ASP 的常用组件,包括文件访问组件、广告轮显示组件、浏览器性能组件以及第三方的收发电子邮件组件和文件上传组件等。

第 8 章是对本书所学知识的总结,将学习网站规划的基础知识,并将本书中所学的各个网页以模块形式组合,构成一个实用的网站。

本书由沈大林主编。杨旭,魏雪英,许崇编著,参加本书编写工作的主要人员还有:郭政、于建海、万忠、沈昕、肖柠朴、王浩轩、丰金兰、张伦、罗丹丹、朱海跃、郝侠、王翠、曲彭生、计虹、郑鹤、穆国臣、陈恺硕等。

本书可以作为中职中专学校计算机网络专业的教材,也可以作为大学非计算机专业的教材,还适于作为初学者的自学用书。

由于作者水平有限,加上编著、出版时间仓促,书中难免有偏漏和不妥之处,恳请广大读者批评指正。

编 者

2012 年 8 月

CONTENTS 目 录

第1章 ASP 网站开发基础 ……………… 1
1.1 动态网页概述 …………………… 1
- 1.1.1 静态网页与动态网页 ……… 1
- 1.1.2 ASP、JSP 与 CGI ………… 6

1.2 ASP 服务器的安装与配置 ………… 8
- 1.2.1 ASP 服务器的组成 ………… 8
- 1.2.2 IIS 的安装与网站的设置 …… 10
- 1.2.3 SQL Server 2005 数据库的安装 ………………… 16
- 1.2.4 测试 ASP 服务器 …………… 20
- 1.2.5 网站开发工具 Adobe Dreamweaver CS5 …… 21

1.3 网站开发规划 …………………… 28
- 1.3.1 网站开发规划的基本概念 ………………… 28
- 1.3.2 "助学科"网站开发规划 ………………… 30

习题 1 ……………………………… 35

第2章 网页设计基础 ………………… 36
2.1 HTML 网页设计基础 …………… 36
- 2.1.1 HTML 网页设计的基本概念 ………………… 36
- 2.1.2 HTML 文件结构 …………… 38
- 2.1.3 标题格式 …………………… 41
- 2.1.4 文字布局 …………………… 42
- 2.1.5 字体格式 …………………… 48
- 2.1.6 字符实体 …………………… 49
- 2.1.7 【任务1】"招生简章"页面设计 ………………… 50

2.2 网页中的图像、表格与列表 ……… 53
- 2.2.1 网页中的图像 ……………… 53
- 2.2.2 网页中的表格 ……………… 55
- 2.2.3 列表样式 …………………… 65
- 2.2.4 【任务2】"院校简介"页面设计 ………………… 69

2.3 网页链接 ………………………… 71
- 2.3.1 网页之间的链接 …………… 71
- 2.3.2 网页内的链接 ……………… 73
- 2.3.3 在指定窗口中打开链接 …… 74
- 2.3.4 电子邮件链接 ……………… 74
- 2.3.5 【任务3】"学生咨询"导航栏设计 ……………… 74

2.4 滚动字幕 ………………………… 77
- 2.4.1 滚动字幕 …………………… 77
- 2.4.2 【任务4】"滚动通知"栏设计 …………………… 81

2.5 任务拓展训练 …………………… 83
- 2.5.1 【任务5】网页导航模板 …… 83
- 2.5.2 【任务6】咨询台 …………… 85
- 2.5.3 【任务7】后台管理页面 …… 88

习题 2 ……………………………… 91

第3章 ASP 脚本语法 ………………… 93
3.1 ASP 脚本语言基础 ……………… 93
- 3.1.1 ASP 中的脚本语言 ………… 93
- 3.1.2 在 ASP 网页中使用脚本语言的基本格式 …………… 95
- 3.1.3 VBScript 中的数据类型 …… 97
- 3.1.4 常量与变量 ………………… 99
- 3.1.5 表达式 ……………………… 101
- 3.1.6 VBScript 脚本中的注释 …… 105

3.1.7 VBScript 代码书写规则 …… 106
3.1.8 【任务 8】"教材订购单"
页面设计 …………………… 107
3.2 标准函数与选择语句 …………… 110
3.2.1 数学函数 ………………… 110
3.2.2 字符串函数 ……………… 112
3.2.3 日期和时间函数 ………… 114
3.2.4 类型转换函数 …………… 116
3.2.5 检测函数 ………………… 118
3.2.6 选择语句 ………………… 120
3.2.7 【任务 9】时间日历 ……… 125
3.3 循环语句、数组、子过程与
函数 ……………………………… 128
3.3.1 For…Next 循环 ………… 128
3.3.2 While…Wend 循环 ……… 130
3.3.3 Do…Loop 循环 ………… 131
3.3.4 循环结构的嵌套 ………… 133
3.3.5 数组 ……………………… 134
3.3.6 子过程与自定义函数 …… 139
3.3.7 变量的作用域与生存期 …… 141
3.3.8 错误处理 ………………… 143
3.3.9 【任务 10】新闻列表 …… 146
3.4 任务拓展训练 …………………… 148
3.4.1 【任务 11】动态表格设计 … 148
3.4.2 【任务 12】"学生成绩表"
页面设计 …………………… 150
3.4.3 【任务 13】"日历"设计 …… 152
习题 3 ………………………………… 156

第 4 章 Request 对象与 Response
对象 …………………………… 158

4.1 使用 Request 对象提交网页信息 … 158
4.1.1 ASP 内置对象概述 ……… 158
4.1.2 Request 对象简介 ……… 159
4.1.3 QueryString 集合与 Form
集合 ………………………… 160
4.1.4 客户端信息的提交 ……… 161
4.1.5 表单及其在客户端信息
提交中的应用 ……………… 164

4.1.6 【任务 14】"用户登录"
页面设计 …………………… 172
4.2 使用 Request 对象获取环境
信息 ……………………………… 175
4.2.1 ServerVaribles 集合 …… 175
4.2.2 ClientCertificate 集合 …… 176
4.2.3 【任务 15】获取 ASP 环境
信息 ………………………… 177
4.3 Response 对象的应用 ………… 178
4.3.1 Response 对象简介 …… 178
4.3.2 客户端脚本对事件的
响应 ………………………… 184
4.3.3 【任务 16】网页跳转 …… 187
4.4 Cookie 在网站中的应用 ……… 190
4.4.1 Cookie 简介 …………… 190
4.4.2 创建 Cookie …………… 191
4.4.3 读取 Cookie …………… 192
4.4.4 【任务 17】"访问计数器"
设计 ………………………… 193
4.5 任务拓展训练 …………………… 195
4.5.1 【任务 18】管理员登录
窗口 ………………………… 195
4.5.2 【任务 19】Google
搜索栏 ……………………… 198
4.5.3 【任务 20】用户个性化
设置 ………………………… 199
习题 4 ………………………………… 202

第 5 章 Session、Application 和
Server 对象 ………………… 205

5.1 Session 对象及其应用 ………… 205
5.1.1 Session 对象简介 ……… 205
5.1.2 Session 对象的集合 …… 206
5.1.3 Session 对象的属性 …… 206
5.1.4 Session 对象的方法 …… 207
5.1.5 Session 对象的事件 …… 208
5.1.6 Session 对象的应用 …… 209
5.1.7 【任务 21】"强制登录"
应用设计 …………………… 211

5.2 Application 对象与 Server 对象的应用 ································ 214
  5.2.1 Application 对象简介 ········· 214
  5.2.2 Application 对象的属性、方法与事件 ···················· 214
  5.2.3 Server 对象简介 ················ 215
  5.2.4 Server 对象的属性 ············ 216
  5.2.5 Server 对象的方法 ············ 216
  5.2.6 Global.asa 文件 ················· 219
  5.2.7 #include 指令 ···················· 222
  5.2.8 【任务 22】"简单访问计数器"设计 ·················· 225
5.3 任务拓展训练 ······························ 226
  5.3.1 【任务 23】"简易聊天室"设计 ································ 226
  5.3.2 【任务 24】"防止重复刷新的计数器"设计 ····· 228
习题 5 ·· 230

第 6 章 数据库网站开发 ················ 231

6.1 数据库应用基础 ·························· 231
  6.1.1 网络数据库应用概述 ········ 231
  6.1.2 数据库的基本概念 ············ 232
  6.1.3 在 SQL Server 2005 中创建数据库 ······················ 234
  6.1.4 SQL 查询语言简介 ············ 241
  6.1.5 数据提供程序 ···················· 245
  6.1.6 【任务 25】在 Dreamweaver CS5 中快速实现"新闻浏览"页面设计 ·················· 247
6.2 在 ASP 中使用 ADO 进行数据库访问 ·· 258
  6.2.1 ADO 程序设计基础 ··········· 258
  6.2.2 Connection 对象 ················ 262
  6.2.3 Recordset 对象 ·················· 267
  6.2.4 【任务 26】使用 ADO 编程实现"新闻公告"页面设计 ························ 274

  6.2.5 【任务 27】新闻管理系统 ··· 277
6.3 使用 Command 对象操作数据库 ··· 288
  6.3.1 Command 对象简介 ············ 288
  6.3.2 Command 对象常用方法 ···· 289
  6.3.3 Command 对象的常用属性 ······························ 292
  6.3.4 【任务 28】后台管理系统 ·· 293
6.4 任务拓展训练 ······························ 301
  6.4.1 【任务 29】站内搜索 ········ 301
  6.4.2 【任务 30】新闻分页浏览 ·· 305
习题 6 ·· 311

第 7 章 常用 ASP 组件 ···················· 312

7.1 文件访问组件 ······························ 312
  7.1.1 ASP 组件概述 ···················· 312
  7.1.2 文件访问组件简介 ············ 313
  7.1.3 FileSystemObject 对象 ······ 314
  7.1.4 Folder 对象 ························ 318
  7.1.5 TextStream 对象 ················ 320
  7.1.6 File 对象 ···························· 323
  7.1.7 Drive 对象 ·························· 326
  7.1.8 【任务 31】"故事接龙"网页设计 ························ 327
7.2 浏览器性能组件 ·························· 329
  7.2.1 浏览器性能组件简介 ········ 329
  7.2.2 浏览器性能组件的属性 ···· 329
  7.2.3 【任务 32】查看浏览器性能 ································ 330
7.3 导航链接组件 ······························ 332
  7.3.1 Content Linking 组件简介 ································ 332
  7.3.2 Content Linking 组件的成员 ································ 332
  7.3.3 内容链接列表文件 ············ 333
  7.3.4 【任务 33】案例导航 ········ 333
7.4 广告轮显组件 ······························ 335
  7.4.1 广告轮显组件简介 ············ 335
  7.4.2 AD Rotator 组件的应用 ····· 335

· VII ·

  7.4.3 【任务34】动态广告条……337
7.5 电子邮件组件……339
  7.5.1 JMail 组件简介……339
  7.5.2 JMail 组件的应用……340
  7.5.3 【任务35】收发电子邮件…343
7.6 文件上传组件……346
  7.6.1 AspUpload 组件简介……346
  7.6.2 AspUpload 组件的使用……346
  7.6.3 【任务36】文件上传……349
7.7 任务拓展训练……351
  7.7.1 【任务37】文件信息浏览..351
  7.7.2 【任务38】图形显示的访问
     计数器……353
习题7……354

CHAPTER1 第1章

ASP 网站开发基础

1.1 动态网页概述

1.1.1 静态网页与动态网页

现在是信息化的时代，网络的影响已深入人们生活的方方面面，在所有网络中，对人们影响最大的就是互联网（Internet）。互联网起源于 20 世纪 60 年代末的美国的 ARPA 网（ARPANET），后来，逐渐发展成为连接全球的信息网络。在近年来，互联网已经成为人们交流、学习和商业往来的一个重要工具。使用浏览器浏览网络信息和收发电子邮件已经和写字一样成为人们工作、生活的重要技能。

互联网能够风靡世界，除了它拥有快捷的全球通信功能外，还在于它具有巨大的网络信息资源和各种人们所需的服务。万维网（WWW，World Wide Web）浏览、电子邮件（E-mail）、网络论坛（电子公告牌，BBS）、新闻组（NewsGroup）、文件传输（FTP）和电子商务等都是互联网中最常用的基本服务内容。

万维网 WWW 又称为 3W，是网络中的基本服务内容。网络中有着数以亿计的网络信息，这些信息大多以网页形式存在。万维网浏览就是通过用户计算机中的浏览器（如 IE，NetScape）去浏览网页中所提供的信息。

基本上来说，万维网中可以找到用户所需消息中的绝大多数：想看新闻，可以在网上看到当天最新的新闻，而不需要去买报纸；想出门旅游，可以在网上找到旅游景点的介绍，气象信息、住宿情况、餐饮服务等内容；做科研搞论文，可以在网上找到该研究方向的闻新动态，发展进度等。有了万维网浏览，就真的可以做到古人常说的"秀才不出门，能知天下事"了。

早期的万维网网页都是静态网页。所谓静态，是指网页的内容都是事先预备好的——

就好像报纸一样，用户只能在网络上浏览信息，而不能将用户的信息传到网络上。静态网页不能进行信息的交互，这就大大制约了万维网的应用。

随着网络技术的发展，后来又出现了动态网页。所谓动态，是指网页上显示的内容是可以变化、可以交互的。可以改变是指随着条件的不同，同一网页可以出现不同内容；可以交互是指网站与用户间的信息可以互通，用户的信息可以传送到网络上，供网站收集、分析，网站可也可以根据用户的信息来发给用户相应的信息。动态网页的出现，使网络的应用得到了极大的扩展，用户可以在网络上发布自己的信息，网站也能以此来收集用户信息，进行分析，电子邮件、网络论坛、电子商务等，都得益于动态网页的发展。

1. 静态网页与HTML

静态网页由单纯的超文本标记语言（HTML，Hypertext Markup Language）进行编辑，在存储时以HTML方式（文件扩展名为.htm/.html）存储。

网络中浏览的静态网页都是一个个的HTML文件，这些网页中可以包含有文字、图片、动画和声音，以及能够跳转到其他文件的超链接。这些所有的东西都是以超文本标记语言方式进行编辑的。

一个HTML文件包含了一些特殊的命令来告诉用户的浏览器应该如何显示文本、图像，以及网页的背景。这些命令加入到文本文件中，被称为HTML标记。如果在浏览器显示网页时查看网页的文本，可以看见在尖括号中的HTML标记。

下面是的例子说明了一个简单的静态HTML网页的是如何实现的。

打开Windows中的记事本，把下面的内容输入到记事本中，将文件以名称test.htm进行存储。注意，在存储时要选择"文件类型"为"所有文件"。

```
<html>
<body>
<p align="center"><font color="red">这是一个测试。</font></p>
<p><font color=BLUE ><I>测试OK。</I></font></p>
</body>
</html>
```

在"资源管理器"中双击打开test.htm文件，可以看到如图1-1所示的内容。

上面这段内容就是一个使用HTML编辑的简单网页。

静态网页中的内容在显示时都是不会改变的，设计时是什么样，显示时就是什么样。对于上面的网页，在显示网页的IE浏览器"查看"菜单下单击"源文件"命令，可以在打开的记事本中看到网页的源文件，如图1-2所示。

可以看到，这里的源文件代码与设计时的代码完全相同。

下面对这个使用超文本标记语言编辑的简单静态网页进行简单说明。HTML网页文件都是以<html>标记开始，以</html>标记结束的。标记<body>和</body>中放置的是文件中要显示出来的内容。其中的<p algin="center">与</p>为一对标签，表示其中的内容居中显示。<fontcolor="red">与</font>也是一对标签，表示其中的文字字体颜色（fontcolor）为红色（red）。<I>与</I>则表示其中的文字为斜体。

图 1-1　HTML 网页

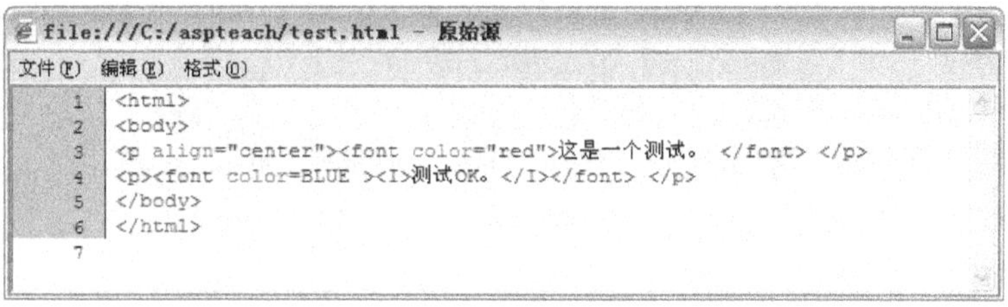

图 1-2　网页源文件

了解了标签的用途后，可以很容易地理解在浏览器中所显示出来的内容。超文本标记语言就是这样一种语言，它用简单的标记来声明所包含的内容。在第 2 章中将学习更多的超文本标记语言知识。

早期的 HTML 设计都是使用记事本之类的文本编辑软件来设计的，设计者需要能够灵活地运行这些 HTML 标签来创建网页，而且网页的效果都只能在完成后运行时才能看出来，因此开发网页也是专业人士才能干的活。

现在，能进行网页编辑的软件已是遍地开花，像 Dreamweaver、Frontpage 这样所见即所得的网站开发软件大行其道，使得不懂 HTML 语言的普通用户也可以过一把网页编辑的瘾。

2．动态网页

动态网页与静态网页从设计到实现都有所不同，动态网页是在 HTML 的基础上嵌入特殊的程序化编码来设计的。编码可以使用编程语言，如 C、Java、Visual Basic 等，也可以使用专门的脚本（Script）语言，如 VBScript、JavaScript、PHP 等。同时，在存储时也需要使用不同的文件扩展名，如.asp、.jsp、.php 等。在浏览时，除了需要有浏览器的支持外，还需要有支持相应的系统环境如 ASP、JSP 或 PHP 对其中的编码进行编译、解释，在经编译、解释后才能在浏览器中显示出正确的内容。

下面用一个例子来对动态网页进行进一步说明。

在记事本中输入下面的内容，文件保存时取名为 test.asp。

```
<html>
<body>
    <p align='center'><font size="5" color = "red" >欢迎学习ASP动态网页技术!</font></p>

    <%
    t=time()
    h=hour(t)
    if h>12 then
        clr="blue"
    else
        clr="green"
    end if
    %>

    <font size="4" color = "<%=clr%>" >现在时间是：<%=t%></font>
</body>
</html>
```

由于文件扩展名为.asp，因此，在浏览时需要有 ASP 运行环境的支持（在下一节将学习 JSP 环境的搭建），否则不能浏览到正确的内容。浏览的结果按系统时间的不同会有所改变，当时间为 12 点以前时，显示的时间文字为绿色，12 点以后显示的时间文字为蓝色，如图 1-3 所示。

图 1-3　动态网页

在显示网页的 IE 浏览器下执行"查看"→"源文件"命令，可以在打开的记事本中看到网页的 HTML 编码内容，如图 1-4 所示。

可以看到，这里的内容与上面编写网页文件时的内容并不完全相同，这是由于动态网页必须经由系统环境进行编译、解释，这里看到的只是网页内容经编译、解释后得到的 HTML 文本。

图 1-4　浏览动态网页中的 HTML 编码

上面的代码中，使用"<%"与"%>"括起来的部分是动态部分，这些内容在浏览时是经服务器端编译后，再将执行得到的结果与原文件中其他的 HTML 内容一起发送到客户浏览器中显示出来，在浏览器中得到的 HTML 编码只是动态网页在服务器端执行的结果，而不是全部的动态网页内容。

其中，在 HTML 中嵌入的动态内容使用了两种方式，ASP 的脚本代码段和 ASP 的表达式。如下所示的是 ASP 代码段：

```
<%
    t=time()
    h=hour(t)
    if h>12 then
        clr="blue"
    else
        clr="green"
    end if
%>
```

ASP 的脚本代码段都是包括在"<%"和"%>"之间，在这里可以写入大量的脚本代码，可以是上面所示的若干行脚本程序代码，也可以是函数等内容。

上面的代码中，"t=time()"表示获取系统当前时间，并将其赋值给变量 t。"h=hour(t)"表示获取变量 t 中的小时数，接下来的"if …else …end if"是一个判断语句，它对 h 进行判断，当 h>12 时，将变量 clr 赋值为 blue，否则赋值为 green。

除了脚本代码段外，网页中还使用了形如"<%=clr%>"这样的 ASP 动态表达式，它的含义是将等号（=）后面部分的内容直接显示出来。例如：

```
<font size="4" color = "<%=clr%>" >现在时间是：<%=t%></font>
```

在图中可以看到，时间 t 的值为 14:07:49，在执行前面的"if …else …end if"后，clr 的内容为 blue。因此，上面的表达式<%=clr%>和<%=t%>在显示其内容后，得到下面的 html 语句：

```
<font size="4" color = "blue" >现在时间是：14:07:49</font>
```

最后，在客户端浏览器中显示出蓝色文字："现在时间是：14:07:49"。

<%=clr%>这种表达方式实际上是一个简化的 response.write 方法，用于在当前位置显示变量 clr 的值，在后面的章节将进一步介绍 response.write 方法。

从这个例子可以知道，动态网页是由 HTML 内容与动态网页的编程语言相结合，一起来完成动态内容的，在浏览时，动态网页先经服务器端的系统环境（这个例子中是 ASP 环境）编译、解释，得到的内容再由客户端浏览器显示出来。

1.1.2　ASP、JSP 与 CGI

从上面的学习知道，动态网页的实现需要有相应的系统环境，例如，上例中使用的 ASP。除 ASP 外，还有 ASP.NET、JSP、CGI、PHP 等，相应的动态网页扩展名为 asp、aspx、jsp、cgi、php 等。

1. CGI

最早的动态网页解决方案是 CGI（Common Gateway Interface ，公共网关接口）。可以使用不同的编程语言如 C、C++、Visual Basic、Delphi 等来实现 CGI，它的功能强大，技术成熟，但是编写困难、编程效率低。同时，在这种解决方案中，当用户发出一个 CGI 请求时，服务器就开启一个新进程来进行处理，当用户访问量不大时还可以应付，如果访问量大，则服务器端负荷过重，将导致系统性能急剧下降，使得访问速度降低。因此，在当前的动态网页设计中使用得越来越少。

2. ASP

为了在网络中占有一席之地，随着技术的发展，各公司分别推出了自己的动态网页解决方案，其中使用最广泛的是微软推出的 ASP/ASP.NET 和 SUN 推出的 JSP。

ASP（Active Server Pages，活动服务页）是微软公司推出的一种用以取代 CGI(通用网关接口，Common Gateway Interface)的技术。最初，微软是在发布 Windows 98 时，同时推出了 PWS 4.0（Personal Web Server，个人 Web 服务器，可在 Win98 光盘里的 ADD—ONS 目录里找到），它本身支持对 ASP 2.0 的解释执行功能。在后来的 Windows 2000、Windows XP、Windows 2003 等系统中集成了名为 IIS（Internet Informtion Server，Internet 信息服务）的 Web 服务器，其中提供了对更高版本 ASP 的执行功能，因此，可以很方便地在 Windows 系统中实现 ASP 动态网页。

简单来讲，ASP 是位于服务器端的脚本运行环境，通过这种环境，用户可以创建和运行动态的交互式 Web 服务器应用程序，如交互式的动态网页，包括使用 HTML 表单收集和处理信息，上传与下载等，就像用户在使用自己的 CGI 程序一样。但是 ASP 比 CGI 简单。更重要的是，ASP 使用的 ActiveX 技术基于开放设计环境，用户可以自己定义和制作组件加入其中，使自己的动态网页几乎具有无限的扩充能力，这是传统的 CGI 等程序所远远不及的地方。使用 ASP 还有个好处，就在于 ASP 可利用 ADO(Active Data Object，活动数据对象)来方便地访问数据库，从而使得开发基于 WWW 的应用系统成为可能。

ASP 是一种类似于 HTML、Script 与 CGI 的结合体，它与 CGI 一样，没有提供自己专用的编程语言，而允许用户使用 VBScript、JavaScript 等常用脚本语言来编写 ASP 程序。

可以看到，ASP 最大的好处是除了可以包含 HTML 标签外，还可以直接访问数据库，并可以通过 ASP 的组件和对象技术来使用无限扩充的 ActiveX 控件来进行动态网页的开发。ASP 是在 Web 服务器端运行的，运行后将结果以 HTML 格式发送到客户端浏览器，因此比普通的脚本程序更安全。

ASP 的技术特点如下：

（1）使用 VBScript、JavaScript 等简单易懂的脚本语言，结合 HTML 代码，可以快速地完成动态网站的应开发。

（2）ASP 是解释执行，无须编译，可在服务器端直接执行。

（3）与浏览器无关，客户端只要使用可执行 HTML 码的浏览器，即可浏览 ASP 所设计的网页内容。ASP 所使用的脚本语言 VBScript、JavaScript 均在 Web 服务器端执行，客户端的浏览器不需要能够执行这些脚本语言。

（4）ASP 能与任何 ActiveX Scripting 语言兼容。除了可使用 VBScript 或 JavaScript 语言来设计外，还通过 plug—in 的方式，使用由第三方所提供的其他脚本语言，例如 Perl。

（5）可使用服务器端的脚本来产生客户端的脚本，实现客户端的动态效果。

（6）ActiveX Server Components(ActiveX 服务器组件)具有无限可扩充性。可以使用 Visual Basic、Java、Visual C++、COBOL 等程序设计语言来编写用户所需要的 ActiveX Server Component。

ASP.NET 是 ASP 的.NET 版本，在.NET 框架的支持下，具有更强的功能，更快的效率。

由于微软市场政策的原因，ASP 在使用上有一定的局限性——ASP 只能运行在微软的操作系统平台下，其工作环境只能是微软的 IIS（Internet Informtion Server，互联网信息服务）和 PWS（Personal Web Server，个人 Web 服务），同时，ActiveX 控件也对于操作平台有所依赖，因此，对于跨平台的服务不能进行良好支持。但是，Windows 系统本身就占有操作系统市场的垄断地位，再加上微软的支持，ASP 技术在动态网站中得到了广泛的应用。

3．JSP

JSP 是一种较新的动态网站开发技术。与 ASP 由微软独自开发不同，JSP 是由 SUN 公司所倡导，众多公司参与一起建立的一种动态网页技术标准，它是基于 Java 技术的动态网页解决方案，具有良好的可伸缩性，与 Java Enterprise API 紧密结合，在网络数据库应用开发方面有得天独厚的优势。同时 JSP 具有更好的跨平台支持。JSP 可以支持超过 85%以上的操作系统，除了 Windows 外，它还支持 Linux、UNIX 等。

从严格意义上来讲，JSP 是建立在 Java Servlet 技术之上，Servlet 工作在服务器端，当收到来自客户端的请求后，动态地生成响应文档，然后以 HTML（或 XML）页面形式发送到客户端浏览器。由于所有的操作都是在服务器端执行的，网络上传给客户端的只是生成和 HTML 网页，对浏览器的要求极低。

由于使用 Java Servlet 技术实现，JSP 可以被整合到多种应用体系结构中，以利用现有工具和技巧，具有健壮的存储管理和安全性，同时，还具有 Javs 语言"一次编写，随处运行"的特点。相对于 ASP 来说，JSP 是在服务器端先编译成 Servlet 包（以.class 文件形式存储），再动态执行，这种编译只在第一次访问 JSP 内容时进行，以后在访问时就可以快速地执行。而 ASP 是解释型的，每次访问网页时都是一边解释一边执行，即使访问的是同一网页内容也是如此。

此外，JSP 对许多功能进行了封装，因此 JSP Web 页面的开发并不完全需要熟悉脚本语言开发的编程人员，可以使前台的页面开发人员与后台的脚本开发人员分工合作来完成整个动态网站的开发。同时，还可以使用 Java 技术开发出自己的标识库或使用第三方提供的构件来进行有特色的、快速的动态网站开发。

目前，在国内的动态网站开发中，ASP 应用最为广泛，而 JSP 由于是一种较新的技术，国内采用的较少。但在国外，JSP 已经是比较流行的一种技术，尤其是电子商务类的网站，多采用 JSP。对于初学者来说，学习 ASP 的基础比 JSP 要求低，易于入门，ASP 中的脚本语言 VBScript 和 JScript 比 JSP 中的 Java 语言学习起来也更容易一些。

1.2 ASP 服务器的安装与配置

1.2.1 ASP 服务器的组成

在上一节的学习中，知道了 ASP 动态网页的执行分为客户端的请求和服务器端对动态网页的解释执行。ASP 动态网页的执行过程如图 1-5 所示。

当用户从浏览器输入了要访问 ASP 动态网页文件的 URL 地址后，浏览器就将这个 URL 请求发给 Web 服务器，如果服务器上安装了 ASP 服务系统，当检查到是.asp 后缀名时，就调用 ASP 服务程序。ASP 服务程序读出相应.asp 文件，对其进行解释执行，如果其中含有对数据库的操作，则通过数据库驱动程序来访问数据库。ASP 解释并执行命令后，将结果（此时已是 HTML 格式的静态网页）回传给 Web 服务器。然后，Web 服务器再把结果发给客户端浏览器，在浏览器看到的只是执行的最终结果。

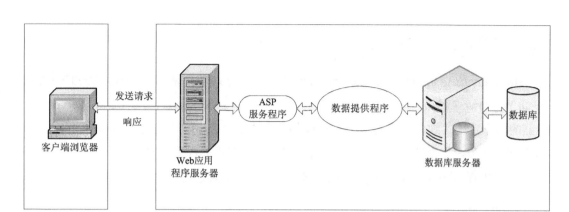

图 1-5　ASP 的执行过程

因此，在学习 ASP 之前，除了有一个可能浏览网页的客户端浏览器外，还需要搭建一个可以运行 ASP 的服务器环境。在学习中，为了测试的方便，服务器和客户端可以都运行在同一台计算机中，只是在浏览器中所访问的 URL 地址格式如下：

```
http://localhost:端口号/路径/网页文件名
```

其中，localhost 表示本地主机，端口号表示运行 Web 服务的端口。端口号可省略，此时为默认值 80。

例如：

```
http://localhost/test.asp
```

上面 URL 表示通过默认端口 80 访问本地主机当前网站根目录下的 test.asp 文件。

```
http://localhost:8080/aspteach/index.asp
```

上面的 URL 表示通过端口 8080 访问本地主机当前网站根目录下的 aspteach 目录中的 index.asp 文件。这里的 aspteach 目录可以是网站根目录下的一个实际物理目录，也可以是一个虚拟目录（即该目录真实路径并不在网站根目录下，只是通过 IIS 中的设置使其在应用中就像是在网站根目录下一样）。

客户端浏览器可以使用常用的网页浏览器，如 IE、FireFox（火狐）、Chrome（谷歌）等都可以。服务器端则需要专门的服务器软件，包括操作系统、ASP 服务程序、Web 应用程序服务器、后台数据库等。

本书所用到的 ASP 服务器中，操作系统使用的是 Windows Server 2003，Web 服务和 ASP 服务是使用的 Windows Server 2003 所带的 IIS 6.0，后台数据库使用了 Microsoft SQL Server 2005 和 MS Access 2003（Microsoft Office 2003 组件之一）。下面，将学习 IIS 6.0 与 Microsoft SQL Server 2005 的安装。

1.2.2　IIS 的安装与网站的设置

IIS（Internet Information Server，互联网信息服务）是 Windows 2000/XP/2003/Vista/Windows 7 的组件之一，如果安装的是 Windows 2000 Server 或 Windows Server 2003 以上的操作系统，则在安装时会提示安装相应版本的 IIS。如果安装的是 Windows 2000 Professional 等操作系统，默认情况下不会安装 IIS，需要进行手工安装。

下面以 Windows Server 2003 为例，来说明 IIS 的安装过程。

1．IIS 的安装

（1）单击"开始"→"控制面板"→"添加删除程序"菜单命令，打开"添加删除程序"对话框，在该对话框中单击"添加/删除 Windows 组件"按钮，在弹出的"Windows 组件向导"对话框中的"组件"列表框中选择"应用程序服务器"项，如图 1-6 所示。在"Windows 组件向导"对话框中单击"详细信息"按钮，打开"应用程序服务器"对话框。在"应用程序服务器"对话框中的"应用程序服务器的子组件"列表框中选择"Internet 信息服务（IIS）"选项，如图 1-7 所示。再单击"详细信息"按钮，打开"Internet 信息服务（IIS）"对话框。

图 1-6　选择"应用程序服务器"选项

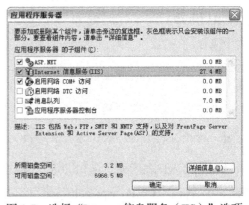
图 1-7　选择"Internet 信息服务（IIS）"选项

（2）在"Internet 信息服务（IIS）"对话框中的"Internet 信息服务（IIS）的子组件"列表框中选择"万维网服务"选项，如图 1-8 所示。注意，如果不是很熟悉，请不要改变其他各项的选择状态。单击"详细信息"按钮，打开"万维网服务"对话框。在"万维网服务"对话框中的"万维网服务的子组件"列表框中，依次选中"Active Server Pages"和"万维网服务"选项，如图 1-9 所示。

（3）单击"确定"按钮，返回上一级的"Internet 信息服务（IIS）"对话框。以此类推，在各个对话框中均单击"确定"按钮，返回其上一级对话框，直到返回到"Windows 组件向导"对话框。

第1章 ASP 网站开发基础

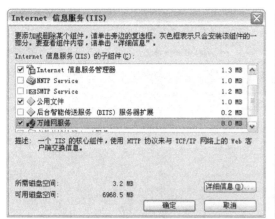

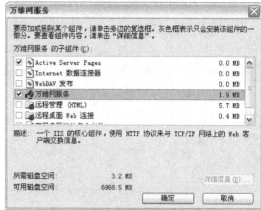

图1-8 选择"万维网服务"选项　　图1-9 选择"Active Server Pages"和"万维网服务"选项

（4）在"Windows 组件向导"对话框中单击"下一步"按钮，进行 IIS 服务器的安装。稍等一会，即可完成 IIS 服务器的安装。

2. 配置网站

安装完成 IIS 服务器后，接下来需要进行网站的配置。默认情况下，IIS 的网站根目录为系统盘下的"\Interpub\wwwroot"目录。本书中，为学习创建网站的全过程，没有使用默认目录，因此，在进行网站配置前，先要在资源管理器中创建个一个新的文件夹，作为 Web 网站的发布目录。下面是配置网站的步骤。

（1）创建文件夹

在 C:盘根目录下创建名为 aspteach 的文件夹，该文件夹将作为新建网站的根目录。

（2）新建 Web 网站

执行"开始"→"管理工具"→"Internet 信息服务（IIS）管理器"菜单命令，打开"Internet 信息服务（IIS）管理器"对话框。在"Internet 信息服务（IIS）管理器"对话框左侧的窗口中，展开树状列表，可以看到"网站"中已经存在一个默认网站。该网站即为端口为 80 的万维网默认网站。由于在后面新建的网站也将使用 80 端口，为避免冲突，这里先将该网站停止运行。在"默认网站"项上单击鼠标右键，在弹出的菜单中单击"停止"菜单命令即可停止默认网站的运行。

接下来开始创建本书所需要的网站。在"网站"项上单击鼠标右键，在弹出的菜单中选择"新建"→"网站"命令，如图 1-10 所示。

此时将弹出"网站创建向导"对话框，在该对话框中单击"下一步"按钮，进入"网站描述"设置步骤，在文本框中输入"aspteach"，如图 1-11 所示。这里的网站描述即是网站在"Internet 信息服务（IIS）管理器"中的名称。

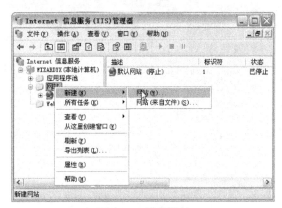
图1-10 新建网站

图1-11 网站描述

（3）设置 IP 地址和端口

单击"下一步"按钮进入"IP 地址和端口设置"步骤，如图 1-12 所示。

网络上的每一个 Web 网站都有一个唯一的标识，从而使用户能够准确地访问。这一标识由三部分组成，即 IP 地址、TCP 端口号和主机头名，每个网站必须有唯一的标识组合。

"网站 IP 地址"用于指定新建网站的 IP 地址，如果没有指定，则表示为默认网站，运行时，所有向该计算机的 Web 请求都将由该网站响应。"网站 TCP 端口（默认：80）"用于指定服务的端口，HTTP 的默认端口为 80。可以将端口号改为任一未使用的端口，如果改动了端口号，则需要在 URL 中指定端口号才能访问，这为用户的访问带来不便。通常出于安全考虑或多个网站并存的目的，才会考虑改变端口号。而对于对外发布的公共网站，则通常不需要改变设置。主机头可用于将不同的域名指向同一 IP。

例如：

```
http://localhost/test.asp
```

上面 URL 表示通过默认端口 80 访问本地主机当前网站根目录下的 test.asp 文件。

```
http://localhost:8080/index.asp
```

上面 URL 表示通过端口 8080 访问本地主机当前网站根目录下的 index.asp 文件。

在这里不需要进行修改，使用默认设置。在该对话框中单击"下一步"按钮，进入"网站主目录"设置步骤。

（4）设置网站主目录

在"路径"文本框中输入"C:\aspteach"，即前面所创建的文件夹路径，设置该文件夹为网站根目录。如图 1-13 所示。

单击"下一步"按钮，进入"网站访问权限"设置步骤。

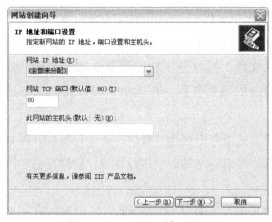

图 1-12 IP 地址和端口设置

图 1-13 设置网站主目录路径

（5）设置网站访问权限

在这一步，将设置用户对 Web 网站的访问权限，默认设置只选择了"读取"和"运行脚本（如 ASP）"项。由于在本书中将学习文件的上传，因此需要具有"写入"权限，因此，需要选择"读取"、"写入"和"运行脚本（如 ASP）"项，如图 1-14 所示。

单击"下一步"按钮，进入最后的完成窗口，完成网站的设置，返回"Internet 信息服务（IIS）管理器"对话框，如图 1-15 所示。

图 1-14 设置网站访问权限

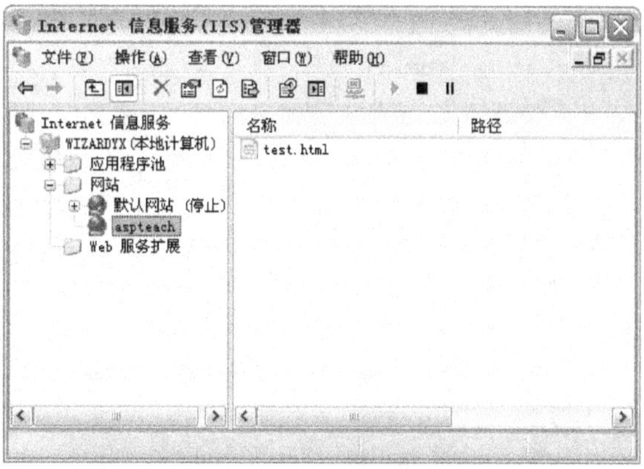

图 1-15 完成网站创建

（6）设置默认文档

在访问网站时，通常使用的是如下格式的 URL：

```
http://域名
http://IP 地址
```

例如：

```
http://www.sina.com.cn
http://202.108.33.36/
```

浏览器访问 IIS 的时候是这样的：IP →端口 →主机头 →该网站主目录→该网站的默认首文档。在这种 URL 访问格式中，没有指明所要访问的网页，此时，Web 网站将认为用户是访问当前网站的"默认文档"。"默认文档"通常使用特定网页文件的名称，如 Default.htm、index.htm 等，也可以是任意指定的网页名称。在这里，将设置网站下的 index.asp 为"默认文档"。

在 aspteach 网站项上单击鼠标右键，在弹出的菜单中选择"属性"命令，将打开网站的"属性"对话框，如图 1-16 所示。属性对话框可以对网站属性进行设置，包括在创建网站时的属性也可在这里进行更改。

单击"文档"选项卡，在文档选项卡中选中"启用默认内容文档"。可以看到在列表框中已有两个默认的文档名 Default.htm 和 Default.asp。在访问网站时，如时没有指定文件名，Web 服务器会对列表框中列出的文件名从上向下在网站目录中进行查找，找到后就显示该网页文件。单击"添加"按钮，在弹出的"添加默认文档"对话框中输入 index.asp，然后单击"确定"按钮。可以看到 index.asp 已被加入到列表框，单击列表框左侧的按钮，将 index.asp 设置为顶端第一个，如图 1-17 所示。

图 1-16　网站属性对话框

图 1-17　设置默认文档

这样设置后，在使用 http://localhost 来访问本地主机 Web 网站时，将显示 Web 网站下 index.asp 的内容。

到这里，IIS 的配置完成。接下来将启动 IIS 网站。

（7）启动网站

首先，需要在"Internet 信息服务（IIS）管理器"对话框的"Web 服务扩展"中"允许"Active Server Pages 的运行，如图 1-18 所示。

由于"IP 地址和端口设置"项是选择默认的配置，因此，在同一个 IP 下只能启动一个网站（关于主机头与多网站的配置，可查看相关的 Windows 2003 网络设置的资料）。由于不能同时启动多个网站，因此需要先将原来启动的"默认网站"停止。

图 1-18　允许 Active Server Pages 的运行

如果在前面步骤"（2）新建 Web 网站"时，停止了"默认网站"的运行，则新建的网站会自动启动；如果没有停止"默认网站"的运行则新创建的"aspteach"网站是停止的，没有运行。此时可按下面步骤来启动网站。

将鼠标放在"默认网站"项上单击鼠标右键，在弹出的快捷菜单中选择"停止"命令，停止该网站的运行。

将鼠标放在"aspteach（已停止）"项上单击鼠标右键，在弹出的快捷菜单中选择"启动"命令，即可启动该网站。

最后有一点需要注意，如果是在 Windows XP 下，由于不能新建网站，这时可以设置默认网站"属性"，对网站"属性"对话框中的"主目录"选项卡下的"本地路径"进行修改，改为所需要指向网站的根目录路径，如图 1-19 所示。

图 1-19　修改网站根目录路径

此外，也可以在默认网站上单击鼠标右键，在弹出的菜单中选择"新建"→"虚拟目录"命令来创建虚拟目录，"虚拟目录"将新的网站目录作为子目录加到默认网站中，访问网页时以下面的 URL 格式进行。

```
http://localhost/虚拟目录名/文件名
```

1.2.3 SQL Server 2005 数据库的安装

作为电子商务中的必需部分，一个有用的动态网站是离不开数据库的支持的，ASP 可以通过 ODBC（Open Database Connectivity，开放数据库连接）来实现对后台数据库的访问。

ASP 可以访问的数据库有很多，包括 Microsoft SQL Server、Microsoft Access、Oracle 和 DB2 等。为了便于学习，本书中案例的数据部分采用使用较多的 Microsoft SQL Server 和 Microsoft Access 数据库，其中，Microsoft Access 是解决桌面应用的小型数据库，它包含在 Microsoft Office 套件中，在安装 Office 时一起安装。

Microsoft SQL Server 是面向企业级应用的大型数据库，在商务网站应用中非常广泛。Microsoft SQL Server 需要单独进行安装，下面将学习安装的 Microsoft SQL Server 2005。

1. 启动安装程序

在光驱中放入 Microsoft SQL Server 2005 安装光盘，光盘自动运行后弹出如图 1-20（a）所示的"开始"界面。如果光盘没有自动运行，可以双击执行光盘根目录下的 splash.hta 文件来进行安装。

在"开始"界面中单击"基于 x86 的操作系统"按钮，将弹出如图 1-20（b）所示的"安装"界面。

图 1-20 Microsoft SQL Server 2005 安装开始界面

2. 最终用户许可协议

在"安装"界面中单击"服务器组件、工具、联机丛书和示例"项，将弹出如图 1-21

所示的"最终用户许可协议"步骤,必须同意该协议,才能进行下一步的安装。选中"我接受许可条款和条件"复选框,再单击"下一步"按钮,进入"安装必备组件"步骤,如图 1-22 所示。

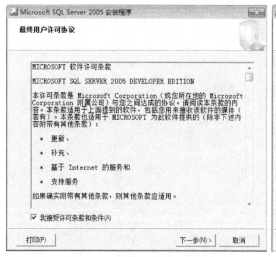
图 1-21　最终用户许可协议

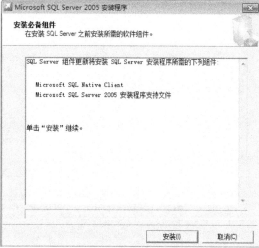
图 1-22　安装必备组件

3．安装必备组件

SQL Server 2005 的安装需要一些软件组件的支持,这一步将检查并安装相关组件。单击"安装"按钮进行安装。稍等一会,组件安装完成后会显示如图 1-23 所示界面。单击"下一步"按钮,进入 SQL Server 2005 安装向导步骤,如图 1-24 所示。单击"下一步"按钮进行 SQL Server 2005 的安装。

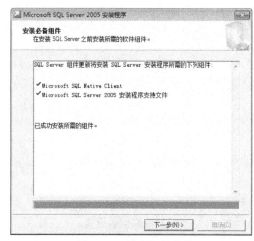
图 1-23　完成组件安装

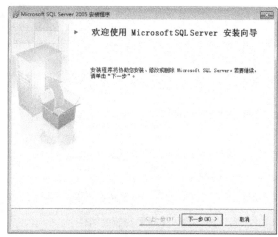
图 1-24　进入安装向导步骤

4．安装 SQL Server 2005

(1)安装 SQL Server 2005 时,还需要先进行系统配置检查,如图 1-25 所示。

（2）检查完毕后，单击"下一步"按钮，进入"注册信息"步骤。在该步骤中，需要按提示输入姓名、公司、产品密钥等信息，如图1-26所示。

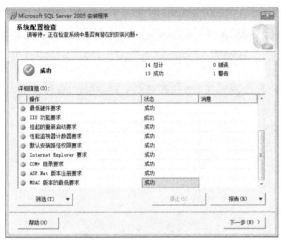
图1-25 系统配置检查

图1-26 输入注册信息

（3）输入信息完成后，单击"下一步"按钮，进入"要安装的组件"步骤，选择需要安装的组件。这里，只需要选择 SQL Server Database Services 项（必选）和"工作站组件、联机丛书和开发工具"项即可，如图1-27所示。

（4）选择完成后，单击"下一步"按钮，进入"实例名"设置步骤，这一步使用默认设置，如图1-28所示。

图1-27 选择要安装的组件

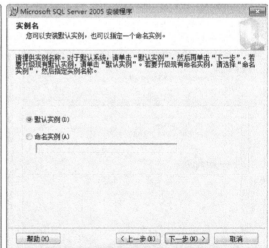
图1-28 实例名设置

（5）单击"下一步"按钮，进入"服务账户"设置步骤。在此步骤选择"使用内置系统账户"项和"SQL Server"项，如图1-29所示。

（6）单击"下一步"按钮，进入"身份验证模式"设置步骤。先选择"混合模式（Windows

身份验证和 SQL Server 身份验证"项,再在下面文本框中输入超级管理员 sa 的密码,本书中使用密码为 123456。两次输入相同的密码,如图 1-30 所示。

(7)单击"下一步"按钮,进入"排序规则设置"步骤。这一步使用默认设置。

(8)单击"下一步"按钮,进入"错误和使用情况报告设置"步骤。这一步也使用默认设置。

(9)单击"下一步"按钮,进入"准备安装"步骤。单击"安装"按钮,即可进行安装。

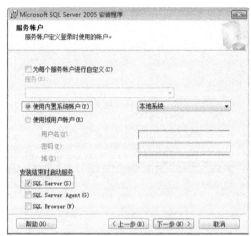

图 1-29　服务账户设置

图 1-30　身份验证模式设置

(10)安装时,将显示如图 1-31 所示的安装进度界面。

(11)安装完成后,单击"下一步"按钮,进入"完成 Microsoft SQL Server 2005 安装"步骤,如图 1-32 所示。单击"完成"按钮,完成安装。

图 1-31　安装进度

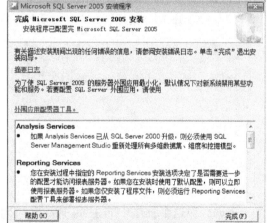

图 1-32　完成安装

现在,所需的 ASP 服务器环境安装完成,完成 ASP 服务器的安装与配置后,接下来创建一个 ASP 动态网页,对服务器进行测试。

1.2.4 测试 ASP 服务器

打开记事本，在记事本中输入如下代码：

```
<!--firstpage.asp-->
<html>
<!--下面的html语句用于每10秒刷新页面-->
<meta http-equiv="refresh" content="10">
<body>
<p align='center'><font color = "red" >第一个ASP动态网页!</font></p>
<% '从这一行开始ASP动态脚本编码
   '创建变量d，并获取当前时间
   d=now()
   '输出当前时间
   response.Write("现在时间是")
   response.Write(d)
   '结束ASP脚本编码
%>
</body>
</html>
```

输入完成后，将文件取名为 firstpage.asp，保存在 C:\asptech 目录下。注意，保存时设置"文件类型"为"所有类型"，"编码"格式为"ANSI"。

打开浏览器，在浏览器中输入地址 http://localhost/firstpage.asp 打开网页，结果如图 1-33 所示，表示 ASP 服务器运行正常。

图 1-33　第一个 ASP 动态网页

下面，对这个程序中的主要内容进行简单解释。

程序的第一行是一个 HTML 注释语句，注释语句在浏览器中不会被执行，仅用于对程序的说明。

<HTML>和</HTML>标签说明 HTML 网页文件的范围。

第三行也是一个注释语句,它说明下面的这一行语句的用途。

```
<meta http-equiv="refresh" content="10">
```

上面语句用于每 10 秒向服务器商提出一次请求,刷新页面。

<BODY>和</BODY>标签说明这里是文件的主体。<%与%>标签说明其中包含的是动态网页代码。

程序中有许多以半角单引号(')开头的语句,这些是 ASP 中 VBScript 脚本的注释语句,它们不参与程序编译,在浏览器中执行的 HTML 中将看不到这些注释语句。

语句"d=now()"是 VBScript 脚本语句,它用于将当前系统时间赋给变量 d。

语句"response.Write("现在时间是")"和 "response.Write(d)"用于将括号中的参数(可以是字符串或变量)作为字符串输出到 HTML 文档中。

如果在浏览时查看网页的源文件,可以看到 ASP 动态生成的 HTML 代码,如图 1-34 所示。

图 1-34　第一个 ASP 网页生成的 HTML 源文件

从图中可以看到,原来 ASP 代码中动态执行的语句部分没有了,取而代之的是动态执行结果所得到的 HTML 代码。例如,在语句"response.Write(d)"执行后,在相应位置输出了变量 d 的值,即当前系统时间"2011-5-1 14:16:33"。

第一个 ASP 动态网页到这里学习完毕,从中可以了解到 ASP 网页程序是 HTML 标签与 ASP 动态语句的结合体。ASP 动态网页在服务器中经编译执行后,将得到的 HTML 代码发送到客户端浏览器中显示出来,ASP 动态语句作为页面中的动态执行部分,不会发送到客户端浏览器中,在浏览器中看到的只是 ASP 动态语句的执行结果。

1.2.5　网站开发工具 Adobe Dreamweaver CS5

在上面的程序案例中,使用了记事本来编辑网页,在一些比较小的,内容不太复杂的网页中使用这种方法是可行的,但是对于大型网站,内容复杂的网页,再使用记事本来进行 JSP 开发就显得效率低下,力不从心。

面对网络的开发应用,很多公司都推出了自己的网站开发工具,本书中采用的是 Adobe 公司的 Adobe Dreamweaver CS5。Dreamweaver 原为 Macromedia 公司所有,后来 Macromedia 公司被 Adobe 公司收购,所以称为 Adobe Dreamweaver。

当前最新的 Dreamweaver 为 Adobe Dreamweaver CS5,它是 Adobe CS5 套件中的一个部分。Adobe CS5 分为大师典藏版、设计高级版、设计标准版、网络高级版、产品高级版五大版本,各自包含不同的组件,总共有 15 个独立程序和相关技术,具体包括 Photoshop CS5、Dreamweaver CS5、Fireworks CS5、Illustrator CS5、InDesign CS5 等。

Adobe CS5 在 Windows 2003 中的安装比较简单,这里就不再详述。

1. Adobe Dreamweaver CS5 开发环境

安装好 Dreamweaver CS5 后,运行程序,打开 Dreamweaver CS5 开发环境,如图 1-35 所示。

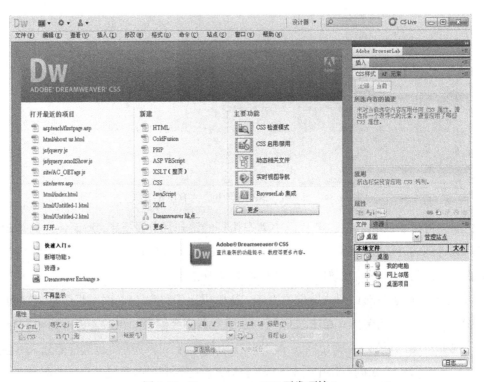

图 1-35　Dreamweaver CS5 开发环境 1

在设计状态下,Dreamweaver CS5 的设计环境如图 1-36 所示。

由图 1-36 可以看出,Dreamweaver CS5 开发环境主要由菜单栏、工具栏、文档窗口、属性栏(也叫"属性"面板或"属性"检查器)和右侧可折叠的浮动面板等组成。

单击"查看"→"工具栏"→"×××"菜单命令,可打开或关闭"文档工具栏"等各个工具栏。

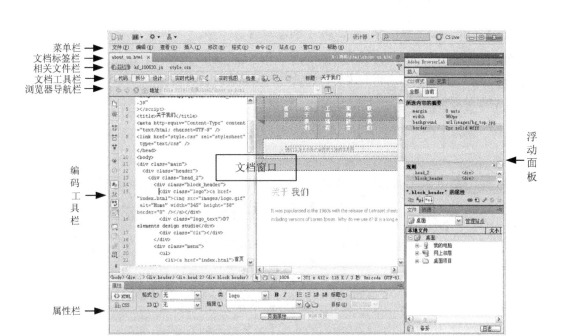

图 1-36 Dreamweaver CS5 开发环境 2

单击"窗口"→"×××"菜单命令,可打开或关闭"属性"栏和右侧的各种浮动面板。

单击"浮动面板组"右上角的 按钮,即可将"浮动面板"在面板状态和图标状态间进行切换,如图 1-37 所示。在设计时,为使文档得到最大可视化效果,通常将浮动面板切换到图标状态。

图 1-37 浮动面板的面板状态与标签状态

关于各个工具栏和浮动面板的具体功能,将在后面的学习中进行详细介绍,在此略过。

2. 在 Adobe Dreamweaver CS5 中创建网站

在网站的开发中,第一步就是创建网站,接下来,将学习如何在 Dreamweaver CS5 中创建网站。

(1)设置站点根目录

执行"站点"→"新建站点"菜单命令,打开"站点设置对象"对话框,如图 1-38 所示。

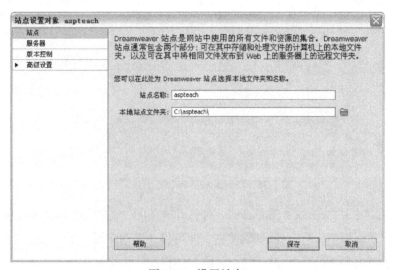

图 1-38 设置站点

在"站点设置对象"对话框左侧选中"站点"项,再在右面的"站点名称"文本框中输入 aspteach,在"本地站点文件夹"文本框中输入"C:\aspteach\",即以前面所创建的 IIS 网站目录为 Dreamweaver 中站点的根目录。

(2)服务器设置

单击左侧的"服务器"项,再单击右面服务器列表下方的"添加新服务器"按钮(如图 1-39 所示),此时将弹出新服务器属性设置对话框,如图 1-40 所示。

图 1-39 添加新服务器

图 1-40 新服务器属性设置

设置"服务器名称"为"aspteach"。单击"连接方法"右边的下拉选项按钮,在弹出的选项中选择"本地/网络"项,再设置"服务器文件夹"为"C:\aspteach",设置"Web URL"为 http://localhost/,如图 1-41 所示。

单击顶端的"高级"按钮,切换到高级设置,在"测试服务器"下拉列表中选择"ASP VBScript"项,如图 1-42 所示。

图 1-41 服务器基本设置

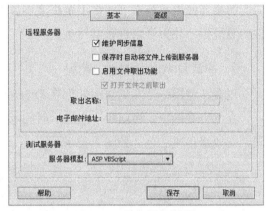
图 1-42 服务器高级设置

完成服务器设置后,单击"保存"按钮,保存设置并返回"站点设置对象"对话框。此时的服务器列表框中将出现新添加的 aspteach 服务器,选中该服务器右侧的"测试"复选框,如图 1-43 所示。

至此,新站点创建完成。单击"保存"按钮,保存设置并返回 Dreamweaver CS5 开发环境。

此时可以在 Dreamweaver CS5 开发环境右侧下方的"文件"面板中看到新建的站点,如图 1-44 所示。

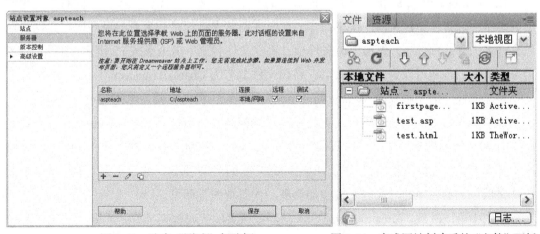
图 1-43 选中"测试"复选框　　　　图 1-44 完成网站创建后的"文件"面板

到这里,Dreamweaver CS5 中的站点创建完成,以后,就可以在网站内加入所需要的网页，并对网页进行设计。

对于静态的 HTML 网页，Dreamweaver CS5 支持"所见即所得"的功能，可以在设计视图中直接进行文字、图像、表格、链接等 HTML 元素的设计。此外，Dreamweaver CS5 也具有良好的动态网页设计功能，还可以方便地在网页中进行数据库信息查询设计，不过这些动态功能都需要在连接上服务器，在浏览器中浏览时才能看到效果（关于 Dreamweaver CS5 的具体使用不在本书的学习范围之内，本书仅对学习所需要的相关内容进行介绍，其他内容请参考相关资料进行学习）。

3．测试 Dreamweaver 站点

现在，将用一个实例演示如何在 Dreamweaver CS5 中进行 ASP 动态网页设计。

在这个案例中，将创建一个显示时间的动态网页，其中的时间可以按照上、下午的不同，变成绿色或红色，如图 1-45 所示。

（a）

（b）

图 1-45　变色的时间

"变色的时间"网页的创建步骤如下。

（1）新建网页

在 Dreamweaver CS5 的"文件"面板中的"站点"文件夹图标上单击鼠标右键，在弹出的菜单中选择"新建文件"菜单命令，此时在网站中将创建一个新的空白网页文件，默认文件名为 untitled.asp，先选中该文件项，再在文件名上单击（或按 F2 键），此时文件名为可改状态，现在可以为文件重命名，将该文件取名为 ChangeTime.asp。

在"文件"面板中双击 ChangeTime.asp 文件图标，打开文件，如图 1-46 所示。

如果打开时是空白的，表示网页是在"设计视图"。这是因为 Dreamweaver CS5 对于 HTML 网页的编辑支持"所见即所得"的功能，对于 HTML 网页，在设计视图中所见的样子基本上就是在浏览器中的效果。但对动态产生的 ASP 网页，则是不合适的。单击左上角"文档"工具栏中的"代码"按钮切换到"代码视图"即可。

从图中可以看到，Dreamweaver CS5 已经把网页的代码框架搭好了，要做的工作是对框架进行修改，添加所需的代码。

图 1-46　新建 ASP 文件

（2）代码编辑

在"代码"窗口中按下面的代码进行编辑。

```
<%@LANGUAGE="VBSCRIPT" CODEPAGE="65001"%>
<!DOCTYPE html PUBLIC "-//W3C//DTD XHTML 1.0 Transitional//EN" "http://www.w3.org/TR/xhtml1/DTD/xhtml1-transitional.dtd">
<html xmlns="http://www.w3.org/1999/xhtml">
<head>
<meta http-equiv="Content-Type" content="text/html; charset=utf-8" />
<title>变色的时间</title>
</head>

<body>

    <p align='center'><font size="5" color = "red" >变色的时间</font></p>

<%
    t=time()              '获取系统时间
    h=hour(t)             '获取小时数
    if h>12 then          '小时数是否大于12
    '如果h>12，显示蓝色时间文字
%>
        <font size="4" color = " blue" >现在时间是：<%=t%></font>
<%
    else
    '否则，显示绿色时间文字
```

```
%>
        <font size="4" color = " green " >现在时间是：<%=t%></font>
<%
    end if
%>

</body>
</html>
```

编辑完成后，保存文件，再单击"文档"工具栏中的 图标或直接按 F12 键就可以在浏览器中进行预览，效果如图 1-45 所示，则表示站点设置正确。如果不能得到正确结果，请按前面所述的站点设置步骤进行检查。

这个案例中，将网页中的 HTML 语句放在了 ASP 编码中进行动态的输出，if 语句对当前小时数进行判断后，将符合条件的 HTML 语句输出到文档中，再将得到的 HTML 文档在发送到浏览器中显示出来。

在浏览器中执行"查看"→"源文件"命令，可以看到 ASP 网页所输出的 HTML 文档，对于图 1-45（a）图，得到的 HTML 文档源文件如图 1-47 所示。

图 1-47　动态生成的 HTML 编码

1.3　网站开发规划

1.3.1　网站开发规划的基本概念

1. 网站开发规划

网页的设计与网站的设计是不一样的，学会了简单网页的设计并不表示就能设计完成一个网站。设计一个网站通常需要有一个完整的系统规划，网站不完全是网页的堆积，网站的功能也并不是越多、越全面越好，网站的设计要考虑客户的需求，在达到客户需求的基础上，还要考虑方便用户的使用，并具有特色。

在做网站之前给要有一定准确的定位，给网站定位，明确建站目的是最重要的。在明确建站目的和网站定位以后，需要收集相关的客户意见，对其进行整理，找出重点，根据业务的侧重点，结合网站定位来决定网站的栏目需要有哪几项，可能开始时会因为栏目较多进而难以确定最终需要哪几项，需要反复进行分析、归纳，将定下来的内容进行归类，形成网站栏目的树状列表用来清晰地表达网站结构。然后用同样的方法，来讨论二级栏目下的子栏目，对它进行归类，并逐一确定每个二级栏目的主页面需要有哪些具体的东西，二级栏目下面的每个小栏目需要放哪些内容。

2. 栏目策划书

对网站的规划有了基本概念后，接下来需要将上面的内容写成栏目策划书，栏目策划书要求写得详细具体，并有统一的格式，以备网站留档。策划书通常要求有电子版和书面版两份。下面简单介绍一下策划书涉及的具体内容。

（1）栏目概述

其中包括栏目定位，栏目目的，服务对象，子栏目设置，首页内容，分页内容。这一部分起到一个索引的作用，能对栏目有一个大概的整体把握和了解。

（2）栏目详情

栏目详情就是把每一个子栏目的具体情况描述一下，其中包括各个子栏目的名称，栏目目的，把子栏目的写清楚。栏目详情的内容包括：服务对象（用以明确该栏目的用途及针对的对象）、内容介绍（详细说明该栏目的具体内容）、资料来源（说明该栏目的内容来源）、实现方法（讲述实现该栏目的具体方法）等。

（3）相关栏目

这一项是用以说明本栏目和其他栏目之间的结合、沟通，通过各个栏目之间的联系，加强网站的整体性。

最后，是网站的具体设计制作（包括页面设计、制作、编程），这一步将让页面设计人员根据每个栏目的规划书来设计页面，由制作人员负责实现网页，并制作成模板，由栏目负责人向每个栏目里面添加具体内容。网站的建设应该是同时进行的，在上面所讲述的过程进行的同时，网站的程序人员应该正是处于开发程序的阶段，如果实现的这个过程中出现什么问题，编程人员应和制作人员即时结合，以免程序开发完成后再发现问题，而进行大规模的返工。

本书中，将以北京教育考试培训中心助学科网站的开发为例，进行ASP动态网站开发的系统学习。

1.3.2 "助学科"网站开发规划

1. 网站功能及需求分析

北京教育考试培训中心助学科是考试中心下属部门,"助学科"网站主要为助学科各项工作职能提供帮助,要求实现以下功能:

(1) 发布消息

列出助学科所有向公众发布的信息、通知等,对普通信息和重要通知分级显示。

(2) 学生咨询

学生通过本栏可解决在学习过程中遇到的各种常见问题,查询近期考试成绩,订购教材等。如在常见问题栏内学生没有找到想了解的信息,可以通过站内邮箱或留言簿进行咨询。

(3) 院校咨询

实现网上管理助学院校,通知发布,资料下载;此外,还需要有一个面向社会上的、有意愿与指导中心合作的企业或院校注册平台,需要登记单位名称、联系电话、联系人、希望合作的内容、电子信箱等。

(4) 导航链接

可链接其他网站和考试中心网站的其他内容。

另外,当前已有的北京教育考试培训中心网站首页如图 1-48 所示。因此,在设计"助学科"网站时还需要考虑风格上与已有的网站相容。

图 1-48 北京教育考试培训中心网站

2. 网站模块规划

根据"助学科"网站的功能及需求分析，作出如下规划。

（1）网站首页

网站首页是网站的第一重点，用户在浏览网站时最先看到的就是网站的首页，并在首页上去查找相关内容。因此，首页的设计是很重要的。网站首页设计如图 1-49 所示。

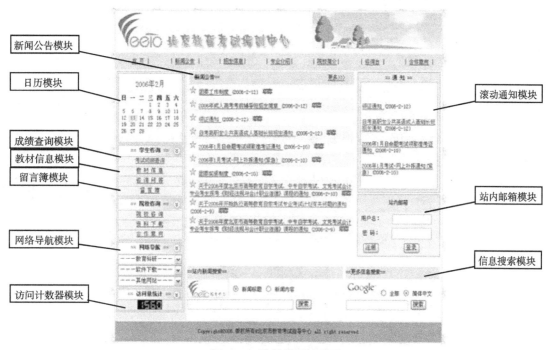

图 1-49　助学科网站首页

为了方便读者学习，对书中案例网站设计中，简化了网页中的图像内容，多以表格进行布局，并对各个相关内容进行模块化分割，在书中的相应章节给出了各个模块的实现过程。

（2）新闻公告模块

列出助学科所发布的所有新闻消息和通知，如图 1-50 所示。

新闻公告模块中列出助学科所发布的所有新闻消息和通知的标题、发布时间，对新消息加以醒目的图形提示，当用户单击新闻/通知标题时，弹出相关新闻/通知的详细内容。此外还实现了新闻的分页浏览。

（3）成绩查询模块

学生可以通过输入姓名、准考证号和身份证号来查询近期（1 年内）考试成绩，如图 1-51 所示。

图 1-50 新闻公告

图 1-51 成绩查询模块

（4）教材信息模块

学生登录后（通过输入姓名、准考证号和身份证号登录），可通过下拉菜单的形式依次选择专业、课程名称，查询结果显示该课程使用的教材名称、作者、出版社、书号及价格。考生可以订购教材，并打印订单，如图1-52所示。

图1-52　教材信息模块

（5）咨询问答模块

咨询问答模块列出一些常见问题，供学生查阅。

（6）留言簿模块

学生可以在这里留言，咨询问答模块中没有的问题，管理员在回复后也可以在这里显示，如图1-53所示。

（7）后台管理模块

后台管理模块是网站中非常重要的模块，很多管理工作在这里进行，这一模块又可分为众多的小模块，例如：学生管理、院校管理、新闻管理等，如图1-54所示。

由于本书篇幅的关系，对于其他一些模块不再一一详举，这些模块的实现方法与上述模块相似，在学完本书案例后，可以自行实现。

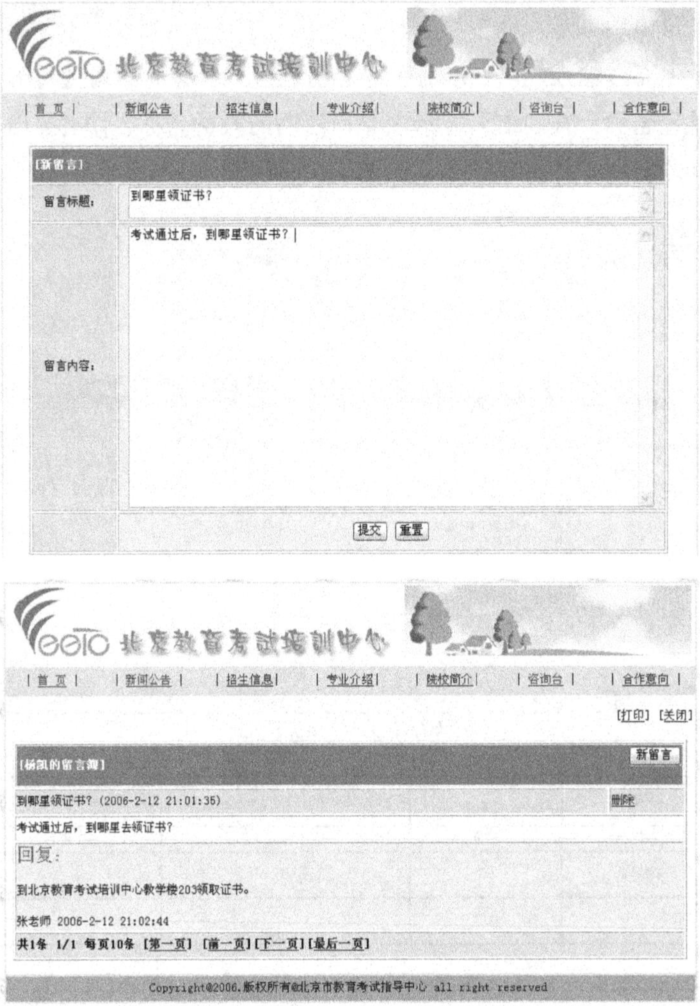

图 1-53　留言簿模块

图 1-54　后台管理模块

习题 1

1．填空

（1）动态网页是指_____。

（2）HTML 文件中可以含_____、_____、_____、_____和_____。

（3）在 ASP 网页中以_____和_____标签括起来的部分是 ASP 中动态执行的代码。

（4）ASP 只能运行在微软的操作系统平台下，其工作环境只能是微软的_____和_____。

（5）Windows 2003 中，ASP 服务器端操作环境的软件主要是_____。

（6）栏目策划书的主要内容包括：_____、_____和_____。

（7）URL 地址 http://localhost 的含义是_____。

（8）ASP 代中以半角单引号（'）开头的行表示_____。

2．问答题

（1）静态网页与动态网页的区别是什么？

（2）ASP 实现的动态网页有哪些优缺点？

CHAPTER2 第 2 章

网页设计基础

2.1 HTML 网页设计基础

2.1.1 HTML 网页设计的基本概念

HTML（Hypertext Marked Language，即超文本标记语言）是一种用来制作超文本文档的简单标记语言。HTML 文档是由 HTML 元素组成的文本文件，它能独立于各种操作系统平台（如 Linux，Windows 等）进行浏览。自 1990 年以来 HTML 就一直被用作 WWW（World Wide Web，万维网）的信息表示语言，用于描述网页的格式设计和它与 WWW 上其他网页和文件的链接信息。使用 HTML 语言描述的文件，需要通过网页浏览器显示出效果。

HTML 是一切网页实现的基础，在网络中浏览的网页都是一个个的 HTML 文件，这些网页中可以包含有文字、图片、动画和声音，还可以从当前文件跳转到另一个文件，与网络中世界各地主机上的文件相链接，故称为超文本文件。

一个 HTML 文件包含了一些特殊的标记来告诉浏览器应该如何显示文本、图像，以及网页的背景，被称为 HTML 标签。例如，第 1 章中所见过的<html>、<body>、<font>等。

HTML 不是像 C/C++、Visual Basic、Java 之类的程序语言，它只是标记语言，基本上来说，只要明白了各种 HTML 标签的用法就可以说是学懂了 HTML，HTML 的格式非常简单，只是由文字及标签组合而成。表 2-1 列出了一些常用的 HTML 语言标签。

表 2-1 常用的 HTML 语言标签

HTML 标记	含 义
<html></html>	声明这个文件是一个 HTML 文件。在文件的开头使用开始标记，在文件的结尾使用结束标记
<head></head>	声明网页文件头，紧跟在 html 开始标记之后
<title></title>	声明网页的标题，在 head 的开始和结束标记之间

续表

HTML 标记	含 义
<body></body>	声明文件主体，包括所有的文本、图片及文档中其他标记
<font color=""></font>	声明文字颜色
 	插入一个空行
<ul></ul>	声明一个无序列表
<ol></ol>	声明一个有序列表
<li>	声明一个列表项
<b></b>	声明其包含部分中的文字使用粗体
<i></i>	声明其包含部分中的文字使用斜体
<a href=""></a>	说明其包含的部分是个超链接，等号后面是链接目标文件的 URL
<img scr="">	插入一个图片文件，等号后面是图片文件的 url
<hr>	插入一个水平分隔线

下面是学习 HTML 标签的几点说明。

（1）任何 HTML 标签都是由"<"号和">"号所括住，标签名称不区分大小写。例如：<Html>、<html>和<HTML>表示相同的意思。W3C（World Wide Web Consortium，万维网联盟）在 HTML4 建议中提倡使用小写标签。

（2）多数标签是成对出现的，一对标签的前面一个是起始标签，第二个是结束标签，在起始和结束标签之间的文本是元素内容。在起始标签的标签名称前加上符号"/"便是结束标签，例如：<html>与</html>、<body>与</body>。

成对出现的标签可以嵌套使用，例如：

```
<font color="red"> <b>ASP 教程</b></font>
```

上面的标签将"ASP 教程"使用红色粗体文字显示。在嵌套时标签最好不要交叉，这会导致源文件的可读性差，且易出错。

（3）少数标签单独出现，没有配对的结束标签。例如：

```
ASP 动态语言教程<br>电子工业出版社
```

上面语句中，
标签是插入一个空行，在这里实际上是换行，即将"ASP 动态语言教程"和"电子工业出版社"分成两行显示。

（4）部分标签可以拥有属性，属性能够为页面上的 HTML 元素提供附加信息，属性只可加于起始标签中。属性通常由属性名和值成对出现，格式如下：

```
name="value"
```

其中，name 为属性名称，value 为所设置的属性值。例如：

```
<body bgcolor="blue">
```

标签<body>定义了 HTML 页面的主体元素，附加的 bgcolor 属性将可以告诉浏览器，网页页面的背景颜色，上面标记的意思是网页页面的背景色是蓝色。

属性值通常被包含在双引号中，也可以使用单引号。在某些情况下，如属性值本身包含引号时，使用单引号是很有必要的。

（5）为了与其他标签相区别，HTML 中规定了专门的标签来作为注释标签，注释标签用来在 HTML 源文件中插入注释，注释在显示时会被浏览器忽略，是不可见的。注释标签以"<!--"开头，以"-->"结束，如下所示：

```
<!-- 注    释 -->
```

（6）很多标签都具有颜色属性，HTML 中的颜色可以有两种表示方法：十六进制的 RGB 格式和在 HTML 中定义的颜色名称。RGB 格式的表示方式为"#RRGGBB"，其中 R、G、B 为 0～F 的十六进制数，分别表示红、绿、蓝三种颜色的深度，从 00 至 ff 颜色逐渐加深，00 为无色透明，ff 为纯色。HTML 中定义的颜色名称是一些常用颜色的英文单词，如 red、black、green、blue、yellow 等。例如：

```
<font color="#0000ff">ASP 教程</font>
<font color="blue">ASP 教程</font>
```

上面的两行代码均将"ASP 教程"显示为蓝色文字。

2.1.2　HTML 文件结构

HTML 的文件结构相当简单，其主体结构主要由以下三组标签构成：

```
<html></html>
<head></head>
<body></body>
```

<html>标签用以告知浏览器从这里开始是 HTML 文件，让浏览器认出并正确处理此 HTML 文件，整个 HTML 文件处于标记<html>与</html>之间。

HTML 文档通常分两部分，位于<head>和</head>标签之间的部分称为 HTML 文件头，位于<body>至</body>标签之间的部分称为正文。文件头部分用以记录与网页相关的重要信息，例如标题、字符集等，通常文件头部分都不会显示在浏览器中，只有正文部分会被显示出来。

一般 HTML 文档格式如下：

```
<html>
<head>
    文件头信息
```

```
</head>
<body>
    在浏览器中显示的 HTML 文件的正文
</body>
</html>
```

HTML 文档中，第一个标签是<html>。这个标签告诉浏览器这是 HTML 文档的开始。HTML 文档的最后一个标签是</html>，这个标签告诉浏览器这是 HTML 文档的终止。在<head>和</head>标签之间的文本是文件头信息。在浏览器窗口中，文件头信息是不被显示的。HTML 文件头部分可以使用一些专用的标签来记载信息，常用文件头标签有<title>和<meta>。

在<body>和</body>标签之间的文本是正文，会被显示在浏览器中。<body>标签之间包含的是浏览器中所显示的页面内容，作为对页面的设置，<body>标签有一些附带的属性用于设置页面的背景颜色、正文文字颜色、链接文字颜色和页面背景图像等，后面将逐一进行介绍这些属性。

1．设置文档标题

<title>标签用于指定文档标题，使用的格式如下：

```
<title> 文档标题 </title>
```

在<title>和</title>标签之间的文本是文档标题，它被显示在浏览器窗口的标题栏。

2．设置网页关键字

<meta>标签是记录有关当前页面的信息（如字符编码、作者、版权信息或关键字）的 head 元素，该标签也可以用来向服务器提供信息，如页面的失效日期、刷新间隔等。为了完成这些功能，<meta>标签提供了两种附加属性：name 和 http-equiv。

name 主要用于描述网页，以便于搜索引擎对网页进行查找、分类，目前几乎所有的搜索引擎都使用网上机器人自动查找 meta 值来给网页进行分类。其中最重要的是 description（用于网页在搜索引擎上的描述）和 keywords（定义搜索引擎用来分类的关键词），从应用角度来看，应该给网站中的每一页都插入这两个 name 属性值。例如：

```
<meta name="keywords" content="ASP 教程">
```

其中，"ASP 教程"为所设置的当前网页的关键字。在文件头加上这样的定义后，搜索引擎就能够让读者根据这些关键字查找到网页，了解网页内容。

也可以不使用 description 和 keywords 来让搜索引擎进行检索，而使用 robots 来替代。robots 的使用方式如下所示：

```
<meta name="robots" content="all | none | index | noindex | follow | nofollow">
```

设置为 all 时文件将被检索，并且页面上的链接可以被查询；设置为 none 则表示文件不被检索，而且不查询页面上的链接；设置为 index 时文件将被检索；设置为 follow 时则可以查询页面上的链接；设置为 noindex 时文件不检索，但可被查询链接；设置为 nofollow 时则表示文件不被检索，但可查询页面上的链接。

此外，还可以使用 Author，告诉搜索引擎站点的设计者姓名，例如：

```
<meta name="Author" content="赵明">
```

上面标签将告诉搜索引擎当前站点的设计者是赵明。

3．设置网页字符集

http-equiv 相当于 http 文件头的作用，可以直接影响网页的传输。常用方式如下：

```
<meta http-equiv="content-type" content="text/html; charset=utf-8">
```

上面的标签用于描述网页使用的字符集，浏览器根据此项，就可以选择正确编码字符集，而不需要读者在浏览器里选择。常用中文字符集有 GB2312、UTF-8 和 BIG5，GB2312 是简体中文编码， BIG5 则是台湾繁体中文编码的主页专用，而 UTF-8 是一种通用编码，它可以在同一页面显示简体中文、繁体中文等多种文字，是目前最为常用的编码。本书中所有编码均使用 UTF-8。

4．设置网页刷新时间

```
<meta http-equiv="refresh" content="60; url="new.htm">
```

上面标签用于刷新浏览器中的网页，在这行标签中，浏览器将在 60 秒后，自动转到网页 new.htm。可以利用这个功能，制作一个网站标志性封面页，在若干时间后，自动让用户转到指定页面。如果省略上面标签中的 url 项，浏览器将刷新当前页。这样就可以实现网页的定时刷新功能。

5．强制浏览最新网页

```
<meta http-equiv="program" content="no-cache">
```

上面的标签用于强制性调用服务器中网页的最新版本。浏览器为了节约网络访问时间，在本地硬盘上都缓存了一个网页的临时文件。在下一次调用网页时，直接显示硬盘上的文件，而不是网络上的文件。如果想让用户每次都看到最新的网页，就需要加上这个标签。

6．设置网页背景颜色和图像

<body>标签的 bgcolor 属性用于设置页面的背景颜色，例如：

```
<body bgcolor="yellow">
```

上面的标签将页面背景设置为黄色。

background 属性用于设置背景图像，例如：

```
<body background="images/bg.jpg">
```

上面的标签将站点中 images 目录下的 bg.jpg 图像文件设置为网页背景图像。在设置网页背景图像时应该注意，由于图像文件一般都比较大，网上传输较慢，最好是选择较小的文件或者是以较小的图片为背景。同时，背景图像不宜太复杂，以免影响正文的显示效果。

7. 设置正文文字颜色和链接文字颜色

<body>标签的 text 属性用于设置页面正文的文字颜色，link 属性用于设置链接文字的颜色，alink 属性用于设置激活的链接颜色，vlink 属性用于设置访问过的链接文字颜色。例如：

```
<body text="#000000" link="#0000FF" alink="#FF0000" vlink="#FFFF00"  >
```

上面的标签设置网页正文文字为黑色，链接文字为蓝色，激活的链接文字为红色，已访问过的链接文字为黄色。

8. 指定文档边距（只适用于 IE 浏览器）

<body>标签的 topmargin、bottommargin、leftmargin、rightmargin 属性可用于指定文档距浏览器上、下、左、右的空白距离，单位为像素。marginwidth 和 marginheight 属性可用于指定边距宽度和边距高度。例如：

```
<body  leftmargin="10" topmargin="10" rightmargin="10" bottommargin="10">
```

上面的标签指定了网页文档距离浏览器上、下、左、右边距为 10 像素。

9. 缺省<html>、<head>和<body>标签的网页

还有一些特殊的网页，例如，将要包含在其他页面中的网页，由于要包含到其他页面，因此设计时网页中不能有<html>、<head>和<body>标签，以免与包含它的目标网页内容发生冲突，出现多个<html>、<head>或<body>标签。这种没有<html>、<head>和<body>标签的网页，在浏览器中浏览时，会将其解释为<body>部分的正文内容。

2.1.3 标题格式

HTML 中，标题格式由标签<h1>到<h6>定义。<h1>定义了最大的标题元素，<h6>定义了最小的标题元素。此外，在显示时，每行标题后还会自动添加一行空白。例如：

```
<!DOCTYPE html PUBLIC "-//W3C//DTD XHTML 1.0 Transitional//EN"
```

```
"http:// www.w3.org/TR/xhtml1/DTD/xhtml1-transitional.dtd">
<html xmlns="http://www.w3.org/1999/xhtml">
<head>
<meta http-equiv="Content-Type" content="text/html; charset=utf-8" />
<title>标题格式</title>
</head>
<body>
<h1>标题 1 </h1>
<h2>标题 2 </h2>
<h3>标题 3 </h3>
<h4>标题 4 </h4>
<h5>标题 5 </h5>
<h6>标题 6 </h6>
</body>
</html>
```

上面网页在浏览时效果如图 2-1 所示。

图 2-1　标题格式

2.1.4　文字布局

HTML 中，与文字布局相关的标签有段落<p>、换行
、预格式化<pre>、水平线<hr>和对齐方式等。

1．段落与换行

在 HTML 网页设计时，不能像文本编辑那样使用回车键来进行换行，这样的换行在显示时是无效的。例如：

```
<!DOCTYPE html PUBLIC "-//W3C//DTD XHTML 1.0 Transitional//EN"
"http:// www.w3.org/TR/xhtml1/DTD/xhtml1-transitional.dtd">
<html xmlns="http://www.w3.org/1999/xhtml">
<head>
<meta http-equiv="Content-Type" content="text/html; charset=utf-8" />
```

```
<title>失败的段落排版</title>
</head>
<body>
<h1>蝶恋花 </h1>
苏轼
花褪残红青杏小。
燕子飞时,绿水人家绕。
枝上柳绵吹又少,天涯何处无芳草!
墙里秋千墙外道。
墙外行人,墙里佳人笑。
笑渐不闻声渐悄,多情却被无情恼。
</body> </html>
```

上面的网页在浏览器中的显示效果如图 2-2 所示。

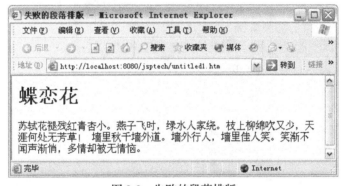

图 2-2 失败的段落排版

从图中可以看出,虽然在设计网页时进行了分段,但在浏览器中显示时并没有按设计时的排版进行显示。所以,在 HTML 中,网页设计时的回车分段在浏览器中是无效的,即使有多个回车换行,在显示时也不会有效果。还有一种类似情况,HTML 中的空格即使在设计时有多个,在浏览时也只能显示出一个空格。

HTML 提供了两个标签<p>和
来用于段落的分段和换行。<p>用于分段,
用于换行。例如:

```
<!DOCTYPE html PUBLIC "-//W3C//DTD XHTML 1.0 Transitional//EN"
"http://www.w3.org/TR/xhtml1/DTD/xhtml1-transitional.dtd">
<html xmlns="http://www.w3.org/1999/xhtml">
<head>
<meta http-equiv="Content-Type" content="text/html; charset=utf-8" />
<title>正确的段落排版</title>
</head>
<body>
<h1>蝶恋花 </h1>
```

```
<p>苏轼</p>
<p>
花褪残红青杏小。<br>
燕子飞时，绿水人家绕。<br>
枝上柳绵吹又少，天涯何处无芳草！<br>
墙里秋千墙外道。<br>
墙外行人，墙里佳人笑。<br>
笑渐不闻声渐悄，多情却被无情恼。<br>
</p>
</body>
</html>
```

上面的网页在浏览器中的显示效果如图 2-3 所示。

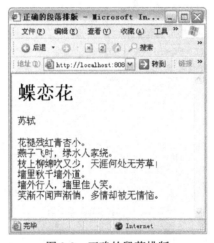

图 2-3 正确的段落排版

从图中可以看到，使用了<p>和
标签后，得到了正确的段落排版格式。还有一点需要注意，<p>标签会自动在段落后增加一行空白，表示分段。

2．预格式化

除<p>与
标签外，HTML 还提供了预格式化标签<pre>。预格式化标签支持在网页设计时的排版与浏览时相同，排版时的回车换行与空格等在浏览时也可以保留格式。例如：

```
<!DOCTYPE html PUBLIC "-//W3C//DTD XHTML 1.0 Transitional//EN"
"http:// www.w3.org/TR/xhtml1/DTD/xhtml1-transitional.dtd">
<html xmlns="http://www.w3.org/1999/xhtml">
<head>
<meta http-equiv="Content-Type" content="text/html; charset=utf-8" />
<title>预格式化</title>
</head>
<body>
```

```
<pre>
<h1>蝶恋花 </h1>
        苏轼
花褪残红青杏小。
燕子飞时，绿水人家绕。
枝上柳绵吹又少，天涯何处无芳草！
墙里秋千墙外道。
墙外行人，墙里佳人笑。
笑渐不闻声渐悄，多情却被无情恼。
</pre>
</body>
</html>
```

上面的网页在浏览器中的显示效果如图 2-4 所示。

图 2-4 预格式化排版

从图中可以看出，使用预格式化标签后，浏览器中显示的内容与在设计 HTML 代码时完全相同，其中的空行、空格与回车换行等都得到了实现。

3．对齐方式

在段落排版中，还常常会用到段落对齐方式，HTML 中可以使用附加属性 align 来控制段落对齐方式，该属性可用的值有 left、center 和 right，分别对应于段落的左对齐、居中对齐和右对齐。

此外，由于居中对齐用得比较多（如标题文字、图像等），HTML 还提供了专门的居中对齐的标签<center>。例如：

```
<!DOCTYPE html PUBLIC "-//W3C//DTD XHTML 1.0 Transitional//EN"
"http://www.w3.org/TR/xhtml1/DTD/xhtml1-transitional.dtd">
<html xmlns="http://www.w3.org/1999/xhtml">
```

```
<head>
<meta http-equiv="Content-Type" content="text/html; charset=utf-8" />
<title>对齐方式</title>
</head>
<body>
<center><h2>标题居中对齐</h2></center>
<p align="left"> 段落左对齐</p>
<p align="center">段落居中对齐</p>
<p align="right">段落右对齐</p>
</body>
</html>
```

上面的网页在浏览器中的显示效果如图 2-5 所示。

图 2-5　对齐方式

4．水平线

为了使网页美观，便于分开显示网页中的不同区域，在 HTML 中，还提供了一个图形化的分隔标签水平线\<hr\>。水平线用于在网页中分隔不同区域，常见的使用格式如下：

```
<hr color=" " align=" " size=" " width=" " noshade>
```

水平线可以附带多种属性，其中，color 用于指定水平线的颜色，默认值为黑色；align 用于指定水平线的对齐方式；size 用于指定水平线的粗细，以像素为单位，默认值为 2 像素；width 用于指定水平线的宽度，可以用像素作单位，也可以用窗口宽度的百分比作单位，默认值为 100%；noshade 属性用于设定线条是否为平面显示，若删去则有阴影，默认值为有阴影。例如：

```
<!DOCTYPE html PUBLIC "-//W3C//DTD XHTML 1.0 Transitional//EN"
"http://www.w3.org/TR/xhtml1/DTD/xhtml1-transitional.dtd">
<html xmlns="http://www.w3.org/1999/xhtml">
<head>
<meta http-equiv="Content-Type" content="text/html; charset=utf-8" />
```

```
<title>水平线</title>
</head>

<body>
<pre>
<center><h3>蝶恋花 </h3>
<h5>苏轼</h5></center>


花褪残红青杏小。
燕子飞时，绿水人家绕。
枝上柳绵吹又少，天涯何处无芳草！
墙里秋千墙外道。
墙外行人，墙里佳人笑。
笑渐不闻声渐悄，多情却被无情恼。
<hr size="5" color="#0000FF" align="center" width="90%">
<h3><center> 江城子 密州出猎</center> </h3>
老夫聊发少年狂，左牵黄，右擎苍。
锦帽貂裘，千骑卷平冈。
欲报倾城随太守，亲射虎，看孙郎。
酒酣胸胆尚开张，鬓微霜，又何妨！
持节云中，何日遣冯唐？
会挽雕弓如满月，西北望，射天狼。
</pre>
</body>
</html>
```

上面的网页在浏览器中的显示效果如图 2-6 所示。

图 2-6　水平线

从图中可以看到，下面的标签定义了一个高为 5 像素，宽为窗口的 90%，颜色为蓝色，居中对齐且有阴影的水平线。

```
<hr size="5" color="#0000FF" align="center" width="90%">
```

2.1.5　字体格式

字体格式是排版中的重要内容，HTML 中定义了多种标签来对文字的字体格式进行控制。

1．字体、颜色与大小

字体标签<font>用于字体格式设置，其附带的属性可用于文字字体、颜色和大小的设置，使用格式如下：

```
<font face=""color="" size="" >
```

其中，face 为客户端字体，如宋体、隶书、黑体等；color 为文字颜色，使用<font>标签定义的文字颜色优于在<body>的 text 属性中定义的颜色；size 为字号，HTML 中规定了从 1 至 7 共七种字体大小，1 为最小，7 为最大。此外，还可以使用+1～+7 和–7～–1 这样的增减字号，它表示在当前字号的基础上减小或增大字号。例如：

```
<font face="宋体" color="blue" size="5" >ASP 教程</font>
```

上面的语句将在浏览器中显示字体为宋体，颜色为蓝色，大小为 5 号的"ASP 教程"。

在设计时，face 最好不要超出 Windows 自带字体以外的字体，否则，如果用户在浏览时，用户的计算机上没有该字体，将会影响页面的文字效果。还有一种解决的方法是在 face 的属性值中列出多种字体，客户端浏览器在浏览时会从左到右查询字体，如果客户机上没有该字体，则会用下一种替代。例如：

```
<font face="方正简标宋,宋体"> ASP 教程</font>
```

上面语句在浏览时，如果客户机没有安装字体"方正简标宋"，则以"宋体"显示。

2．字体样式

除了文字字体、颜色与大小外，HTML 还提供了可以进行文字字体样式（如加粗、斜体、删除线等）控制的标签，常用的字体样式标签有<i>斜体、<b>加粗、<u>下画线、<strike>删除线、<sup>上标文字和<sub>下标文字等。

常用的字体样式举例如下：

```
<!DOCTYPE html PUBLIC "-//W3C//DTD XHTML 1.0 Transitional//EN"
"http://www.w3.org/TR/xhtml1/DTD/xhtml1-transitional.dtd">
<html xmlns="http://www.w3.org/1999/xhtml">
```

```
<head>
<meta http-equiv="Content-Type" content="text/html; charset=utf-8" />
<title>字体样式</title>
</head>
<body>
<font size="5">
<b>加粗字体</b><br>
<i>斜体字</i><br>
<strike>删除线</strike><br>
<u>下画线</u><br>
X<sup>2</sup><br>
H<sub>2</sub>SO<sub>4</sub><br>
</font>
</body>
</html>
```

上面的网页在浏览器中的显示效果如图 2-7 所示。

图 2-7　字体样式

2.1.6　字符实体

在 HTML 中，有些字符拥有特殊含义，比如小于号 "<" 和大于号 ">" 在 HTML 中是作为标签的一部分使用的，如果想要浏览器显示这些字符，必须在 HTML 代码中以字符实体的方式使用。

HTML 字符实体用于表示一些具有特殊意义的字符，而这些字符又不能在 HTML 中直接表示出来，如前面所说的 ">"、"<"，还有引号（""" 和 """ 用于字符串的定界）、空格（在 HTML 中，如果有连续的多个空格，则在浏览时只有一个空格有效，其他的都被忽略）、版权符号（在编辑时，© 不能作为字符直接打印出来）等。

一个字符实体拥有三个部分：以&符号开头，然后是一个实体名或者一个实体编号，最后是一个分号";"。

HTML 中常用的字符实体如表 2-2 所示。

表 2-2   HTML 常用的字符实体

显示结果	描　　述	实 体 名	实体编号
	空格		
<	小于	&lt;	&#60;
>	大于	&gt;	&#62;
&	and 符号	&amp;	&#38;
"	引号	&quot;	&#34;
'	单引号	&acute;	&#39;
¢	分	&cent;	&#162;
£	英镑	&pound;	&#163;
¥	人民币元	&yen;	&#165;
§	章节	&sect;	&#167;
©	版权	&copy;	&#169;
®	注册	&reg;	&#174;
×	乘号	&times;	&#215;
÷	除号	&divide;	&#247;

例如，想要在 HTML 文档中显示一个小于号，可以写成"<"或者"<"，而要输出一个空格则要写成" "或" "。

使用实体名相对于使用实体编号的优点是容易记忆，缺点是并非所有的浏览器都支持最新的实体名，但是几乎所有的浏览器都能很好地支持实体编号。

最后一点，在使用字符实体名时需要注意，实体名是大小写敏感的，在书写时注意分清大小写字母。

2.1.7 【任务 1】"招生简章"页面设计

本任务将显示一个招生简单网页，在浏览器中的显示效果如图 2-8 所示。

1. 新建网页

按照第 1 章中"变色的时间"网页中的设计方法，创建一个新网页。

在 Dreamweaver CS5 的"文件"面板中的"站点"文件夹图标上单击鼠标右键，在弹出的菜单中选择"新建文件"菜单命令，在站点中创建一个新的空白网页文件，将该文件取名为 zsjz.asp。

2. 添加图像资源

在 Dreamweaver CS5 的"文件"面板中的"站点"文件夹图标上单击鼠标右键,在弹出的菜单中选择"新建文件夹"菜单命令,在网站根目录下创建一个新文件夹,将其命名为 images,用于存储网站中将使用到的图像资源。

将本书所附资源中 images 目录中的所有图像文件复制到该文件夹下。这一步骤也可以在 Windows 资源管理器中完成。完成复制后,单击"文件"面板中的"刷新"按钮 ,即可看到复制的各个文件。

图 2-8 招生简章

在本任务的实现过程中,将学习网页结构、文字布局、字体格式等内容。

3. 代码编辑

在"文件"面板中双击 zsjz.asp 文件图标,打开文件,并切换到"代码视图"。在"代码"窗口中按下面的代码进行编辑。

```
<%@LANGUAGE="VBSCRIPT" CODEPAGE="65001"%>
<!DOCTYPE html PUBLIC "-//W3C//DTD XHTML 1.0 Transitional//EN" "http://www.w3.org/TR/xhtml1/DTD/xhtml1-transitional.dtd">
<html xmlns="http://www.w3.org/1999/xhtml">
```

```html
<head>
<meta http-equiv="Content-Type" content="text/html; charset=utf-8" />
<title>招生简章</title>
</head>
<body background="../images/bg.gif" leftmargin="10" topmargin="10" rightmargin="10" bottommargin="10">
<!-- 设置红色居中对齐的标题文字-->
    <h2 align="center"><font color="red"> CCNA 网络工程师认证招生简章</font></h2>
<!-- 设置蓝色居中对齐的时间文字-->
    <p align="center"><font color="#0000FF">2011-02-03   14:03:48</font></p>
<!-- 下面是招生简章的主要内容-->
    <p>  思科认证可确保高标准的专业技术水平。获得任何级别的思科认证均意味着加入得到业界认可和尊敬的熟练网络专业人士的行列。
    CCNA 认证（思科认证网络工程师）表示经过认证的人员具有为小型办公室/家庭办公室（SOHO）市场联网的基本技术和相关知识。通过 CCNA 认证的专业人员可以在小型网络（100 或 100 以下节点）中安装、配置和运行 LAN、WAN 和拨号访问业务。他们可以使用的协议包括（但不限于）：IP, IGRP, IPX, Serial, AppleTalk, Frame Relay, IP RIP, VLAN, RIP, Ethernet, Access Lists。    </p>
    <p align="center"><font color="#FF0000" size="5" face="楷体_GB2312">一步领先，步步领先！    </font></p>
    <p>课程:CCNA 认证</p>
    <p>课时:48</p>
    <p>上课时间:11 年 4 月 20 日—6 月 17 日 周四、周六晚上</p>
    <p>班级代码:J4102B06</p>
    <p>培训费:1800 元</p>
    <p>上课地点:综合楼 3 层机房</p>
    <p> 报名费:10 元</p>
    <p>   教    材:《CCNA 学习指南（中文第五版）》电子工业出版社    </p>
    <p>考 试 费：1250 元（培训结束后自愿报名参加）    </p>
    <p>考试认证：思科（网络工程师）认证考试。</p>
    <p> </p>
    <p>网    址：http://bjeetc.com    </p>
    <p>教学成果：2011 年春季培训班，通过率为 80%    </p>
    <p>联系电话：64265966    64269308    </p>
    <p>报名地点：北京教育考试培训中心咨询报名处（指导中心一层大厅）   </p>

</body>
</html>
```

完成代码编辑后，保存网页，在浏览器中的浏览效果如图 2-8 所示。

2.2 网页中的图像、表格与列表错误！未定义书签。

2.2.1 网页中的图像

1. 图像标签<img>

要设计一个漂亮的网页，图像元素是必不可少的，HTML 中提供了<img>标签用于在网页中插入图像。使用格式如下：

```
<img src=" " align=" " width=" " height=" " border=" " alt=" ">
```

其中，src 是图像文件的路径，通常是网站中的相对路径，也可以是网络上的 url，这一项是必填的；align 可以是图像与同一行上文字的对齐方式，可选的值有 top（顶端对齐）、middle（居中对齐）、bottom（底部对齐），align 也可用于图像与页面的对齐关系，可选的值有 left（靠页面左侧）、right（靠页面右侧），默认值为底部对齐；width 与 height 用于设置图像的宽度和高度，可以使用像素为单位，也可以使用百分比为单位，默认值为 100%；border 为图像边框宽度；alt 为替代图像的信息文字，当图像由于某种原因不能显示时，则在图像位置显示该信息文字。

下面的程序是图像在网页中的示例：

```
<!DOCTYPE html PUBLIC "-//W3C//DTD XHTML 1.0 Transitional//EN" "http://www.w3.org/TR/xhtml1/DTD/xhtml1-transitional.dtd">
<html xmlns="http://www.w3.org/1999/xhtml">
<head>
<meta http-equiv="Content-Type" content="text/html; charset=utf-8" />
<title>图像展示</title>
</head>
<body>
<p>埃及人面狮身像<img src="images/SPHINX.JPG" alt="人面狮身像" width="104" height="81">埃及人面狮身像<img src="images/SHIN.JPG" alt="人面狮身像" width="104" height="81" align="top">(图像丢失后的信息)。</p>
<p>埃及人面狮身像<img src="images/SPHINX.JPG" alt="人面狮身像" width="104" height="81" align="top">埃及人面狮身像（顶端对齐）</p>
<p>埃及人面狮身像<img src="images/SPHINX.JPG" alt="人面狮身像" width="104" height="81" border="10" align="middle">埃及人面狮身像（居中对齐，边框为10像素）</p>
<br>
<p><img src="images/SPHINX.JPG" alt="人面狮身像" width="104" height="81" align="left"><img src="images/SPHINX.JPG" alt="人面狮身像" width="104" height="81" align="right">埃及人面狮身像 埃及人面狮身像</p>
```

```
<p>（左对齐）　（右对齐）</p>
</body>
</html>
```

上面的网页在浏览器中的显示效果如图 2-9 所示。

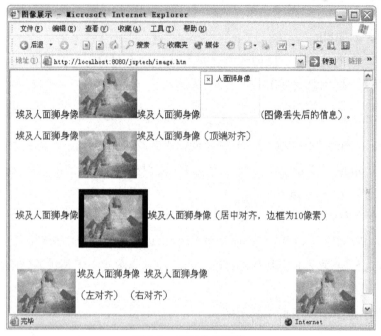

图 2-9　网页中的图像

2．图像的访问路径

在网页中，图像、声音、影像、动画等内容都是以单独的文件形式存在的，HTML 中只是提供了在网页中嵌入这些内容的手段，在浏览网页时，HTML 会按标签语句中的 url 或路径去访问这些内容，因此，在设计时必须保证在该 url 或路径有需要嵌入的文件。为便于管理，通常都在网页文件所在目录中创建一个名为 images 的目录，将网页中所用到的图像文件保存在该目录中，这样，可以使用相对路径来访问图像。

如果当前网页与 images 目录在同一根目录下，可以使用 "images/*.*"（*.*表示图像文件名）来访问图像，例如，上例中的<img src="images/SPHINX.JPG" alt="人面狮身像" width="104" height="81">，图像文件 SPHINX.JPG 就是保存在 images 目录中。

如果当前网页在与 images 目录同级的另一目录下，则使用 "../images/*.*"（*.*表示图像文件名，..表示上级目录）来访问图像，例如，根目录下有两个目录 images 和 page，图像文件 SPHINX.JPG 保存在 images 目录中,当前网页位于 page 目录中,则可以通过<img src="../images/SPHINX.JPG">来访问图像文件 SPHINX.JPG。

最后，还要注意，由于是网络访问，在路径和文件名中不要有中文，否则容易出错。

2.2.2 网页中的表格

表格是网页设计中最常用的对象之一，几乎没有哪个网页中不用到表格。表格主要有两方面的用途：一是用于网页中普通表格的绘制，以便于在表格中显示数据、信息等；另一个用途则是用于网页的页面布局，用表格来控制网页中各个对象的位置。

1. 表格设计

HTML 中提供了多种标签来进行网格的设计，包括<table>、<caption>、<th>、<tr>和<td>。<table>标签用于表格的整体设置，<caption>标签用于设置标题，<tr>标签用于表格的行设置，<th>标签用于设置表头，<td>标签用于设置行中的每个具体的单元格。例如：

```
<!DOCTYPE html PUBLIC "-//W3C//DTD XHTML 1.0 Transitional//EN"
"http://www.w3.org/TR/xhtml1/DTD/xhtml1-transitional.dtd">
<html xmlns="http://www.w3.org/1999/xhtml">
<head>
<meta http-equiv="Content-Type" content="text/html; charset=utf-8" />
<title>商品列表</title>
</head>
<body>
<!--表格开始-->
<table border="1">
<caption>商品列表</caption>
  <!--以下是第一行-->
  <tr>
    <!--以下是表头-->
    <th>品名</th>
    <th>产地</th>
    <th>单位</th>
    <th>单价（元）</th>
  </tr>
  <!--以下是第二行-->
  <tr>
    <td>瓷器 A</td>
    <td>景德镇</td>
    <td>个</td>
    <td>100.00</td>
  </tr>
  <!--以下是第三行-->
  <tr>
    <td>画框 B</td>
    <td>北京</td>
```

```
        <td>个</td>
        <td>120.00</td>
      </tr>
</table>
<!--表格结束-->
</body>
</html>
```

上面的网页在浏览器中的显示效果如图 2-10 所示。

图 2-10 商品列表

为了便于表格的灵活设置，HTML 还为表格标签提供了多种属性，下面对各个标签进行一一说明。

2．表格标题的设置

表格标题的位置，可由 align 属性来设置，其取值可以有 top（位于表格上方）、bottom（位于表格下方）、left（位于表格上方左侧）、right（位于表格上方右侧）和 center（位于表格上方居中）。

例如：

```
<caption align=top> 商品列表 </caption>
```

上面语句将设置标题"商品列表"位于表格上方。

3．表格大小、边框与间距的设置

一般情况下，表格的高度和宽度是根据各行和各列的总和自动调整的，如果需要设置固定的表格大小，可以使用<table>标签的 width 属性和 height 属性。width 和 height 属性分别指定表格的宽度和高度，其值可以是以像素为单位的数值，也可以是相对于窗口宽度的百分比值。

例如：

```
<table width="400" height="100">
```

上面的标签定义了一个高度为 200 像素，宽度为 400 像素的表格。

```
<table width=90% height=50%>
```

上面的标签定义了一个高度为窗口的 50%，宽度为窗口 90%的表格。

表格的边框样式是由<table>标签的 border 属性来设置的，它表示表格的边框边厚度和框线。将 border 设置成不同的值，会有不同的效果。

例如，对于图 2-10 的例子，将<table border="1">改为<table border="10">，则浏览效果如图 2-11（a）所示，如果改为<table border="0">则效果如图 2-11（b）所示。

可以看到，将不同的值赋给 border 属性，可以产生不同的效果。特别是赋值为 0 时，将看不到表格框线，这种方式为使用表格实现网页页面的布局带来了好处。在本节后面的部分，将学习相关的内容。

图 2-11　表格边框样式

表格中，单元格与单元格之间的线为格间线，格间线的宽度也称为间距，可以使用<table>标签的 cellspacing 属性加以调节。单元格内的内容与表格线之间的空白称为填充，<table>标签的 cellpadding 属性加以调节。cellspacing 属性与 cellpadding 属性的值都是数值，单位为像素。

例如：

```
<!DOCTYPE html PUBLIC "-//W3C//DTD XHTML 1.0 Transitional//EN"
"http://www.w3.org/TR/xhtml1/DTD/xhtml1-transitional.dtd">
<html xmlns="http://www.w3.org/1999/xhtml">
<head>
<meta http-equiv="Content-Type" content="text/html; charset=utf-8" />
</head>
<body>
<table border="1" cellpadding="10" cellspacing="5">
<caption>商品列表</caption>
```

```
    <tr>
       <th>品名</th>
       <th>产地</th>
       <th>单位</th>
       <th>单价（元）</th>
    </tr>
    <tr>
       <td>瓷器 A</td>
       <td>景德镇</td>
       <td>个</td>
       <td>100.00</td>
    </tr>
    <tr>
       <td>画框 B</td>
       <td>北京</td>
       <td>个</td>
       <td>120.00</td>
    </tr>
</table>
</body>
</html>
```

上面的网页在浏览器中的显示效果如图 2-12 所示。

图 2-12　表格的填充与间距

在程序段中，通过语句"<table border="1" cellpadding="10" cellspacing="5">"将表格的间距设置为 5 像素，单元格内部的文字到表格线的距离设置为 10 像素。

4．表格中跨行、跨列单元格的设置

在表格设计中，通常会用到跨行或跨列的单元格，<th>和<td>的 rowspan 属性可用于设置跨行单元格，colspan 属性可用于设置跨列单元格。rowspan 和 colspan 的属性值为数值，即要跨越的行数或列数。例如：

```
<!DOCTYPE html PUBLIC "-//W3C//DTD XHTML 1.0 Transitional//EN"
"http://www.w3.org/TR/xhtml1/DTD/xhtml1-transitional.dtd">
  <html xmlns="http://www.w3.org/1999/xhtml">
  <head>
  <meta http-equiv="Content-Type" content="text/html; charset=utf-8" />
  <title>跨行/跨列表格</title>
  </head>
  <body>
<!--下面是跨列表格-->
<table border="1" cellpadding="5" >
<caption>商品列表</caption>
  <tr>
    <th colspan="2">数码设备</th>
    <th colspan="3">办公设备</th>
  </tr>
  <tr>
    <td>数码相机</td>
    <td>数码摄像机</td>
    <td>打印机</td>
    <td>多功能一体机</td>
    <td>复印机</td>
  </tr>
</table>
<br>

<!--下面是跨行表格-->
<table border="1" cellpadding="5" >
  <caption> 商品列表 </caption>
  <tr>
    <td rowspan="2">数码设备</td>
    <td>数码摄像机</td>
  </tr>
  <tr>
    <td>数码相机</td>
  </tr>
  <tr>
    <td rowspan="3">办公设备</td>
    <td>打印机</td>
  </tr>
  <tr>
```

```
      <td>多功能一体机</td>
    </tr>
    <tr>
      <td>复印机</td>
    </tr>
</table>
</body>
</html>
```

上面的网页在浏览器中的显示效果如图 2-13 所示。

程序段中,下面的语句用于单元格跨列设置:

```
<th colspan="2">数码设备</th>
<th colspan="3">办公设备</th>
```

程序段中,下面的语句用于单元格跨行设置:

```
<td rowspan="2">数码设备</td>
<td rowspan="3">办公设备</td>
```

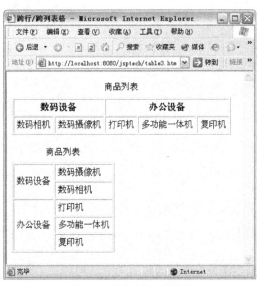

图 2-13 跨行/跨列的表格

5. 表格的对齐方式

表格的对齐方式可分为表格整体在页面中的对齐方式和表格中的内容与表格的对齐方式。

<table>标签的 align 属性可用于表格在页面中的对齐,取值有 left(左对齐)、right(右对齐)和 center(居中对齐)三种。例如:

```
<table align="center">
```

上面的语句可以把表格在页面中以居中对齐方式设置。

表格中内容的对齐方式由<th>标签或<td>标签的 align 属性和 valign 属性来设置，表格中内容的对齐方式有两种，分别是左右对齐和上下对齐。左右对齐是以 align 属性来设置，而上下对齐则由 valign 属性来设置。其中，左右对齐的位置可分为三种：left（左对齐）、right（右对齐）和 center（居中对齐）。上下对齐常用的有四种：top（顶端对齐）、middle（居中对齐）、bottom（底端对齐）和 baseline（基线对齐）。例如：

```
<th align="center" valign="middl" >
```

上面的语句将表头标签<th>指定的单元格内容的对齐方式设置为单元格中部（水平居中、垂直居中）。

```
<td align="left" valign="bottom">
```

上面的语句将单元格标签<td>指定的单元格内容的对齐方式设置为单元格左下方（左对齐、底端对齐）。

6．表格颜色与背景

HTML 还支持表格的颜色与背景图像的设置。表格颜色与背景可分表格整体的颜色与背景和单元格的颜色与背景。

表格整体的颜色和背景由<table>标签的附带属性设置，格式如下：

```
<table bordercolor=" " bgcolor=" " background=" ">
```

其中，bordercolor 指定边框颜色，bgcolor 属性指定表格背景色，background 属性指定表格背景图像。如果同时指定了背景色和背景图像，则背景色被背景图像覆盖。

单元格的颜色和背景由<th>标签或<td>标签的附带属性设置，格式如下：

```
<th bgcolor=" " background=" ">
<td bgcolor=" " background=" ">
```

其中，bgcolor 属性指定单元格背景色，background 属性指定单元格背景图像。如果同时指定了背景色和背景图像，则背景色被背景图像覆盖。

如果既为一个表格指定整体的背景色或背景图像，又为其中的单元格指定了背景色或背景图像，则整体的设置将被单元格的设置所覆盖。例如：

```
<!DOCTYPE html PUBLIC "-//W3C//DTD XHTML 1.0 Transitional//EN"
 "http://www.w3.org/TR/xhtml1/DTD/xhtml1-transitional.dtd">
  <html xmlns="http://www.w3.org/1999/xhtml">
  <head>
  <meta http-equiv="Content-Type" content="text/html; charset=utf-8" />
```

```
<title>表格颜色与背景</title>
</head>
<body>
<table  height="140" border="5" cellpadding="5" bordercolor="#FF9900" background="images/back.jpg" >
  <caption><font face="黑体" size="5" >商品列表</font></caption>
  <tr>
    <th height="40" colspan="2" bgcolor="#0000CC"><font color="white">数码设备</font></th>
    <th colspan="3" bgcolor="#0000CC"><font color="white">办公设备</font></th>
  </tr>
  <tr>
    <td width="80" height="80">数码相机</td>
    <td width="80">数码摄像机</td>
    <td width="60">打印机</td>
    <td width="100">多功能一体机</td>
    <td width="60">复印机</td>
  </tr>
</table>
<br>
</body>
</html>
```

上面的网页在浏览器中的显示效果如图 2-14 所示。

从图中可以看到，表格设置了边框颜色和背景图像（皱纹纸图像），但在表头<th>标签中又设置了背景颜色，所以，表头部分的纸纹图像被单元格背景色覆盖。

图 2-14　表格颜色与背景

7. 表格与布局

在表格的单元格中，除了可以嵌入文字外，还可以嵌入图像、动画，甚至是另一个表格。同时，由于可以将表格边框宽度设为 0，此时在浏览器中将看不到表格，因此，在网页设计中，除了使用其制作普通的表格外，还常用于网页的页面布局。

使用表格，可以解决网页设计中的很多问题，如页面区域的分割、多列文字/图像的对齐、商品清单的设计等，如果没有表格，解决这些问题就很麻烦。例如：

```
<!DOCTYPE html PUBLIC "-//W3C//DTD XHTML 1.0 Transitional//EN"
"http://www.w3.org/TR/xhtml1/DTD/xhtml1-transitional.dtd">
<html xmlns="http://www.w3.org/1999/xhtml">
<head>
<meta http-equiv="Content-Type" content="text/html; charset=utf-8" />
<title>商品价目表</title>
</head>

<body background="images/bg24.jpg">
<h1 align="center">商品价目表</h1>
<hr>
<table border="0" cellspacing="0" cellpadding="0" >
  <tr>
    <td width="60" height="30" align="center" bgcolor="#CCCCCC" >产品ID</td>
    <td width="70" align="center" bgcolor="#CCCCCC">产品名称 </td>
    <td width="70" align="center" bgcolor="#CCCCCC">类别 </td>
    <td width="80" align="center" bgcolor="#CCCCCC">单位数量 </td>
    <td width="70" align="center" bgcolor="#CCCCCC">单价 </td>
  </tr>
  <tr>
    <td height="23"><p>1</p></td>
    <td><p>苹果汁 </p></td>
    <td><p>饮料 </p></td>
    <td><p>每箱 24 瓶 </p></td>
    <td><p>￥18.00</p></td>
  </tr>
  <tr>
    <td height="21" bgcolor="#CCCCCC"><p>2</p></td>
    <td bgcolor="#CCCCCC"><p>牛奶 </p></td>
    <td bgcolor="#CCCCCC"><p>饮料 </p></td>
    <td bgcolor="#CCCCCC"><p>每箱 24 瓶 </p></td>
    <td bgcolor="#CCCCCC"><p>￥19.00</p></td>
  </tr>
```

```html
    <tr>
      <td  height="21"><p>3</p></td>
      <td><p>番茄酱 </p></td>
      <td><p>调味品 </p></td>
      <td><p>每箱 12 瓶 </p></td>
      <td><p>￥10.00</p></td>
    </tr>
    <tr>
      <td  height="19" bgcolor="#CCCCCC"><p>4</p></td>
      <td bgcolor="#CCCCCC"><p>盐 </p></td>
      <td bgcolor="#CCCCCC"><p>调味品 </p></td>
      <td bgcolor="#CCCCCC"><p>每箱 12 瓶 </p></td>
      <td bgcolor="#CCCCCC"><p>￥22.00</p></td>
    </tr>
    <tr>
      <td  height="23"><p>5</p></td>
      <td ><p>麻油 </p></td>
      <td><p>调味品 </p></td>
      <td><p>每箱 12 瓶 </p></td>
      <td><p>￥21.35</p></td>
    </tr>
  </table>
</body>
</html>
```

上面的网页在浏览器中的显示效果如图 2-15 所示。

从图中可以看到，利用表格的灵活特性，在网页中显示出了一个清晰的商品价目列表。

图 2-15　商品价目表

2.2.3 列表样式

在格式排版中,列表也是网页中常用的排版样式,常用于商品列表、合同条例、项目展示等。HTML 提供三种列表方式:有序列表、无序列表和自定义列表。

1. 有序列表

有序列表是一个项目序列,各项目前加有数字作标记。有序列表以<ol>标签开始,至</ol>结束,其中,每个列表项目以<li>标签开始。例如:

```
<ol>
  <li>项目 1 </li>
  <li>项目 2 </li>
  <li>项目 3 </li>
</ol>
```

上面语句在浏览器中的显示结果如下:

1. 项目 1
2. 项目 2
3. 项目 3

<ol>标签中还可以设置属性,其使用格式如下:

```
<ol start=" " type=" ">
```

其中,start 属性用于设置列表的起始项,即列表中第一项的序号,缺省时从 1 开始;type 用于设置列表的样式,可用的有 1(数字)、i(小写罗马数字)、I(大写罗马数字)、a(小写字母)和 A(大写字母),缺省时为数字。

此外,项目中还可以加入段落、图像和链接,以及其他列表等,如果列表项目中是另一个列表,则可以构成多层列表。例如:

```
<!DOCTYPE html PUBLIC "-//W3C//DTD XHTML 1.0 Transitional//EN"
"http://www.w3.org/TR/xhtml1/DTD/xhtml1-transitional.dtd">
<html xmlns="http://www.w3.org/1999/xhtml">
<head>
<meta http-equiv="Content-Type" content="text/html; charset=utf-8" />
<title>有序列表</title>
</head>
<body>
<ol start="5" type="I"></li>>
    <li>食品
    <ol type="a">
```

```
            <li>咖啡</li>
            <li>牛奶</li>
            <li>可可</li>
        </ol>
    <li>日用品</li>
        <ol type="a">
            <li>茶杯</li>
            <li>杯垫</li>
            <li>茶壶</li>
        </ol>
    </ol>
</body>
</html>
```

上面的网页在浏览器中的显示效果如图 2-16 所示。

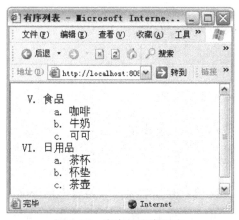

图 2-16　嵌套的有序列表

2．无序列表

无序列表也是一个项目序列，与有序列表不同的是，无序列表各项目前不是以数字序号作标记，而是以图形作标记。无序列表以<ul>标签开始，至</ul>结束，其中，每个列表项目以<li>标签开始。

无序列表的使用与有序列表相似，可以嵌套，也可以有不同的列表样式，无序列表标签<ul>的 type 属性可以有三种属性值：disc（圆点）、circle（圆）、square（方块）。

无序列表的使用举例如下：

```
<!DOCTYPE html PUBLIC "-//W3C//DTD XHTML 1.0 Transitional//EN"
"http://www.w3.org/TR/xhtml1/DTD/xhtml1-transitional.dtd">
<html xmlns="http://www.w3.org/1999/xhtml">
<head>
<meta http-equiv="Content-Type" content="text/html; charset=utf-8" />
```

```
<title>无序列表</title>
</head>
<body>
<ul type="disc" >
  <li>食品</li>
    <ul type="circle">
      <li>咖啡</li>
      <li>牛奶
      <ul type="square">
        <li>雀巢</li>
        <li>光明</li>
      </ul>
      <li>可可</li>
    </ul>
  </li>
  <li>日用品</li>
    <ul>
      <li>茶杯</li>
      <li>杯垫</li>
      <li>茶壶</li>
    </ul>
</ul>
</body>
</html>
```

上面的网页在浏览器中的显示效果如图 2-17 所示。

图 2-17　无序列表

3．自定义列表

除有序列表与无序列表外，HTML 还支持自定义列表。与有序列表和无序列表不同，自定义列表不是一个项目的序列，它是一系列条目和相关的说明文字，实际上，可以把它看成是一种缩进排版格式。

自定义列表以<dl>标签开始，以</dl>标签结束，自定义列表条目以标签<dt>表示，自定义列表的说明以标签<dd>表示。

自定义列表的示例如下：

```
<!DOCTYPE html PUBLIC "-//W3C//DTD XHTML 1.0 Transitional//EN" "http://www.w3.org/TR/xhtml1/DTD/xhtml1-transitional.dtd">
<html xmlns="http://www.w3.org/1999/xhtml">
<head>
<meta http-equiv="Content-Type" content="text/html; charset=utf-8" />
<title>自定义列表</title>
</head>
<body>
<dl>
  <dt>食品
      <dd>咖啡</dd>
      <dd>牛奶</dd>
      <dd>可可</dd>
  </dt>
  <dt>日用品
      <dd>茶杯</dd>
      <dd>杯垫</dd>
      <dd>茶壶</dd>
  </dt>
</dl>
</body>
</html>
```

上面的网页在浏览器中的显示效果如图2-18所示。

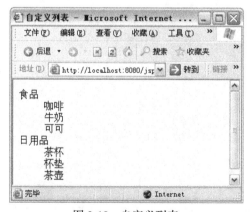

图2-18　自定义列表

2.2.4 【任务2】"院校简介"页面设计

本任务中将设计北京市教育考试指导中心的院校简介网页，浏览效果如图 2-19 所示。

图 2-19 院校简介

在本任务的实现过程中，将学习在网页中插入图像、表格与布局、列表样式等内容。

按照前面的设计方法，创建一个新网页，取名为 yxjj.asp。打开文件，并切换到"代码视图"。在"代码"窗口中按下面的代码进行编辑。

```
<%@LANGUAGE="VBSCRIPT" CODEPAGE="65001"%>
<!DOCTYPE html PUBLIC "-//W3C//DTD XHTML 1.0 Transitional//EN" "http://www.w3.org/TR/xhtml1/DTD/xhtml1-transitional.dtd">
<html xmlns="http://www.w3.org/1999/xhtml">
<head>
<meta http-equiv="Content-Type" content="text/html; charset=utf-8" />
<title>院校简介</title>
</head>

<body background="../images/bg.gif" >
<!--设置表格-->
<table width="578" height="295" border="1" align="center" cellpadding="10" bordercolor="#E0E1E9">
```

```html
        <!--表格第1行-->
    <tr>
        <!--设置表头表格-->
        <th width="500" bgcolor="#0099FF"><font color="#FFFFFF" size="5">北京市教育考试指导中心</font></th>
    </tr>
    <!--表格第2行-->
    <tr>
        <!--设置普通表格单元-->
<td bgcolor="#EFEFEF"><p><img src="../images/bjjyks.jpg" alt="指导中心" width="200" height="140" hspace="10" vspace="10" align="left" />
          北京市教育考试指导中心是经市政府批准的法人事业单位，隶属北京教育考试院。<br>
               教育考试指导中心具有丰富的教育培训和考试组织经验，师资力量雄厚。市教育考试指导中心自1995年成立以来，培训成人高考辅导教师4500人次，辅导成人高考考生80000多人次，开展国家职业资格培训15000多人次。自1998年开始组织高等教育自学考试应用技术教育助学工作，总计招生30000多人，目前在校生20000余人。近几年，组织了7000多人次的全国计算机等级考试和12000多人次的全国公共英语等级考试，15000多人次的国家职业技能鉴定；并且受北京奥组委、中国银行、北京出入境商品检验检疫局、市人事局考试中心等单位委托，面向社会组织了招聘和资格等专项考试。<br>
           8年来，市教育考试指导中心还组织编写了近3000万字的考试辅导教材和用书，已有近25万考生使用市教育考试指导中心编制的成人高考模拟试题。<br>
               市教育考试指导中心及所属"北京教育考试培训中心"在城区内拥有两处地理位置优越、交通便捷的培训基地。培训基地教学设施先进，可同时容纳6000人接受培训，愿竭诚为社会各界提供优良的服务。</p>
           <p >北京市教育考试指导中心主要职责： </p>
    <!--下面是无序列表样式-->
        <ul>
            <li>负责对各类考试辅导教学进行指导，组织教研活动和师资培训； </li>
            <li> 组织各类辅导、培训机构共同开发业务； </li>
            <li>组织各类教育考试的考前辅导、培训、助学活动和组织统一的重点辅导、模拟考试活动； </li>
            <li>负责自考应用技术类专业的助学组织管理和教学指导工作； </li>
            <li>承担有关部门和单位委托的考务组织工作，以及面向社会开展其他多种类型的辅导、培训、
                考试和相关的社会化服务工作。 </li>
        </ul></td>
    </tr>
    <!--表格第3行-->
    <tr>
        <td bgcolor="#E4EDF9">地　　址：北京.安定门外外馆东街23号（北三环安贞桥内江苏饭店南侧向西）<br />
            咨询电话：64267576，64267366 </td>
```

```
        </tr>
    </table>
</body>
</html>
```

完成代码编辑后,保存网页,在浏览器中的浏览效果如图 2-19 所示。

2.3 网页链接

2.3.1 网页之间的链接

超级链接简称为超链接,是网络中的重要内容。如果没有超级链接,在浏览网页时就需要不停地在地址栏中输入新的 URL 来跳到其他网页,这是让人无法接受的,如果是这样,可能互联网就不会是今天这个样子。有了超级链接,用户在浏览网页时,就可以方便地跳转到所要浏览的页面,而网页设计者也能够以此来引导用户浏览希望其浏览的页面(如广告页面)。

HTML 中可以使用超级链接来连接到网络上的其他页面,也可以使用超级链接来跳转到当前页面的另一个位置,甚至还可以使用超级链接来打开电子邮件程序来编辑电子邮件。

网络中,使用最多的超级链接是网页文件之间的超级链接,它使得用户可以从一个页面直接跳转到另一个页面继续浏览,也可以让用户跳转到其他的图像或者服务器。

超级链接的基本格式如下:

```
<a href=" ">链接</a>
```

其中,标签<a>表示一个链接的开始,</a>表示链接的结束,标签之间的文字/图像就是显示在网页中的超链接文字/图像。属性 href 定义了该链接所要跳转到的位置,通常是一个 URL。这样,就可能通过单击"链接"可以到达指定的位置。例如:

```
<a href="http://www.sina.com.cn/">新浪</a>
```

对于上面的语句,在浏览时,就可以通过单击网页上的链接文字"新浪"而打开新浪网首页。

在链接部分除了可以是文字外,还可以是图像、动画、菜单选项等任何能够在网页上显示的对象。例如:

```
<a href="http://www.sina.com.cn/"><img scr="sina.jpg"></a>
```

在浏览时,对于上面的语句,在浏览时,就可以通过单击网页上的链接图像 sina.jpg 而打开新浪网首页。

文件间的链接可以分为两类：本地链接和 URL 链接。在构成链接的各个要素中，链接地址是最重要的，如果链接地址出现错误，用户就无法打开这项资源。因为本地链接和 url 链接的链接地址表示方式不同，在设计时要特别注意。

1. 本地链接

对同一台计算机上的不同文件进行的链接称为本地链接，它的链接地址可以采用绝对路径或相对路径来表示一个文件。以反斜杠（/）开始的路径为绝对路径，否则为相对路径。

例如：

```
<a href="/aspteach/index.asp"">本地文件 index.asp </a>
```

这是以绝对路径来表示超链接，它指向本地站点根目录下的 aspteach 目录中的 index.asp 文件。

```
<a href="table1.htm">本地文件 table1.htm </A>
<a href="../table1.htm">本地文件 table1.htm </A>
```

这是以相对路径表示超链接，上面两条语句都是指向与当前网页在同一目录中的 table1.htm 文件。

此外，还有一种表示物理路径的方法，以 file:开头。例如：

```
<a href="file:///C|/aspteach/index.asp"">本地文件 index.asp </a>
```

这是以物理路径来表示超链接，它指向本地计算机 C:盘中 C:\aspteach 目录下的 index.asp 文件。

通常情况下，设计网页时不能使用物理路径，因为网页是放在网上供其他人浏览的，写成物理路径，当把整个网站中的文件移植到服务器上时，用户将无法访问到带有盘符的网页地址，所以最好写成相对路径，避免产生链接路径的错误。

2. URL 链接

如果链接的文件在网络中的其他计算机中，就需要使用 URL 链接来实现网页的跳转。使用 URL 链接时，要弄清所指向的文件采用的是哪一种 URL 链接格式，URL 链接的基本格式如下：

协议名://主机.域名/路径/文件名

其中，协议可以有多种，网页设计中常用的协议包括：file（链接到本地系统中的文件）、http（链接到 WWW 服务器中的文件）、ftp（链接到 FTP 服务器中的文件）、mailto（链接的是电子邮件地址）、news（链接到 news 新闻组服务器）和 telnet（链接到 telnet 远程登录的主机）。

例如:

```
<a href=" http://www.mydown.com/mydown/index.html">下载页面</a>
```

对于上面的语句,在浏览时,就可以通过单击网页上的链接文字"下载页面"而打开 url 所指向的下载地址。

```
<a href="news://news.cdut.edu.cn/">成都理工大学新闻服务器</a>
```

对于上面语句,在浏览时可以通过单击网页上的链接文字"成都理工大学新闻服务器"来打开新闻阅览软件(如 Microsoft 的 Outlook)来阅览 news://news.cdut.edu.cn/地址的新闻内容。

```
<a href="ftp://download.joypark.com.cn/patch/swdol2/ob/swdol2_ob_setup.zip">补丁下载</a>
```

对于上面的语句,在浏览时,就可以通过单击网页上的链接文字"补丁下载"来下载 ftp://download.joypark.com.cn/patch/swdol2/ob/ 地址下的 swdol2_ob_setup.zip 文件。

2.3.2 网页内的链接

前面所学习的链接,只能指向整个文件,但是,对于直接指到一个网页文件内部的某一位置,或指向当前网页页面内的某一位置,前面所学的方法是无法做到的。要实现网页内部的链接,就需要使用到<a>标签的另一属性 name 来设置锚点。

设置网页内链接的步骤如下:先设置需要链接的位置为锚点,格式是<a name="锚点名称"></a>;然后定义超链接<a href="url#锚点名称">链接文字</a>。

这样,当单击链接文字时,就会跳到 URL 所指的文件中定义的锚点位置。如果是在当前文件内跳转,URL 部分可以省略不写。例如,在文件 A1.htm 中有如下锚点定义:

```
<!--a1.htm-->
…
<a name="abc"></a>
…
```

在同一目录下的文件 A2.htm 中有如下语句:

```
<!--a2.htm-->
…
<a href="a1.htm#abc">链接到 abc</a>
…
```

那么,在用户浏览文件 a2.htm 时,单击链接文字"链接到 abc"时,将跳转到网页 A1.htm 中定义锚点 abc 的位置。

上面所述是文件间的锚点链接，对于同一网页内的锚点，则可以省略#号前的文件名部分，例如：

```
<!--a1.htm-->
…
<a name="abc"></a>
…
<a href="#abc">链接到 abc</a>
…
```

这样，在用户浏览文件 a1.htm 时，单击链接文字"链接到 abc"时，将跳转到当前网页中定义锚点 abc 的位置。

2.3.3　在指定窗口中打开链接

前面学习的链接，在打开链接目标时，默认都是在当前窗口内打开的，如果需要保留当前网页，就需要在一个新的浏览器窗口中打开所链接的网页。<a>标签的 target 属性可以帮助完成这个任务。target 属性用于定义从什么地方打开链接地址，其取值可以是"_blank"（在新窗口打开）、"_parent"（在上级窗口打开）、"_self"（在当前窗口打开）和"_top"（在当前整个浏览器窗口打开）。

例如，下面这行语句将在一个新的浏览器窗口中打开新浪网首页：

```
<a href="http://www.sina.com.cn/" target="_blank">新浪</a>
```

2.3.4　电子邮件链接

在网站设计中，有时会希望客户给自己发送电子邮件，为了方便客户，可以在网页中创建电子邮件链接来实现这一功能。电子邮件链接的基本格式如下：

```
<a href="mailto:邮件地址?subject=主题">联系站长</a>
```

当客户在单击链接文字"联系站长"时，会启动默认的电子邮件编辑器来写电子邮件，同时，在电子邮件编辑器中已经填好了收邮件地址和主题。例如：

```
<a href="mailto:wizard@sina.com?subject=ASP 网页设计">联系站长</a>
```

如果网页中有上面这一行语句，当客户在单击链接文字"联系站长"时，会启动默认的电子邮件编辑器来写电子邮件，效果如图 2-20 所示。

2.3.5　【任务 3】"学生咨询"导航栏设计

本任务中将创建一个实现"学生咨询"导航栏的网页，浏览效果如图 2-21 所示。

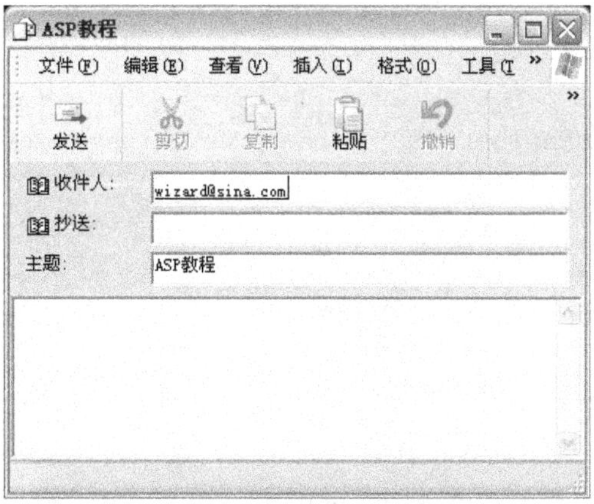

图 2-20 电子邮件链接启动的邮件编辑器

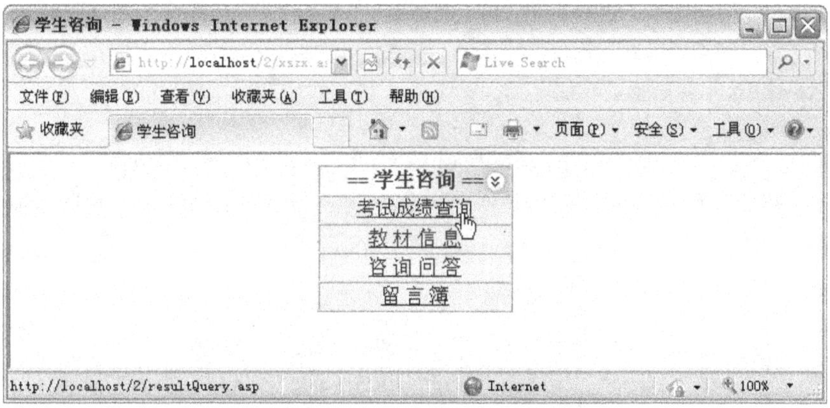

图 2-21 "学生咨询"导航栏

在本任务的实现过程中将学习超链接的应用。

由于是导航栏设计，必须有相应的链接网页，因此，在本例中，除了"学生咨询"导航栏网页外，还需要创建相关的链接网页，只是现在还不需要设计这些网页的内容，待学习完相关内容后，再对这些网页进行补充。

1. 创建"学生咨询"导航网页

创建一个新网页，取名为 xszx.asp。打开文件，并切换到"代码视图"。在"代码"窗口中按下面的代码进行编辑。

```
<%@LANGUAGE="VBSCRIPT" CODEPAGE="65001"%>
<!DOCTYPE html PUBLIC "-//W3C//DTD XHTML 1.0 Transitional//EN"
"http://www.w3.org/TR/xhtml1/DTD/xhtml1-transitional.dtd">
<html xmlns="http://www.w3.org/1999/xhtml">
<head>
<meta http-equiv="Content-Type" content="text/html; charset=utf-8" />
<title>学生咨询</title>
```

```html
</head>

<body>
<table width="160" height="90" border="1" align="center" cellspacing="0">
    <tr>
        <td width="160" height="20"align="center" background="../images/title_bg_show.gif">
<font color="#003399"><b>== 学生咨询 == </b></font>
</td>
    </tr>
    <tr>
      <td height="17" align="center" bgcolor="#F0F0F0">
          <!--创建超链接-->
          <a href="resultQuery.asp" target="_blank">考试成绩查询</a>
      </td>
    </tr>
    <tr>
      <td height="17"align="center" bgcolor="#F0F0F0">
          <a href="jiaocaiquery.asp" target="_blank">教 材 信 息</a>
      </td>
    </tr>
    <tr>
      <td height="17"align="center" bgcolor="#F0F0F0">
          <a href="zixuntai.asp" target="_blank">咨 询 问 答</a>
          </td>
    </tr>
    <tr>
      <td height="17"align="center" bgcolor="#F0F0F0">
          <a href="lyblogin.asp" target="_blank">留 言 簿 </a>
          </td>
    </tr>
</table>
</body>
</html>
```

2. 创建"成绩查询"网页

创建一个新网页,取名为 resultQuery.asp。打开文件,并切换到"代码视图"。在"代码"窗口中按下面的代码进行编辑。

```
<%@LANGUAGE="VBSCRIPT" CODEPAGE="65001"%>
<!DOCTYPE html PUBLIC "-//W3C//DTD XHTML 1.0 Transitional//EN" "http://www.w3.org/TR/xhtml1/DTD/xhtml1-transitional.dtd">
<html xmlns="http://www.w3.org/1999/xhtml">
```

```
<head>
<meta http-equiv="Content-Type" content="text/html; charset=utf-8" />
<title>成绩查询</title>
</head>

<body>
<h1>成绩查询</h1>
</body>
</html>
```

3. 创建"教材信息"网页

创建一个新网页,取名为 jiaocaiQuery.asp。打开文件,并切换到"代码视图"。在"代码"窗口中按下面的代码进行编辑。

```
<%@LANGUAGE="VBSCRIPT" CODEPAGE="65001"%>
<!DOCTYPE html PUBLIC "-//W3C//DTD XHTML 1.0 Transitional//EN" "http://www.w3.org/TR/xhtml1/DTD/xhtml1-transitional.dtd">
<html xmlns="http://www.w3.org/1999/xhtml">
<head>
<meta http-equiv="Content-Type" content="text/html; charset=utf-8" />
<title>教材信息</title>
</head>

<body>
<h1>教材信息</h1>
</body>
</html>
```

按照同样的方法,创建"咨询问答"网页和"留言簿"网页,分别取名为 zixuntai.asp 和 lyblogin.asp。

完成代码编辑后,保存网页,在浏览器中的浏览效果如图 2-21 所示。

2.4 滚动字幕

2.4.1 滚动字幕

滚动字幕也称为滚动看板,滚动字幕的使用使得整个网页更有动感,显得很有生气。现在的网站中也越来越多地使用滚动字幕来加强网页的动感。

1. 滚动字幕标签<marquee>

<marquee>滚动字幕标签能够较好地实现滚动字幕内容。该标签语法格式如下:

```
<marquee
aligh=left|center|right|top|bottom
bgcolor=#n
direction=left|right|up|down
behavior=type
height=n
hspace=n
scrollamount=n
Scrolldelay=n
width=n
VSpace=n
loop=n>
```

下面解释一下各属性参数的含义。

align：用于设定滚动字幕的位置，除了居左（align=left）、居中（align=center）、居右（align=right）三种位置外，还可以使用靠上（align=top）和靠下（align=bottom）两种位置。

bgcolor：用于设定滚动字幕的背景颜色。

direction：用于设定滚动字幕的滚动方向是向左（left）、向右（right）、向上（up），还是向下（down）。

behavior：用于设定滚动的方式，主要有三种方式，behavior="scroll"表示由一端滚动到另一端；behavior="slide"：表示由一端快速滑动到另一端，且不再重复；behavior="alternate"表示在两端之间来回滚动。

height：用于设定滚动字幕的高度，单位为像素。

width：则设定滚动字幕的宽度，单位为像素。

hspace 和 vspace：分别用于设定滚动字幕的左右边框和上下边框的宽度，单位为像素。

scrollamount：用于设定滚动字幕的滚动距离，单位为像素。

scrolldelay：用于设定两次滚动之间的延迟时间，单位为毫秒。

loop：用于设定滚动的次数，当 loop= –1 表示无限次数的滚动。

2．默认字幕滚动方式

<marquee>标记的默认情况是向左滚动无限次，字幕高度是文本高度，水平滚动的宽度是当前位置的宽度，垂直滚动的高度是当前位置的高度。

例如：

```
<marquee>
滚动字幕
</marquee>
```

此外，如果 <marquee> 位于没有指定宽度的 <td>标签内，需要明确设置 marquee 的宽度。如果 <marquee>和 <td>标签的宽度都没有指定，那么滚动字幕就将限定于 1 个像素宽。

<marquee>标记的参数很多，在应用中要把握一个原则，能用默认值就不要再设置参数值，用什么参数就设置该参数的值，其他参数就不要再设置，以把代码控制在最少的范围内。

3．设置滚动的方向

字幕的垂直滚动与水平滚动由属性 direction 决定，垂直滚动字幕只要加上 direction="up"（从下向上滚动）或 direction="down"（从上向下滚动）就行了，而水平滚动则可以设置 direction 属性为 left（从右向左滚动）或 right（从左向右滚动）。例如：

```
<marquee direction="up" >
滚动字幕
</marquee>
```

上面语句设置文字"滚动字幕"从下向上滚动。

4．设置滚动的速度

scrollAmount 属性和 scrolldelay 属性可用于设定滚动字幕速度。scrolldelay 属性用于设定两次滚动之间的延迟时间，scrollAmount 属性指定滚动的距离。为了使滚动看上去更平滑，通常都将 scrollAmount 设得较小一些。例如：

```
<marquee scrollAmount=5 scrolldelay="50">
滚动字幕
</marquee>
```

上面的语句设置文字"滚动字幕"每隔 50 毫秒从右向左滚动 5 个像素。

5．多行文本的滚动字幕

多行文本的滚动字幕，分行时可以用
标签或<p>标签分开。

例如：

```
<marquee>
    滚动字幕内容第一行<br>
    滚动字幕内容第二行<br>
    滚动字幕内容第三行<br>
</marquee>
```

6．图像的滚动

除了文字内容外，<marquee>还允许在其中加入图像。例如：

```
<!DOCTYPE    html    PUBLIC    "-//W3C//DTD    XHTML    1.0   Transitional//EN"
```

```
"http://www.w3.org/TR/xhtml1/DTD/xhtml1-transitional.dtd">
   <html xmlns="http://www.w3.org/1999/xhtml">
   <head>
   <meta http-equiv="Content-Type" content="text/html; charset=utf-8" />
   <title>图像滚动</title>
   </head>
   <body>
   <table width="280" height="180" border="1" cellspacing="0">
     <tr>
       <td>
           <marquee scrollAmount=1 scrolldelay="50">
         <img src="../images/SPHINX.JPG" width="100" height="70">图像滚动
             </marquee>
         </td>
     </tr>
   </table>
   </body>
   </html>
```

上面的网页在 IE 中的浏览效果如图 2-22 所示。

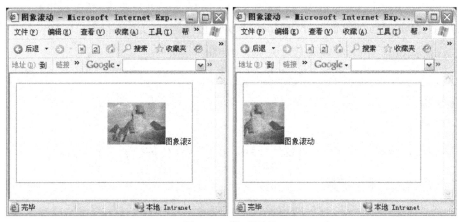

图 2-22 滚动图像

同样的道理，在滚动字幕中还可以加入超链接，例如：

```
<marquee >
    <a href=" marqueeimg.htm ">滚动的超链接文字</a>
</marquee>
```

上面的语句将显示一个水平滚动的超链接文字。

最后还有一点需要注意，<marquee>标签是微软对 HTML 的扩展，因此，通常只能在 IE 浏览器中显示出滚动效果，在其他浏览器中可能无效。不过当前使用 IE 进行浏览的用户占到大多数，所以，使用<marquee>标签还是利大于蔽。

2.4.2 【任务4】"滚动通知"栏设计

本任务中，将实现一个可以从下向上滚动的通知窗口，浏览效果如图2-23所示。

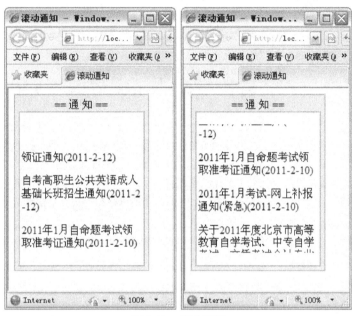

图2-23 滚动通知

在本任务实现过程中将学习滚动字幕的设计。

创建一个新网页，取名为marqueemsg.asp。打开文件，并切换到"代码视图"。在"代码"窗口中按下面的代码进行编辑。

```
<%@LANGUAGE="VBSCRIPT" CODEPAGE="65001"%>
<!DOCTYPE html PUBLIC "-//W3C//DTD XHTML 1.0 Transitional//EN"
"http://www.w3.org/TR/xhtml1/DTD/xhtml1-transitional.dtd">
<html xmlns="http://www.w3.org/1999/xhtml">
<head>
<meta http-equiv="Content-Type" content="text/html; charset=utf-8" />
<title>滚动通知</title>
</head>

<body>
<!--通过嵌套表格显示窗口边框-->
<table width="200" height="240" border="1" cellpadding="5" cellspacing="0" bgcolor="#E6E6E6">
  <tr>
```

```
            <td width="211" align="center" valign="top">
                == 通  知 ==
                <table width="190" height="230"  border="1" align="center" cellspacing="0" bgcolor="#FFFFFF">
                  <tr>
                    <td width="187" height="220">
                         <!--下面是滚动文字消息-->
                         <marquee direction="up"  scrollAmount=1 scrolldelay="50" height="190" width="180">
                           <p>领证通知(2011-2-12)</p>
                           <p>自考高职生公共英语成人基础长班招生通知(2011-2-12)</p>
                           <p>2011年1月自命题考试领取准考证通知(2011-2-10)</p>
                           <p>2011年1月考试-网上补报通知(紧急)(2011-2-10)</p>
                           <p>关于2011年度北京市高等教育自学考试、中专自学考试、文凭考试会计专业考生报考《财经法规与会计职业道德》课程的通知 (2011-2-10)</p>
                           <p>关于 2011 年开始执行高等教育自学考试专业考试计划有关问题的通知(2011-2-9)</p>
                           <p>关于2011年度北京市高等教育自学考试、中专自学考试、文凭考试会计专业考生报考《财经法规与会计职业道德》课程的通知(2011-2-9)</p>
                         </marquee>
                    </td>
                  </tr>
                </table>
            </td>
          </tr>
       </table>
    </body>
</html>
```

程序中的如下语句用于在浏览器中滚动显示消息文字。

```
<marquee direction="up"  scrollAmount=1 scrolldelay="50" height="190" width="180">
    <p>领证通知(20011-2-12)</p>
    <p>自考高职生公共英语成人基础长班招生通知(20011-2-12)</p>
     ……
</marquee>
```

滚动内容由标签<marquee>实现，<marquee direction="up" scrollAmount=1 scrolldelay="50" height="190" width="180">表示在高190像素,宽180像素的范围内显示一个滚动内容,滚动的时间间隔为 50 毫秒（scrolldelay="50"），每次滚动 1 像素（scrollAmount=1）。

2.5 任务拓展训练

2.5.1 【任务 5】网页导航模板

网页导航模板用于对本书中"北京教育考试培训中心—助学科"网站的网页进行统一规划，在这个模板中包含了本站点多数网页中都会有的一些内容，如网站 Logo 图像，导航链接等，在设计新网页时，只需要在模板网页相应的地方插入代码就行了。效果如图 2-24 所示。

图 2-24　网页导航模板

网页导航模板的实现过程如下。

创建新网页，取名为 navigation.asp。打开文件，并切换到"代码视图"。在"代码"窗口中按下面的代码进行编辑。

```
<%@LANGUAGE="VBSCRIPT" CODEPAGE="65001"%>
<!DOCTYPE html PUBLIC "-//W3C//DTD XHTML 1.0 Transitional//EN" "http://www.w3.org/TR/xhtml1/DTD/xhtml1-transitional.dtd">
<html xmlns="http://www.w3.org/1999/xhtml">
<head>
<meta http-equiv="Content-Type" content="text/html; charset=utf-8" />
<title>网页模板</title>
</head>
<body background="../images/bg.gif" style="font-size:12px"
```

```
    <table width="770" height="504" border="1" align="center" cellspacing="0"
bordercolor="#E0E1E9" bgcolor="#FFFFFF">
      <tr>
        <td height="92" colspan="7"><img src="../images/logo_pxzx.gif"
width="430" height="86" align="left"><img src="../images/ad02.gif" width=
"317" height="77" align="right"></td>
      </tr>
    <tr>
<td width="140" height="30" align="center" bgcolor="#E0E1E9">
       | <a href="../index.asp">首 页</a> |</td>
        <td width="140" height="30" align="center" bgcolor="#E0E1E9">
       | <a href="../news/news.asp">新闻公告</a> | </td>
        <td width="140" height="30" align="center" bgcolor="#E0E1E9">
       | <a href="../zsxx/zsxx.htm">招生信息</a> |</td>
        <td width="140" height="30" align="center" bgcolor="#E0E1E9">
       | <a href="../zyjs/zyjs.htm">专业介绍</a> |</td>
        <td width="140" height="30" align="center" bgcolor="#E0E1E9">
       | <a href="../yxjj/index.htm">院校简介</a> |</td>
        <td width="140" height="30" align="center" bgcolor="#E0E1E9">
       | <a href="../student/zixuntai.asp">咨询台</a> |</td>
        <td width="140" height="30" align="center" bgcolor="#E0E1E9">
       | <a href="../school/cooperate.asp">合作意向</a> |</td>
    </tr>
      <tr>
        <td height="339" align="center" colspan="7">
         在这里添加网页内容，可以是任意的文字，图像或另一个表格
        </td>
      </tr>
      <tr>
        <td height="40" colspan="7" bgcolor="#33CCFF" align="center">
Copyright@2011.版权所有@北京市教育考试指导中心 all right    reserved</td>
      </tr>
    </table>
  </body>
  </html>
```

网页设计中所用到知识的都是表格、文字、图像、超链接的相关知识，不难理解。只在下面的语句中出现了一个新对象 style。

```
<body background="../images/bg.gif" style="font-size:12px">
```

style 对象用于指定给定元素的内嵌样式设置，可用于设置字体、背景、颜色、边框等各种样式，本例中用于指定字体样式，表示<body>中的字体默认大小（font-size）为 12 像素（12px）。

到这里，模板网页编辑完成，保存后，浏览效果如图 2-24 所示。

当需要通过模板网页创建新网页时，通常只需要将代码中的"在这里添加网页内容，可以是任意的文字，图像或另一个表格"部分替换为相应的内容就可以了。如果网页所在的目录位置发生变化，还需要更改各个超链接的相对路径。

由于本书的知识结构和篇幅所限，这里没有给出各个链接文件的内容，在学习了相关内容后，读者可自行增加。后面的任务中，也有这样的情况，不再一一说明。

2.5.2 【任务 6】咨询台

在这个任务中将实现网站中的咨询台页面，该页面在网页导航模板的基础上，添加了相应的咨询问答内容。网页的浏览效果如图 2-25 所示。

图 2-25　咨询台

"咨询台"网页的实现过程如下。

创建新网页，取名为 zixuntai.asp。打开文件，并切换到"代码视图"。在"代码"窗口中按下面的代码进行编辑。

```
<%@LANGUAGE="VBSCRIPT" CODEPAGE="65001"%>
<!DOCTYPE html PUBLIC "-//W3C//DTD XHTML 1.0 Transitional//EN"
"http://www.w3.org/TR/xhtml1/DTD/xhtml1-transitional.dtd">
```

```html
<html xmlns="http://www.w3.org/1999/xhtml">
<head>
<meta http-equiv="Content-Type" content="text/html; charset=utf-8" />
<title>咨询台</title>
</head>
<body background="../images/bg.gif" style="font-size:12px">
<table width="770" height="512" border="1" align="center" cellspacing="0" bordercolor="#E0E1E9" bgcolor="#FFFFFF">
   <tr> <td colspan="7"><img src="../images/logo_pxzx.gif" width="430" height="86" align="left"><img src="../images/ad02.gif" width="317" height="77" align="right"></td>
   </tr>
   <tr>
<td width="140" height="30" align="center" bgcolor="#E0E1E9">
| <a href="../index.asp">首 页</a> |</td>
<td width="140" height="30" align="center" bgcolor="#E0E1E9">
| <a href="news.asp">新闻公告</a> | </td>
<td width="140" height="30" align="center" bgcolor="#E0E1E9">
| <a href="../zsxx/index.htm">招生信息</a>|</td>
<td width="140" height="30" align="center" bgcolor="#E0E1E9">
| <a href="../zyjs/index.htm">专业介绍</a>|</td>
<td width="140" height="30" align="center" bgcolor="#E0E1E9">
| <a href="../yxjj/index.htm">院校简介</a>|</td>
<td width="140" height="30" align="center" bgcolor="#E0E1E9">
| <a href="../student/zixuntai.asp">咨询台</a> |</td>
<td width="140" height="30" align="center" bgcolor="#E0E1E9">
| <a href="../school/cooperate.asp">合作意向</a> |</td>
   </tr>
   <tr bordercolor="#E0E1E9">
    <td height="347" colspan="7" valign="top" > 
<!--下面是插入的"咨询台"内容表格-->
      <table border="1" align="center" bordercolor="#E0E1E9">
      <tr>
        <td width="568" height="29" valign="middle" bgcolor="#0099FF"><font color="#FFFFFF"><b>[咨询台]</b></font></td>
      </tr>
      <tr>
        <td width="568" bgcolor="#e4edf9"><a href="../2/zixuntai.asp">自考各专业课程考试时间表什么时候公布？</a>(2010-07-06)</td>
      </tr>
      <tr>
        <td width="568" > </td>
      </tr>
```

```html
        <tr>
          <td width="568"  bgcolor="#e4edf9"><a href="../2/zixuntai.asp">各类高等教育毕业生参加自考，根据原来所学专业可以免考相关自考课程吗？</a> (2010-07-06)</td>
        </tr>
        <tr>
          <td width="568" > </td>
        </tr>
        <tr>
          <td width="568"  bgcolor="#e4edf9"><a href="../2/zixuntai.asp">自考是否人为控制及格率？</a> (2010-07-06)</td>
        </tr>
        <tr>
          <td width="568" > </td>
        </tr>
        <tr>
          <td width="568"  bgcolor="#e4edf9"><a href="../2/zixuntai.asp">每次考试后，考试成绩什么时候发放？</a>(2010-07-06)</td>
        </tr>
        <tr>
          <td width="568" > </td>
        </tr>
        <tr>
          <td width="568"  bgcolor="#e4edf9"><a href="../2/zixuntai.asp">自考成绩单上没有公章，会不会影响毕业？</a> (2010-07-06)</td>
        </tr>
        <tr>
          <td width="568" > </td>
        </tr>
        <tr>
          <td width="568"  bgcolor="#e4edf9">毕业论文答辩有哪些程序？(2010-07-06)</td>
        </tr>
        <tr>
          <td width="568" >           </td>
        </tr>
        <tr>
          <td width="568"  bgcolor="#e4edf9">毕业证书、学位证书加盖什么公章？(2010-07-06)</td>
        </tr>
      </table>
      <!--上面是插入的"咨询台"内容表格-->
          </td>
    </tr>
```

```
    <tr>
       <td height="40" colspan="7" bgcolor="#33CCFF" align="center">
Copyright@2011.版权所有@北京市教育考试指导中心 all right  reserved</td>
    </tr>
  </table>
  </td>
 </body>
</html>
```

到这里,"咨询台"网页编辑完成,保存后,浏览效果如图 2-25 所示。

在程序中可以看到,相当部分的代码都是网页模板的内容,通过创建网页模板,代码能够得到重复使用,大大地提高了网页设计效率。

2.5.3 【任务 7】后台管理页面

本任务中,将创建网站后台管理页面。浏览效果如图 2-26 所示。

图 2-26 后台管理页面

"后台管理页面"的实现过程如下。

创建新网页,取名为 manage.asp。打开文件,并切换到"代码视图"。在"代码"窗口中按下面的代码进行编辑。

```
<%@LANGUAGE="VBSCRIPT" CODEPAGE="65001"%>
  <!DOCTYPE html PUBLIC "-//W3C//DTD XHTML 1.0 Transitional//EN"
"http://www.w3.org/TR/xhtml1/DTD/xhtml1-transitional.dtd">
  <html xmlns="http://www.w3.org/1999/xhtml">
```

```html
<head>
<meta http-equiv="Content-Type" content="text/html; charset=utf-8" />
<title>后台管理</title>
</head>

<body background="../images/bg.gif" style="font-size:12px">

<table width="770" height="504" border="1" align="center" cellspacing="0" bordercolor="#E0E1E9" bgcolor="#FFFFFF">
    <tr>
       <td height="92" colspan="7"><img src="../images/logo_pxzx.gif" width="430" height="86" align="left"><img src="../images/ad02.gif" width="317" height="77" align="right"></td>
    </tr>
    <tr>
        <td width="140" height="30" align="center" bgcolor="#E0E1E9">
         | <a href="../index.asp">首 页</a> |</td>
     <td width="140" height="30" align="center" bgcolor="#E0E1E9">
         | <a href="../news/news.asp">新闻公告</a> | </td>
     <td width="140" height="30" align="center" bgcolor="#E0E1E9">
         | <a href="../zsxx/zsxx.htm">招生信息</a> |</td>
     <td width="140" height="30" align="center" bgcolor="#E0E1E9">
         | <a href="../zyjs/zyjs.htm">专业介绍</a> |</td>
     <td width="140" height="30" align="center" bgcolor="#E0E1E9">
         | <a href="../yxjj/index.htm">院校简介</a> |</td>
     <td width="140" height="30" align="center" bgcolor="#E0E1E9">
         | <a href="../student/zixuntai.asp">咨询台</a> |</td>
     <td width="140" height="30" align="center" bgcolor="#E0E1E9">
         | <a href="../school/cooperate.asp">合作意向</a> |</td>
    </tr>
    <tr>
      <td height="339" align="center" colspan="7" valign="top" ><p> </p>

        <table width="434" border="1" align="center" bordercolor="#b7b7d7">
          <tr>
            <td height="33" colspan="4" bgcolor="#0099FF">
                <font color="white"><b>[后台管理]</b></font></td>
          </tr>
          <tr>
            <td width="90" height="30" align="center" bgcolor="d6dff7">用户管理：</td>
            <td width="100" align="center" bgcolor="#e4edf9">
                <a href="usermanage.asp">用户管理</a> </td>
```

```html
            <td width="112" align="center" bgcolor="#e4edf9"> </td>
            <td width="104" align="center" bgcolor="#e4edf9"> </td>
        </tr>
        <tr>
            <td height="30" align="center" bgcolor="d6dff7">学生管理：</td>
            <td align="center" bgcolor="#e4edf9">
                 <a href="../student/resultmanage.asp">学生成绩管理</a></td>
            <td align="center" bgcolor="#e4edf9">
                <a href="../student/lybmanage.asp">学生留言管理</a></td>
            <td align="center" bgcolor="#e4edf9"> </td>
        </tr>
        <tr>
            <td height="38" align="center" bgcolor="d6dff7">院校管理：</td>
            <td align="center" bgcolor="#e4edf9">
                <a href="schoolmanage.asp">院校用户管理</a></td>
            <td align="center" bgcolor="#e4edf9">
                <a href="schoolmsgmanage.asp">院校信息管理</a></td>
            <td align="center" bgcolor="#e4edf9">
                <a href="../school/resupload.asp">上传资源</a></td>
        </tr>
        <tr>
            <td height="38" align="center" bgcolor="d6dff7">课程管理：</td>
            <td align="center" bgcolor="#e4edf9"><a href="kcgl.asp">专业课程</a></td>
            <td align="center" bgcolor="#e4edf9"><a href="jcmanage.asp">教材管理</a></td>
            <td align="center" bgcolor="#e4edf9"> </td>
        </tr>
        <tr>
            <td height="38" align="center" bgcolor="d6dff7">新闻管理：</td>
            <td align="center" bgcolor="#e4edf9">
                <a href="../news/newsmanage.asp">新闻管理</a></td>
            <td align="center" bgcolor="#e4edf9"> </td>
            <td align="center" bgcolor="#e4edf9"> </td>
        </tr>
        <tr>
            <td height="38" colspan="4" align="center" bgcolor="d6dff7">
                <!--通过JavaScript语句来关闭窗口-->
                <a href="javascript:window.close()">关闭窗口</a>
            </td>
        </tr>
    </table>
</td>
```

```
        </tr>
        <tr>
          <td height="40" colspan="7" bgcolor="#33CCFF" align="center">
Copyright@2011.版权所有@北京市教育考试指导中心 all right  reserved</td>
        </tr>
    </table>
  </body>
</html>
```

到这里，后台管理页面完成，网页浏览效果如图 2-26 所示。

程序中，下面的语句中包含了一个 JavaScript 脚本语句，该语句用于关闭当前窗口。

```
<a href="javascript:window.close()">关闭窗口</a>
```

习题 2

1. 填空

（1）_____是一切网页实现的基础。

（2）HTML 文件中可以含_____、_____、_____、_____和_____。

（3）HTML 文档通常分两部分，位于_____标签之间的部分称为 HTML 文件头，位于_____之间的部分称为正文。

（4）<meta> 标签的_____属性主要用于描述网页，以便于搜索引擎对网页进行查找、分类。

（5）将<meta>标签的 http-equiv 属性设置为_____可以实现网页的定时刷新功能。

（6）<body>标签的_____属性用于设置页面的背景颜色，_____属性用于设置页面背景图像。

（7）HTML 中，与文字布局相关的标签有_____、_____、_____、_____和对齐方式等。

（8）_____标签用于字体格式设置，其附带的属性可用于文字字体、颜色和大小的设置。

（9）HTML 中提供了_____标签用于在网页中插入图像。

（10）HTML 提供三种列表方式：_____、_____和_____。

（11）想要在 HTML 文档中显示多个空格，可以使用字符实体_____。

（12）表格主要有两方面的用途：一是_____；另一个用途是_____。

（13）HTML 中提供了多种标签来进行网格的设计，_____ 标签用于表格的整体设置，_____ 标签用于设置标题，_____ 标签用于设置表格的行，_____ 标签用于设置表头，_____ 标签用于设置行中每个具体的单元格。

（14）<th>和<td>的_____ 属性可用于设置跨行单元格，_____ 属性可用于设置跨列单元格。

（15）将<table>的_____ 属性设置为 0 将不显示表格边框。

（16）标签<a>的_____ 属性定义了超链接所要跳转到的位置。

（17）设置网页内链接的步骤是：首先_____；然后_____。

（18）电子邮件链接的基本格式是_____。

（19）_____ 属性用于控制滚动字幕的方向，_____ 属性和_____ 属性用于控制滚动的速度。

2．程序设计

（1）仿照"院校简介"网页设计一个"商品介绍"网页，要求有商品的特点说明和样品图片。

（2）仿照"商品价目表"网页设计一个"图书信息"网页，要求将列出书籍具有的类别、作者、单价、出版社、出版时间等信息。

（3）仿照"咨询台"网页设计一个"图书浏览"网页，在该页面中单击某图书名称就能够打开该图书的"图书介绍"页面。

（4）仿照"滚动通知"网页设计一个"精品图书"网页，在该页面中有一个表格，表格内滚动显示精品图书标题，单击某图书标题就能够打开该图书的"图书介绍"页面。

CHAPTER3 第 3 章

ASP 脚本语法

3.1 ASP 脚本语言基础

3.1.1 ASP 中的脚本语言

1. 脚本语言简介

脚本语言是介于 HTML 和 Java、C++以及 Visual Basic 等编程语言之间的程序语言。HTML 通常用于网页的布局、格式化和链接文本等静态内容，而编程语言通常用于向机器发出一系列复杂的指令，指挥计算机完成复杂的工作。脚本语言介于两者之间，但它的语句和函数与编程语言更为类似，它与编程语言之间最大的区别是后者的语法和规则更为严格和复杂。

ASP 动态网页中，HTML 用于实现网页的结构布局等静态内容，而脚本语言则用于动态的指令动作，例如，访问数据库、计算结果、检查数据是否符合要求等。

ASP 本身并不是一种脚本语言，它只是提供了一种使镶嵌在 HTML 页面中的脚本程序得以运行的环境，ASP 中可以支持的脚本语言包括 VBScript、JavaScript 和 JScript 等。各种脚本语言的执行都需要相应的脚本引擎进行解释，ASP 中默认语言是 VBScript，所以不用担心要去安装 VBScript 的脚本引擎，当安装完 Active Server Pages 时，它就已存在了。使用 JScript 也不必有同样的担心。但是要使用一些不太常用的脚本语言的话，可能需要安装相应的脚本引擎。

另外，由于脚本是在服务器端读取和处理的，所以请求.asp 文件的客户端浏览器并不需要支持脚本，只有服务器端才需要脚本引擎。

2. VBScript、Javascript 和 JScript

VBScript 与 Basic 语言有密切关系，VBScript 是 Microsoft Visual Basic 的简化版本。

如果熟悉 Basic，将会发现 VBScript 很容易学习和使用。VBScript 作为一种脚本语言，容易使用，脚本语言的语法相对来说也比较简单。但是，简单的句法也使开发大的应用程序变得很困难。

可以在 HTML 文件中直接嵌入 VBScript 脚本。这样能够扩展 HTML，使它不仅仅是一种页面格式语言，而且可以对用户的操作作出反应。VBScript 是 Active Sever Pages 的默认语言。

VBScript 既可以作为客户端编程语言，也可以作为服务器端编程语言。客户端编程语言是可以由浏览器解释执行的语言。客户端编程语言的优点是浏览器完成了所有的工作，这可以减轻服务器的负担。而且客户端程序运行起来比服务器端程序快得多。当一个浏览器的用户执行了一个操作时，不必通过网络对其作出响应，客户端程序就可以作出响应。VBScript 也可以作为服务器端编程语言，服务器端编程语言执行站点主机上的所有操作，在服务器上执行，并生成执行结果文件，而浏览器接收并显示这些结果文件。

JScript 或 JavaScript 也可以作为客户端编程语言。当一个以这些语言中的任意一种编制的程序被下载到一个兼容的浏览器中时，浏览器将自动执行该程序。

对于初学者，很容易认为 JavaScript 与 Java 语言有关，其实 Java 与 JavaScript 完全是两个不同的东西。Java 是 Sun 提出的网络编程语言，而 JavaScript 是 NetScape 公司的产品，比 Java 简单得多，主要运用于客户端实现基于浏览器上的一些动态功能，能够在客户端动态地生成 HTML。虽然 JavaScript 很有用，但它通常只能处理以客户端环境为基础的动态信息。除了 Cookie 之外，HTTP 状态和表单提交数据对 JavaScript 来说都是不可用的。

另外，还有一种脚本语言称为 JScript，它是 Microsoft 的产品，是针对 JavaScript 而出现的极其类似于 JavaScript 的脚本语言，它的功能与 JavaScript 相当。

由于是在客户端运行，JavaScript 不能访问服务器端资源，比如服务器端数据库的内容。虽然在 ASP 中结合使用时，JavaScript 可以用于服务器端，但是在实际应用中，通常使用 JavaScript 来进行客户端程序设计，而用 VBScript 来进行服务器端程序设计。相对来说，JavaScript 对客户端的处理较为灵活，而 VBScript 对服务器端的功能更为强大。

用 VBScript 作为服务器端编程语言的好处是由于服务器端编程语言不受浏览器的限制，而作为 ASP 的默认语言，VBScript 可以更好地完成服务器端功能（如数据库的访问等），而且 VBScript 脚本在网页通过网络传送给浏览器之前被执行，Web 浏览器收到的只是标准的 HTML 文件。因此，在创建 ASP 网页时，通常都用 VBScript 作为服务器端编程语言。

还有一点需要注意，VBScript 脚本语言对字母大小写不敏感，在设计时可以不区分大小写；而 JavaScript 脚本语言对字母大小写敏感，在设计时需要区分大小写。例如，对于 var 和 Var，VBScript 认为是同一个对象，而 JavaScript 认为它们是两个不同的对象。

本书中所学的脚本语言，没有特殊说明的，都是 VBScript 的内容。此外，在本书中所学的大部分内容在用 VBScript 作为客户端编程语言时也是适用的。对于 JavaScript 脚本语言，在使用时都进行了特殊说明。

3.1.2 在 ASP 网页中使用脚本语言的基本格式

在 ASP 网页中可以通过两种方法来使用脚本语言，通过定界符<%和%>或 HTML<Script>对象来包含脚本代码。对包含有脚本代码的网页文件，在保存文件时，将文件扩展名设置为.asp，浏览该文件时，就可以通过 ASP 引擎来对脚本代码进行解释执行。

1．通过定界符<%和%>包含脚本代码

通过定界符<%和%>包含脚本代码的格式如下：

```
<%
脚本代码
%>
```

由于这种格式中没有指明所要使用的脚本语言，其包含的脚本代码语言为主脚本语言。VBScript 是 ASP 默认的主脚本语言，可以在定界符之内使用任何有效的 VBScript 命令，ASP 会按 VBScript 处理这些命令。例如：

```
<%
Dim a,b
a="ASP"
b="案例教程"
%>
<font color="red">
<%=a&b%>
</font>
```

上面语句运行时将在当前位置显示红色文字"ASP 案例教程"。

在定界符<%和%>之内的脚本将在服务器端执行，在执行完毕后将得到的结果作为 HTML 内容发送到客户端显示出来。上面脚本代码在执行后，发送到客户端的内容如下：

```
<font color="red">
ASP 案例教程
</font>
```

可以使用<%和%>标志来输出变量、方法以及函数的值，在上面的例子中，<%=a+ b%>将表达式的计算结果值"ASP 案例教程"直接输出到显示器上。

其实，也可以将任意一种脚本语言设为主脚本语言。如果想在某一页中将一种脚本语言设为主脚本语言，只要在.asp 文件顶端加上如下的指令就可以了。

```
<%@LANGUAGE="ScriptLanguage" CODEPAGE="Code"%>
```

其中，ScriptLanguage 代表想设置的主脚本语言，可以是 VBScript、JavaScript 等脚本语言名称。Code 表示 ASP 文件编码格式，常用的有 936（表示 GB2312）和 65001（表示 UTF-8）。

例如：

```
<%@LANGUAGE="VBSCRIPT" CODEPAGE="65001"%>
```

上面语句设置 VBScript 为当前页的主脚本语言，编码格式为 UTF-8 这样，在执行定界符<%和%>之内的脚本代码时，将按 VBScript 语言对其进行解释，在编码时将使用 UTF-8 格式。

注意，本书中所有编码都采用 UTF-8 格式，即在所有 ASP 文件顶端都需要加上上面这句指令。

2. 通过 HTML<Script>对象包含脚本代码

利用微软的 HTML<Script>拓展对象来指定脚本语言，格式如下：

```
<Script Language="ScriptLanguage" Runat="Server">
脚本代码
</Script>
```

其中，ScriptLanguage 代表想设置的主脚本语言，可以是 VBScript、JavaScript 等脚本语言名称。Runat="Server"指定脚本代码在服务器端执行。

例如：

```
<Script Language = "VBScript" Runat="Server">
    Dim a,b
    a="ASP"
    b="案例教程"
    response.write a&b
</Script>
```

上面的脚本代码将在浏览器上显示出"ASP 案例教程"。

如果未设置 Runat="Server"，脚本代码将在客户端执行。这种情况下，Server 端将忽略这个 Script 并由浏览器尝试执行（如果这是一个需要在服务器端执行的脚本，则会因为这不是一个合法的客户端 Script 脚本而出现错误）。

使用<Script>对象比起<%和%>有一个明显的优点，在同一个.asp 文件中可以混合使用不同的脚本语言。这样，就可以发挥各种不同的脚本语言在不同方面的优势，用不同的脚本语言编写不同的脚本程序来完成不同的工作。例如：

```
<Script Language = "Javascript" >
    'Javascript 脚本代码
</Script>
…
<Script Language = "VBScript"  Runat="Server">
    'VBScript 脚本代码
</Script>
```

3．两种格式的区别

使用<%和%>和<Script>对象所执行的脚本代码是有区别的。使用<script>包含的脚本会立即执行，无论它在 ASP 文件的任何位置。例如：

```
<html>
<head><title>ASP Script 示例</title></head>
<body>

希望先执行这一行

<script LANGUAGE="JavaScript" RUNAT="server">
response.write("这是第二行.")
</script>
</body>
</html>
```

上面代码的执行结果如图 3-1（a）所示。

查看生成的 HTML 源文件，如图 3-1（b）所示，可以看到，<script>中输出的文字"这是第二行."在 HTML 元素之前，因此在显示时最先得到执行。

（a） （b）

图 3-1　Script 中的内容首先执行

3.1.3　VBScript 中的数据类型

VBScript 中只有一种数据类型 Variant，也称为变体类型。

Variant 是一种特殊的数据类型,根据使用的方式,它可以包含不同类别的信息。在代码执行时,Variant 的内容会自动进行类型转换。例如,Variant 用于数值上下文中时作为数值处理,用于字符串上下文中时作为字符串处理。这就是说,如果使用看起来像是数值的数据,则 VBScript 会假定其为数字并以适用于数值的方式处理。与此类似,如果使用的数据只可能是字符串,则 VBScript 将按字符串处理。例如:

```
<%
m=12
%>
数字计算:<%=(m+10)%><br>
字符串连接:<%=(m&"abc")%>
```

对于上面的代码,在网页中执行后的结果如下:

```
数字计算: 22
字符串连接: 12abc
```

可以看到,m 的内容在与数字 10 进行加法运算时,结果是数值 22;而与字符串"abc"进行连接运算时,结果是字符串"12abc"。

除简单数字或字符串以外,Variant 还可以包含其他的数据类型的信息,例如,Boolean型、日期时间、对象等,Variant 包含的数值信息类型称为子类型。大多数情况下,可将所需的数据放进 Variant 中,而 Variant 也会按照最适用于其包含的数据的方式进行操作。表 3-1 列出了 Variant 包含的数据子类型。

表 3-1 Variant 的数据子类型

子类型	描述
Empty	未初始化的 Variant。对于数值变量,值为 0;对于字符串变量,值为零长度字符串 ("")
Null	不包含任何有效数据的 Variant
Boolean	包含 True 或 False
Byte	包含 0 到 255 之间的整数
Integer	包含−32 768 到 32 767 之间的整数
Currency	−922 337 203 685 477.5808 到 922 337 203 685 477.5807
Long	包含−2 147 483 648 到 2 147 483 647 之间的整数
Single	包含单精度浮点数,负数范围从−3.402823E38 到−1.401298E−45,正数范围从 1.401298E−45 到 3.402823E38
Double	包含双精度浮点数,负数范围从−1.79769313486232E308 到−4.94065645841247E−324,正数范围从 4.94065645841247E−324 到 1.79769313486232E308
Date (Time)	包含表示日期的数字,日期范围从公元 100 年 1 月 1 日到公元 9999 年 12 月 31 日
String	包含变长字符串,最大长度可为 20 亿个字符
Object	包含对象
Error	包含错误号

可使用 VarType 函数来测试数据的 Variant 子类型。另外，还可以使用转换函数来转换数据的子类型。这些将在本章后面进行学习。

3.1.4 常量与变量

在 VBScript 中进行运算的对象有两类：常量与变量。

1．常量

常量是在程序运行过程中，其值保持不变的量，例如数值、字符串等。

有些值在程序中会多次使用，例如，进行圆的计算中的 π 值，如果在每次使用时都重复输入，即费事又很容易出错。另外，如果一些数值、字符串在程序中多次重复出现时，如果要改变此对象的值，就需要改动程序中的许多地方，既麻烦又很容易遗漏。

这时可以用一个容易理解和记忆的符号来表示该常量，在程序中，凡出现该常量的地方，都用此符号代替。这样不但易于输入，还便于理解此常量的含义，如要想改变某一常量的值时，也只需改变程序中声明该符号常量的一条语句就可以了，既方便又不易出错。

常量的定义格式如下：

```
Const  常量名=表达式
```

其中，Const 为必须的定义关键字，说明该符号为常量；"=表达式"部分也是必须的，该表达式说明了的常量的取值。表达式可以是数值、字符串、布尔值或日期等内容。在定义常量时，常量的名称可以由字母、数字和下划线等字符构成，第一个字符只能是字母，并且常量不能和关键字同名。此外，常量的名称最好应具有一定的含义，以便于理解和记忆。例如：

```
Const PI=3.14
Const StrName="李明"
Const FirstDay=#2011-2-1#
```

可以一次定义多个常量，只要把每个常量定义用逗号隔开即可。例如：

```
<%
Const PI=3.14 , StrName="李明" , FirstDay=#2011-2-1#
%>
```

常量在声明后，就可以在程序中进行引用，例如：

```
<%
   Const PI =3.14159
   S=PI*10*10
%>
```

在这里，先定义了一个表示圆周率的常量 PI，再计算半径为 10 的圆的面积 S。

一旦声明了一个常量，在运行中，该常量的值将不能被改变。例如，下面的语句将导致错误。

```
<%
    Const PI =3.14159
    S=PI*10*10
    PI=3.1415926    '这里将出现错误
%>
```

2．变量

变量是在程序执行过程中其值可以变化的量。在应用程序的执行过程中，变量用来存储程序运行中的临时数据。

在 VBScript 脚本中，使用一个变量之前不需要专门声明它。例如：

```
<%
n1=123
TempVal=n1*10
%>
```

即在给变量 n1 和 TempVal 赋值的同时，自动声明了变量，而在赋值之前并没有对变量 n1 和 TempVal 进行声明。

可以用 Dim 语句同时声明多个变量，只要把变量名用逗号隔开即可。在下面的例子中，用一个 Dim 语句声明了三个变量：

```
Dim strName, strAddress, strTel
```

VBScript 中并不强制声明变量，但声明变量可以有效地降低编程时因写错变量名、变量名冲突等引起的错误。这样做的好处是使脚本易于调试。如果敲错了该变量的名字，将会产生错误提示。为了避免此类错误，增强程序的易读性，可以通过 Option Explicit 语句来强制所有的变量必须先声明，再使用。在 ASP 中，Option Explicit 语句必须放在所有 ASP 语句之前。

下面的例子演示了如何强制变量必须先声明后使用。

```
<% Option Explicit %>
<html>
<head>
<title>强制声明变量</title>
</head>

<body>
```

```
<%
dim myvar
myvar="ASP 案例教程"
%>

<%=myvar%>
</body>
</html>
```

在这个例子中，Option Explicit 语句强制所有的变量必须专门声明。Dim 语句声明了变量 myvar。如果不声明这个变量，将会收到错误信息：Variable is undefined:'myvar'.

需要注意的是，Option Explicit 语句的位置很特殊。必须把 Option Explicit 语句作为一个 ASP 网页的起始语句。它必须出现在任何 HTML 标识或其他 VBScript 命令之前。如果不这样做，该语句将被视为非法语句。

3. 变量命名约定

为了便于代码的维护，出于易读和一致性的目的，通常在变量命名时采用一些规则进行约束，按变量的子类型为前缀来命名变量，加强代码的易读性，表 3-2 给出了 VBScript 代码中的变量命名约定。

表 3-2 变量命名约定

子 类 型	前 缀	示 例
Boolean	bln	blnFound
Byte	byt	bytRasterData
Date (Time)	dtm	dtmStart
Double	dbl	dblTolerance
Error	err	errOrderNum
Integer	int	intQuantity
Long	lng	lngDistance
Object	obj	objCurrent
Single	sng	sngAverage
String	str	strFirstName

3.1.5 表达式

程序设计中离不开运算，运算是依靠各种数据与运算符构成的表达式来完成的。

表达式是用运算符和圆括号将数据按照一定的语法规则连接而成的有意义的式子。例如：PI*R、Num1-100、A=PI*（R+100）。

VBScript 中可以使用所有 Visual Basic 中的运算符，根据表达式中使用的运算符不同，可以将表达式分为算术表达式、字符串表达式、关系表达式和逻辑表达式。

1. 算术表达式

算术表达式也称为数值表达式。它是用算术运算符和圆括号将数值型的常量、变量和函数连接起来的有意义的式子，算术表达式的运算结果为数值型。

算术运算符有 8 种：^、-、+、*、/、\、Mod 和-（负号）。

^为求幂（乘方）运算符，例如，b^2 表示 b^2。

Mod 是取余（又称模）运算符，其值为两数四舍五入之后相除所得的余数，其值为整数。例如：

```
<%
a=16 mod 5
%>
```

上面的代码运行后，变量 a 的值为 1。

\是整除运算符，其值为两数四舍五入之后相除所得商的整数部分。例如：

```
<%
a=23.2\4.5
%>
```

上面的代码运行后，变量 a 的值为 5。

在一个表达式中可以出现多个运算符，因此必须确定这些运算符的运算顺序，如果运算顺序不同，所得的结果也就不同。

算术运算符的运算顺序如下：

（）（圆括号）→ -（负号）→^（乘方）→*（乘）、/（除）→\（整除）→MOD（取模）→ +（加）、-（减）

同级运算符按自左至右顺序进行。

VBScript 中可以使用所有 Visual Basic 中的算术表达式就相当于数学中的代数式，但与数学中代数式的书写方法不同。例如，数学式子中的分式，写成 VBScript 表达式时，要改成除式（VBScript 中的除号用"/"表示），并且不能改变原来的运算顺序，必要时应加上括号。例如，数学式子 $\frac{x+1}{x-1}$ 写成 VB 表达式时，应写成(x+1)/(x–1)。

另外，要注意各种运算符的运算顺序，同数学运算中一样，可以通过加括号"( )"来调整运算顺序，不过在 VBScript 中只能用圆括号，而不能使用数学运算中的中括号和大括号，当需要使用嵌套的括号时，可以使用圆括号来进行嵌套。所有的括号，包括数学中的大括号和方括号，都必须用圆括号代替，圆括号必须成对出现，并且可嵌套使用。例如：

```
X1=(-b+sqr(b^2-4*a*c))/(2*a)
```

上面的语句就是数学中的一元二次方程求根公式的 VBScript 表示方法,语句中的 sqr() 是一个 VBScript 函数,用于求表达式的平方根。

同时在该语句可以看到,数学式子中省略的乘号,在书写成 VBScript 表达式时必须补上,VBScript 中的乘号用"*"表示。例如,数学式子中的 b^2-4ac 写成 VBScript 表达式时应改为 b^2-4*a*c。

2. 字符串表达式

字符串表达式是用字符串运算符和圆括号将字符串常量、变量和函数连接起来的有意义的式子,其运算结果仍为字符串。

字符串表达式的书写规则与算术表达式的书写方式相同。

字符串运算符有两个,一个是"+"运算符,另一个是"&"运算符,它们都是字符串连接运算符。在字符串变量后边使用"&"运算符时,应注意,变量与"&"运算符之间应加一个空格,以避免 VBScript 认为是长整型变量。

"+"运算符与"&"运算符有如下差别:

"+"运算符两边的参数必须是字符串型数据或字符串型表达式,如果一个为字符串型数据,另一个为数值型数据,则会产生错误。

"&"运算符两边的参数可以是字符型数据,也可以是数值型数据,进行数据连接以前,会自动先将其转换为字符型数据,然后再连接。

例如:

```
<%
Str1="ASP"  +  "案例教程"
Str2="AB" & 12
Str3= 12 & 24
%>
```

执行上述程序段后,Str1 的值为"ASP 案例教程",Str2 的值为"AB12",Str3 的值为"1224"。

3. 关系表达式

关系表达式是使用关系运算符和圆括号将两个相同类型的表达式连接在一起进行计算的表达式,其运算结果为布尔值(真 True 或假 False)。

关系运算符又称比较运算符,是进行比较运算所使用的运算符,包括:>(大于)、<(小于)、=((等于)、>= (大于等于)、<= (小于等于)和 <> (不等于)6 种。其中大于、小于和等于运算符与数学上的相应运算符写法完全一样,另外三种运算符与数学上的相应运算符写法虽不完全一样，但其含义是完全一样的。

在运算时，先计算关系运算符两边的表达式的值，然后再进行关系运算符所规定的关系运算。如果关系表达式成立，则计算结果为 True，否则为 False。

需要注意的是，关系运算符两边的表达式是类型相同的表达式，可以是算术表达式，也可以是字符串表达式，还可以是其他的关系表达式等。

在运算时，对于数值型数据，按其数值的大小进行比较大小；对于字符串型数据，从左到右依次按其每个字符的 ASCII 码值的大小进行比较，如果对应字符的 ASCII 码值相同，则继续比较下一个字符，如此继续，直到遇到第一个不相等的字符为止。

例如：

```
<%
B1=6+4>20-6
B2="ABC"<="ABD"
%>
```

执行上述程序段后，B1 的值为 False，B2 的值为 True。

所有比较运算符的优先顺序均相同，如要想改变运算的先后顺序，应使用圆括号括起来。

4．逻辑表达式

逻辑表达式用逻辑运算符将两个关系表达式连接起来进行计算的式子，其运算结果为布尔值。逻辑运算符是进行逻辑运算所使用的运算符，包括 Not（非）、And（与）和 Or（或）、Xor（异或）、等价（Eqv）和 Imp（蕴涵）等，各个逻辑运算符的含义如下。

Not(逻辑非)：将原逻辑值取反。

And(逻辑与)：两个数值均为 True 时，计算结果才为 True。

Or(逻辑或)：两个数值中只要有一个为 True，则计算结果为 True。

Xor(逻辑异或)：两个数值相同时，计算结果为 False，否则为 True。

Eqv（等价）：两个数值相同时，计算结果为 True；否则为 False。

Imp（蕴涵）：左边的数为 True，右边的数为 False 时，计算结果为 True；其余情况，计算结果为 False。

逻辑表达式的书写规则与算术表达式的书写规则相同。逻辑运算符及其真值如表 3-3 所示，其中用 A 和 B 代表两个表达式的值。

当同一行语句中有多个逻辑运算符时，逻辑运算符的运算顺序如下：

Not（非）→And（与）→Or（或）→Xor（异或）→Eqv（等价）→Imp（蕴涵）

例如，在执行如下程序段后，变量 D 的值为 True，变量 E 的值为 False，变量 F 的值为 True，变量 G 的值为 False，变量 H 的值为 True，变量 I 的值为 False。

```
<%
A=10
B=8
C=6
D=A>B And B>C
E=B>A And B>C
F=A>B Or B>C
G=B>A Or C>B
H=A>B Xor B>C
I=B>A Xor B>C
%>
```

表 3-3 逻辑运算真值表

A	B	Not A 取反	A And B 与	A Or B 或	A Xor B 异或	A Eqv B 等价	A Imp B 蕴含
True	True	False	True	True	False	True	True
True	False	False	False	True	True	False	False
False	True	True	False	True	True	False	True
False	False	True	False	False	False	True	True

5. 复合表达式的运算顺序

复合表达式中可以有多种运算符,它们的运算次序如下。

算术运算符>=字符串运算符>关系运算符>逻辑运算符

例如:

```
<%
N=(18 - 5 > 2 + 3 And 5 * 2 = 10)
%>
```

在这个式子中,先进行算术运算 18-5、2+3 和 5*2,分别得 13、5 和 10;再对这些结果进行关系运算 13>6 和 10=10,其值都是 True;再进行逻辑运算 True And True,最后,得到 N 的值为 True。

3.1.6 VBScript 脚本中的注释

注释语句用来进行程序的说明,该种语句在程序运行中是不执行的,它只是为了帮助阅读程序。可以在 ASP 网页中使用 HTML 风格的注释(例如,<!-- 注释 -->),但是,在 VBScript 脚本中却不能用这种注释。要在一个 VBScript 脚本中加入注释,可以使用下面的方法:

以命令 Rem 开头,其后跟着说明的文字,用空格将 Rem 命令和其后的说明文字分开;

以半角单引号（'，也称为撇号）开头，其后跟着说明的文字，可以直接放在一条脚本语句的后边。

例如：

```
<!--这是 HTML 中的注释-->
<%
Rem 这是 VBScript 中的注释
xm="张凯"          '给姓名变量 xm 赋值，这也是 VBScript 中的注释方式
%>
```

在这个例子中，Rem 语句可用来在 VBScript 脚本中建立一条注释语句，一个半角单引号（'）也可以用于同样的目的。

需要注意，这两种注释只能用来注释一行。用 Rem 语句或撇号建立的注释在一行的末尾结束。

HTML 风格的注释与 VBScript 注释的一个重要区别是：VBScript 注释不发送给浏览器，在浏览器中不能够通过"查看"菜单下的"源文件"命令来查看 VBScript 注释，它只在服务器端可见。

3.1.7 VBScript 代码书写规则

作为一名合格的程序设计者，如何使设计出的程序易于维护也是一个重要的问题。一些所谓的程序高手常常以设计出别人不能理解的、怪僻的程序代码而自娱，不会顾及程序的维护以及与同事间的沟通；而一些编程新手则可能比较随心所欲，只求完成任务，不会想到后续的维护问题。以上的这些举例可能有些片面，但确确实实在现实中存在着，并且为程序的设计维护制造了障碍。

约定代码书写规则的目的是使程序的结构和编码样式标准化，这样代码易于阅读和理解。使用好的编码规则可以使程序代码清晰易读、易于维护。下面给出了一些常用的编码规则。

所有过程的开始部分都应有描述其功能的简要注释，简要叙述该过程的功能、输入及输出等信息。为程序代码添加适当的注释，注释应当准确、易懂，养成边写代码边写注释的习惯。注释应当适宜，不要过多，以免喧宾夺主，看上去眼花缭乱。

不要书写复杂的语句行，一行代码只完成一项功能使代码易于阅读。

程序代码中采用适当的缩进（缩进可使用 TAB 键完成），在多层嵌套时，相同层次嵌套的缩进相一致。例如：

```
<%
sub btnsubmit_onclick
'验证姓名和密码是否不为空
```

```
    if form1.username.value<>"" then        '姓名不为空
      if form1.pwd.value<>"" then           '密码不为空
           form1.submit                      '提交表单
        else
           msgbox "请输入密码!"
           form1.elements("pwd").focus       '设置密码输入框得到焦点
       end if
    else
         msgbox "请输入姓名!"
       form1.elements("username").focus   '设置姓名输入框得到焦点
    end if
end sub
%>
```

此外，代码行最大宽度控制在适宜的范围内（最好不多于 80 个字符，因为通常编辑器/打印机输出的宽度通常为 80 个字符），过长的语句可以按语义在适当位置进行拆分，拆分出的新行进行缩进，例如：

```
sql= "insert into admin (id,username,password) values " & _
                 " ("&id&",'"&username&"','"&pwd&"')"
```

3.1.8 【任务8】"教材订购单"页面设计

在本案例中，将通过 ASP 来实现教材订单的显示及打印，浏览效果如图 3-2 所示。当单击订单下方的"打印"链接时，可以通过打印机将订单打印出来。

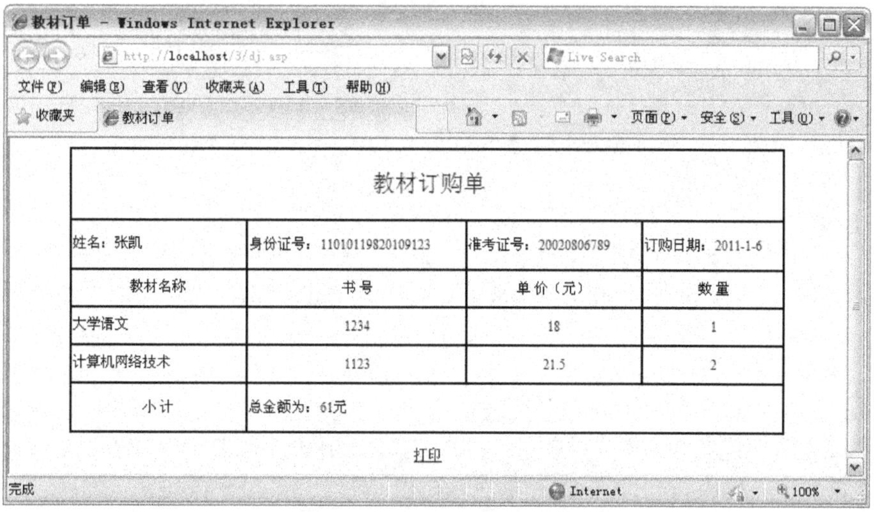

图 3-2 "教材订单"页面

在本任务的实现过程中，将学习 ASP 脚本语法的基础知识，以及 VBScript 语言基础。创建一个新网页，取名为 dj.asp。打开文件，并切换到"代码视图"。在"代码"窗口中按下面的代码进行编辑。

```asp
<%@LANGUAGE="VBSCRIPT" CODEPAGE="65001"%>
<!DOCTYPE html PUBLIC "-//W3C//DTD XHTML 1.0 Transitional//EN" "http://www.w3.org/TR/xhtml1/DTD/xhtml1-transitional.dtd">
<html xmlns="http://www.w3.org/1999/xhtml">
<head>
<meta http-equiv="Content-Type" content="text/html; charset=utf-8" />
<title> 教材订单</title>
</head>
<body>
<!--以下是通过VBScript语言对订单信息进行变量定义和赋值-->
<%
dim xm,sfzh,zkzh,rq,jcmc1,sh1,num1,dj1,jcmc2,sh2,num2,dj2,zje
xm="张凯"
sfzh="11010119820109123"
zkzh="20020806789"
rq=#2011-1-6#
jcmc1="大学语文"
sh1="1234"
num1=1
dj1=18
jcmc2="计算机网络技术"
sh2="1123"
num2=2
dj2=21.5
%>
<!--以下是订单表格-->
    <table width="660" height="230" border="1" align="center" cellspacing="0" bordercolor="#000000">
        <!--订单表头-->
        <tr>
            <td height="60" colspan="4" align="center">
            <font size="5">教材订购单</font>    </td>
        </tr>
        <!--订购者信息-->
        <tr>
            <td width="160" height="40">姓名：<%=xm%></td>
            <td width="200">身份证号：<%=sfzh%></td>
            <td width="160">准考证号：<%=zkzh%></td>
            <td width="130">订购日期：<%=rq%></td>
        </tr>
        <!--订单详细信息-->
```

```
            <tr>
                <td height="30" align="center">教材名称</td>
                <td align="center">书 号</td>
                <td align="center">单 价（元） </td>
                <td align="center">数 量</td>
            </tr>

            <tr>
                <td height="30"><%=jcmc1%></td>
                <td align="center"><%=sh1%></td>
                <td align="center"><%=dj1%> </td>
                <td align="center"><%=num1%></td>
            </tr>

            <tr>
                <td height="30"><%=jcmc2%></td>
                <td align="center"><%=sh2%></td>
                <td align="center"><%=dj2%> </td>
                <td align="center"><%=num2%></td>
            </tr>
            <%
            '计算总金额
            zje=dj1*num1+dj2*num2
            %>
            <tr>
                <td height="40" align="center">小 计</td>
                <td  colspan="3" align="left">总金额为：<%=zje%>元</td>
            </tr>
        </table>
        <!--在链接中通过调用javascript语言的print()方法打印文档-->
        <p align="center"><a href="javascript:print()">打印</a></p>
</body>
</html>
```

程序中，先通过语句"<%@LANGUAGE ="VBScript"%>"定义了网页的主脚本语言为 VBScript（其实可以不写这一句，因为 ASP 的默认脚本语言就是 VBScript），这样，下面的这几行位于<%和%>之间的脚本代码将通过 VBScript 进行解释执行。

```
<%
dim xm,sfzh,zkzh,rq,jcmc1,sh1,num1,dj1,jcmc2,sh2,num2,dj2,zje
xm="张凯"
sfzh="110101198201091 23"
zkzh="20020806789"
```

```
rq=#2011-1-6#
jcmc1="大学语文"
sh1="1234"
num1=1
dj1=18
jcmc2="计算机网络技术"
sh2="1123"
num2=2
dj2=21.5
%>
```

上面的代码中,"dim xm,sfzh,zkzh,rq,jcmc1,sh1,num1,dj1,jcmc2,sh2,num2,dj2,zje"用于定义下面要用到的各个变量。接下来的代码对各个变量进行赋值。然后,在订单表格中通过类似"<%= ... %>"这样的语句输出变量的内容,例如,"<%=xm%>"就在当前位置输出了变量 xm 的内容"张凯"。

语句"zje=dj1*num1+dj2*num2"用于计算书的总金额,在后面将计算结果通过语句"<%=zje%>"输出。

最后,在语句"<a href="javascript:print()">打印</a>"定义了一个超链接,在链接中通过调用 JavaScript 语言的 print()方法打印文档。javascript:print()方法将调用浏览器的打印功能进行打印,当单击该链接时,实质上相当于执行了 IE 浏览器中"文件"菜单下的"打印"命令。

3.2 标准函数与选择语句

3.2.1 数学函数

函数(Function)是一些特殊的语句或程序段,每一种函数都可以进行一种具体的运算。如同数学中的函数,在程序中,只要给出函数名和相应的参数就可以使用它们,并可得到一个函数值。在 VBScript 中,为方便程序的设计,系统提供了一些常用的函数供开发者使用,称为标准函数,也叫内部函数或预定义函数。标准函数包括数学函数,日期时间函数、字符串函数、转换函数等,学会使用这些函数,对于 ASP 网页程序的设计有很大的好处,大大地增强了程序的功能和程序的开发效率。

数学函数中用于数学计算的有三角函数、求根函数等,数学函数的函数名、函数值类型和函数功能如表 3-4 所示。

表中所示的数学函数说明如下:

(1)表中的 N 表示是数值表达式,在三角函数中,自变量 N 的单位是弧度。例如:

```
<%
const PI=3.1415926        ' 定义常量 PI
n=sin(90*PI/180)          ' 求 90 度的 Sin 值
m=cos(45*PI/180)          ' 求 45 度的 Cos 值
%>
```

表 3-4 数学函数

函 数 名	功　　能	举　　例
Abs(N)	求 N 的绝对值	Abs(5.2)=5.2，Abs(-5)=5
Sgn(N)	N>0，则其值为 1；N=0，则其值为 0；如果 N<0，则其值为-1	Sgn(323)=1，Sgn(-323)=-1，Sgn(0)=0
Sqr(N)	求 N 的算术平方根，N>=0	Sqr(64)=8, Sqr(100)=10
Exp(N)	求自然常数 e(约 2.718282)的幂	Exp(2)z7.38905609893065
Log(N)	求 N 的自然对数值，N>0	Log(2)=0.693147180559945
Sin(N)	求 N 的正弦值	Sin(0)=0
Cos(N)	求 N 的余弦值	Cos(0)=1
Tan(N)	求 N 的正切值	Tan(0)=0
Atn(N)	求 N 的反正切值	Atn(1)=0.785398163397448
Int(N)	求不大于 N 的最大整数	Int(3.8)=3，Int(-3.8)=-4
Fix(N)	将 N 的小数部分截去，求其整数部分	Fix(3.8)=3，Fix(-3.8)=-3
Rnd[(N)]	求[0，1]之间的一个随机小数，N>=0，即产生包括 0，不包括 1 的随机小数	

（2）自然对数是以自然常数 e 为底的对数，在数学上写为 Ln。假如要求以任意数 n 为底，以数值 x 为真数的对数值，可使用换底公式：log n=ln(x)/ln(n)。

例如，求以 10 为底，x 的常用对数为：lg x =ln(x)／1n(10)。在将数学代数式写为 VBScript 表达式时，须将 ln 改写为 Log。最后，将其转化为 VBScript 语句如下：

```
<%
    lgx=lgn(x)/lgn(10)
%>
```

（3）随机函数 Rnd[(N)]的参数为可选项，如省略参数，则表示返回随机数序列中的下一个随机数。

使用方括号[ ]括起来的参数表示可选参数，后面的函数中也表示相同含义，不再说明。

在使用随机函数 Rnd 以前通常要加一条无参数的随机种子语句 Randomzid，利用它来初始化随机数发生器。

如果需要产生 n～m 范围内的（包括整数 n 和 m）随机整数，方法有如下两种：

```
Fix(Rnd*(m+1-n))+n
Int(Rnd*(m+1-n))+n
```

例如,产生 12~57 范围内随机整数的式子如下:

```
<%
Randomize            初始化随机数生成器
a=Fix(Rnd*46)+12
b=Int(Rnd*46)+12
%>
```

上面代码中,a 和 b 都将随机赋值为 12~57 范围内的整数。

如果需要产生两位数(即 10~99)的随机整数,代码如下:

```
<%
Randomize
x=Fix(Rnd*90)+10
y=Int(Rnd*90))+10
%>
```

上面代码中,x 和 y 都将随机赋值为 10~99 范围内的整数。

3.2.2 字符串函数

字符串函数用于字符串数据的处理,常用字符串函数的函数名、函数值类型和函数功能如表 3-4 所示。

表 3-5 字符串函数

函数名	功 能	举 例
Asc(C)	求字符串中第一个字符的 ASCII 码,C 为空串时会产生错误	Asc("ABC")=65
Chr(N)	求以 N 为 ASCII 码的字符	Chr(65)= "A"
Str(N)	将 N 转换为字符串,如果 N>0,则返回的字符串中有一个前导空格	Str(-12345)= "-12345" Str(12345)= " 12345"
Val(C)	将 C 中的数字字符转换成数值型数据,当遇到第一个不能被其识别为数字的字符时,即停止转换	Val("12345abc")=12345
Len(C)	求字符串 C 中包含的字符个数	Len("Abab 字符串 4")=8
Ucase(C)	将字符串 C 中的小写英文字母转换成大写英文字母	Ucase("abABab")="ABABAB"
Lcase(C)	将字符串 C 中的大写英文字母转换成小写英文字母	Ucase("abABabc")="abababc"
Space(N)	产生 N 个空格组成的字符串	Len(Space(6))=6
String(N , C)	产生 N 个由 C 指定的第一个字符组成的字符串,C 可以是 ASCII 码数	String(6,"ABC")="AAAAAA" String(6,65)= "AAAAAA"
Left(C , N)	从字符串 C 最左边开始截取 N 个字符	Left("ABCDE",2)="AB"
Right(C , N)	从字符串 C 最右边开始截取 N 个字符	Right ("ABCDE",2)="DE"
Mid(C , N1 [, N2])	从字符串 C 中 N1 指定的起始位置处开始,截取 N2 个字符,缺省时表示截取到尾	Mid("ABCDEF",2,3)= "BCD" Mid("ABCDEF",2)= "BCDEF"

续表

函数名	功 能	举 例
Replace(C,C1,C2)	对字符串 C 中的所有 C1 字符串用字符串 C2 替换	Replace("ABCDE","CD","XYZ") ="ABXYZE"
Ltrim(C)	删除字符串 C 中前导空格	Ltrim(" ABC ")="ABC "
Rtrim(C)	删除字符串 C 中尾部空格	Ltrim(" ABC ")=" ABC"
Trim(C)	删除字符串 C 中前导和尾部空格	Ltrim(" ABC ")="ABC"
StrComp(C1 , C2 [,T])	比较字符串 C1 和字符串 C2 的大小，C1>C2 返回 1，C1=C2 返回 0，C1<C2 返回–1，T 为比较类型，为 1 时表示字符比较，为 0 时为二进制比较	StrComp("AB","AB")=0 StrComp("AB","ab")=-1 StrComp("ab ", " AB ")=1
InStr([N,]C1,C2[,T])	在字符串 C1 中，从第 N 个字符开始，查找 C2，省略 N 时从 C1 头开始找。找不到时，函数值为 0，找到时返回对应位置。T 为比较类型，为 1 时表示字符比较，为 0 时为二进制比较	InStr(2, "ABCD","C")=3 InStr(2, "ABCD","CD")=3 InStr("ABCDEF","CDE")=3 InStr("ABCDEF","XY")=0

表中所示的字符串函数说明如下：

（1）表中的 C 表示是字符串表达式，表中的 N 表示是数值表达式。

（2）对于数值函数 Val(C)的参数，逗号","和美圆符号"$"，都不能被识别；空格、制表符和换行符都将从参数中去掉；当遇到字母 E 或 D 时，将其按单精度或双精度实型浮点数处理。

（3）LenB(C)函数与 Len(C)函数功能相近，只不过 LenB 函数求的是字符串的字节数，而不是字符串中字符的个数。例如：

```
<%
n1=Len("字符串")
n2=LenB("字符串")
%>
```

执行上述代码后，n1 值为 3(3 个字符)，n2 值为 6（3 个字符每个字符占 2 字节）。

（4）对于产生字符串函数 String(N，C)，其中，C 参数可以为任何有效的数值表达式或字符串表达式，如果为数值表达式，则表示组成字符串的字符的 ASCII 码；如果为字符串表达式，则其第一个字符将用于产生字符串。

（5）对于字符串左截函数 Left(C,N)，N 参数为数值表达式，其值指出函数值中包含多少个字符，如果其值为 0，则函数值是长度为零的字符串(即空串)；如果其值大于或等于字符串 C 中的字符数，则函数值为整个字符串。

（6）对于字符串右截取函数 Right(C，N)，N 参数为数值表达式，其值指出函数值中包含多少个字符。如果其值为 0，则函数值为空串；如果其值大于或等于字符串 C 中的字符个数，则函数值为整个字符串。

对于截取字符串函数 Mid (C，N1 [，N2])，N1 是数值表达式，其值表示开始截取字符的起始位置。如果该数值超过字符串 C 中的字符数，则函数值为空串。N2 是数值表达式，其值表示要截取的字符数。如果省略该参数，则函数值将包含字符串 C 中从起始位置到字符串末尾的所有字符。

此外，还有三个类似的函数 LeftB、RightB 和 MidB，LeftB 与 Left 函数功能相近，RightB 与 Right 函数功能相近，MidB 与 Mid 函数功能相近，只不过后者求的是字符串的字节数，而不是字符串中字符的个数。例如：

```
<%
L=Left("ABCDE",4)
R=Right("ABCDE",4)
M=Mid("ABCDEF",3,4)
LB=LeftB("ABCDE",4)
RB=RightB("ABCDE",4)
MB=MidB("ABCDEF",3,4)
%>
```

执行上面代码后，L 为 "ABCD"，R 为 "BCDE"，M 为 "CDEF"，LB 为 "AB"，RB 为 "DE"，MB 为 "BC"，因为 1 个字母在这里占 2 个字节。

（7）因为将一字符串赋值给一定长字符串变量时，如字符串变量的长度大于字符串的长度，则用空格填充该字符串变量尾部多余的部分，所以在处理定长字符串变量时，删除空格的 Ltrim 和 Rtrim 函数是非常有用的。

（8）对于字符串比较函数 StrComp(C1,C2[,T]) 和字符串插入函数 InStr([N,]C1,C2[,T])，T 是指定字符串的比较类型。比较类型可以是 0、1，若比较类型为 0，则执行二进制比较，此时英文字母区分大小写；若比较类型为 1，则执行文本比较，此时英文字母不区分大小写。若省略该参数，则默认比较类型为 0。

3.2.3 日期和时间函数

日期和时间函数用于日期和时间的处理，日期和时间函数的函数名、函数值类型和函数功能如表 3-6 所示。对于表中的举例，当前的系统时间均设为 2010 年 4 月 23 日 14 点 18 分 30 秒。

表 3-6　日期和时间函数

函　　数	功　　能	举　　例
Now	返回当前的系统日期和时间	执行 N=Now 后，N 的值为 2010-4-23 14:18:30
Date[()]	返回当前的系统日期	执行 D=Date 后，D 的值为 2010-4-23
Time [()]	返回当前的系统时间	执行 T=Time 后，则 T 值为 14:18:30

续表

函　　数	功　　能	举　　例
DateSerial(年，月，日)	返回一个天数值。其中的年、月、日参数为数值型表达式	执行 D=DateSerial (05,09,01)后，D 为日期值 2010-9-1
DateValue(C)	返回一个天数值，参数 C 为日期的字符型表达式	执行 D=DateValue ("99,06,01")后，D 为日期值 1999-6-1
Year(D)	返回日期 D 的年份，D 任意可以代表日期的参数	执行 Y=Year(Date) 后，Y 值为 2010
Month(D)	返回日期 D 的月份，函数值为 1 到 12 之间的整数	执行 M=Month(Date) 后，M 值为 8
Day(D)	返回日期 D 的日数，函数值为 1 到 31 之间的整数	执行 D= Day(Date) 后，D 值为 23
WeekDay(D)	返回日期 D 是星期几，函数值与星期的对应关系如表 3-7 所示	执行 W=WeekDay (Date)后，W 的值为 7
Hour(T)	返回时间参数中的小时数，函数值为 0 到 23 之间的整数	执行 H= Hour(Time)后，H 值为 14
Minute(T)	返回时间参数中的分钟数，函数值为 0 到 59 之间的整数	执行 M= Minute(Time) 后，M 值为 18
Second(T)	返回时间参数中的秒数，函数值为 0 到 59 之间的整数	执行 S=Second(Time) 后，S 值为 30
DateAdd(I,N,D)	返回参考日期 D 加上一段时间 N 之后的日期，I 为时间单位字符串，表示所要加上的时间的单位，其取值及含义如表 3-8 所示	见后
DateDiff(I,D1, D2)	返回两个指定日期 D1 和 D2 之间的间隔时间	见后
IsDate(参数)	判断参数是否可以转换成日期，参数可以是任何类型的有效表达式。如果参数的值可转化成日期型数据，则函数值为 True，否则函数值为 False	IsDate(99-6-18)=False IsDate("99-6-18")=True

表中所示的日期函数说明如下：

（1）在表 3-6 中，日期参数 D 是任何能够表示为日期的数值型表达式、字符串型表达式或它们的组合。时间参数 T 是任何能够表示为时间的数值型表达式、字符串型表达式或它们的组合。当参数 D 是数值型表达式时，其值表示相对于 1899 年 12 月 31 日前后天数，负数是 1899 年 12 月 30 日以前，正数是 1899 年 12 月 30 日以后。例如：

```
<%
y=year(1)
m= month(1)
d=day(1)
%>
```

上述代码执行后，y 值为 1899，m 值为 12，d 值为 31。

（2）星期函数 Weekday(D)的函数值与星期的对应关系如表 3-7 所示。

（3）对于函数 DateAdd(时间单位,N,D)，其时间单位为一个字符串，表示所要加上的时间单位，其取值及含义如表 3-8 所示；时间参数可以是数值型表达式，表示所要加上的时间；其函数值可以是正数(得到未来的日期)，也可以是负数(得到过去的日期)。如果 T 参数值包含小数点，则在计算时先四舍五入，再求函数值。

表 3-7 星期函数 Weekday(D)的函数值与星期的对应关系

函 数 值	星　　期	函 数 值	星　　期
1	星期日	5	星期四
2	星期一	6	星期五
3	星期二	7	星期六
4	星期三		

表 3-8 DateAdd 函数中的时间单位参数取值及含义

时间单位	含　　义	时间单位	含　　义
yyyy	年	d	日
q	季	w	一周的日数
m	月	h	时
y	一年的日数	n	分
ww	周	s	秒

例如：

```
<%
D=DateValue ("05,04,23")          '设置日期变量 D
D1=DateAdd("yyyy",1,D)            '改变年份
D2= DateAdd("m",2,D)              '改变月份
D3= DateAdd("d",-10,D)            '改变天数
y= DateDiff ("yyyy",D,D1)         '求年份间隔
m=DateDiff ("m",D,D1)             '求月份间隔
n=DateDiff ("d",D,D1)             '求天数间隔
%>
```

执行上面代码后，D 值为 2010-4-23，D1 值为 2011-4-23，D2 值为 2010-6-23，D3 值为 2010-4-13，y 值为 1，m 值为 12，n 值为 365。

3.2.4 类型转换函数

类型转换函数可将任意有效的表达式转换成一种子类型的数据。常见的类型转换函数的函数名和函数值的类型如表 3-9 所示。

表 3-9 数据类型转换函数

函 数 名	函数值的子类型	函 数 名	函数值类型
CBool	Boolean（逻辑型）	CInt	Integer（整型）
CByte	Byte（字节型）	CLng	Long（长整型）

续表

函 数 名	函数值的子类型	函 数 名	函数值类型
Ccur	Currency（货币型）	CSng	Single（单精度型）
CDate	Date（日期型）	CStr	String（字符型）
CDbl	Double（双精度型）		

表中所示的类型转换函数说明如下：

（1）函数参数可以是任意有效的表达式，究竟是哪种类型的表达式，需根据具体函数而定。例如：

```
<%
d=CDate("2011-1-2")      '将字符串转换为 Date 型
m=CSng("123.45")         '转换为 Single 型
s=CStr(m)                '转换为字符串
i=CInt(m)                '转换为整数
%>
```

上面代码执行后，d 为 Date 型数据，值为 2011-1-2，m 为 Single 型数据，值为 123.45，s 为字符串，值为 "123.45"，i 为整数，值为 123。

（2）如果转换之后的函数值超过其数据类型的范围，将发生错误。

（3）当参数为数值型，且其小数部分恰好为 0.5 时，CInt 和 CLng 函数会将它转换为最接近的偶数值。例如：

```
<%
n1=CInt(0.5)
m1=CInt(1.5)
n2= CLng (2.5)
m2=CLng (3.5)
%>
```

执行上面代码后，n1 值为 0，m1 值为 2，n2 值为 2，m2 值为 4。

（4）当将一个数值型数据转换为日期型数据时，其整数部分将转换为日期，小数部分将转换为时间。其整数部分数值表示相对于 1899 年 12 月 30 日前后天数，负数是 1899 年 12 月 30 日以前，正数是 1899 年 12 月 30 日以后。

例如：

```
<%
D1=CDate(30.5)
D2=CDate(-30.25)
%>
```

上述代码执行后，D1 值为 1900-1-29 12:00:00，D2 的值为 1899-11-30 6:00:00。

3.2.5 检测函数

1. VarType( )

VarType()函数用于检测参数的子类型。参数可以是任何有效的表达式，表达式中可以包含除用户自定义数据类型的变量之外的任何其他类型的变量。函数值为整型数值，函数值与数据类型的对应关系如表 3-10 所示。

表 3-10　VarType 函数返回值与子类型对应表

常　　数	值	描　　述
vbEmpty	0	Empty（未初始化）
vbNull	1	Null（无有效数据）
vbInteger	2	整数
vbLong	3	长整数
vbSingle	4	单精度浮点数
vbDouble	5	双精度浮点数
vbCurrency	6	货币
vbDate	7	日期
vbString	8	字符串
vbObject	9	Automation 对象
vbError	10	错误
vbBoolean	11	Boolean
vbVariant	12	Variant（只和变量数组一起使用）
vbDataObject	13	数据访问对象
vbByte	17	字节
vbArray	8192	数组

例如：

```
<%
    N1=16
    N2=8.6
    a=VarType(N1)
    b= VarType(N2)
    c= VarType(#10/19/62#)
    d= VarType("VBScript")
%>
```

在执行该代码段后，a 值为 2，b 值为 5，c 值为 7，d 值为 8。

2. TypeName()

TypeName()用于获取参数的子类型名称。

参数可以是任何有效的表达式，表达式中可以包含除用户自定义数据类型变量之外的任何其他类型变量。函数值为一个字符串，说明表达式的类型、函数值与数据类型的对应关系如表 2.2 所示。

例如：

```
<%
    Dim N1, N2
 N1=16
    N2=8.6
    a=TypeName(N1)
    b= TypeName(N2)
%>
```

在执行该代码段后，a 值为"Integer"，函数 TypeName(N2)="Double"。

3．IsNumeric ()

IsNumeric()用于检测参数的值是否可以转换为数值型，参数可以是任何有效的表达式，函数值为 Boolean 型。如果表达式的值为数值型，则函数值为 True，否则函数值为 False。

例如：

```
<%
Dim N1 , N2 , f1 , f2
N1=10
N2="ABCD好"
f1=IsNumeric(N1)
f2= IsNumeric(N2)
%>
```

在执行该语句段后，f1 的值为 True，f2 的值为 False

4．IsDate()

返回 Boolean 值指明参数是否可以转换为日期。

5．IsEmpty()

返回 Boolean 值指明变量是否已初始化。

6．IsNull()

返回 Boolean 值，指明表达式是否不包含任何有效数据 (Null)。

7．Isobject()

返回一个 Boolean 值，判断参数是否可以转换为 Object 型。

8. IsArray()

返回 Boolean 值指明参数是否为数组。

3.2.6 选择语句

在 ASP 中，很多情况下需要对数据进行判断，例如，判断用户输入的数据是否有效，判断用户是否有足够的权限来访问某个特殊网页等。这时，就会用到条件语句，条件语句的功能都是根据表达式的值是否成立，有条件地执行一组语句。在 VBScript 中，能够实现条件判断的语句有 If 语句和 Select Case（多分支开关）语句。

If 语句有多种结构形式：单行 If 语句，块 If 语句和 If…Else…语句。

1. 单行 If 语句

单行 If 语句的格式如下：

```
If 条件 Then 语句组 1 [Else 语句组 2]
```

条件可以是关系表达式或逻辑表达式。当条件成立（即其值为 True）时，执行"语句组 1"的各条语句；当条件不成立（即其值为 False）时，执行"语句组 2"的各条语句，如果没有"Else 语句组 2"选项，则直接执行其后的语句。

下面的语句段演示了单行式 IF 语句的应用。

```
<%
    A = 12
    B = 14
    If A > B Then A=A-B  Else  A=A+B
%>
```

程序中对变量 A 和 B 的值进行比较，当 A 大于 B 时，将 A 赋值为 A-B；否则，赋值为 A+B。上面的代码执行后，A 的值为 26。

If 语句的条件可以是复合条件，即用逻辑运算符连接起来的多个条件，例如：

```
if y mod 4=0 and y mod 100<>0 or y mod 400=0  then
```

这里的复合条件表示，y 能被 4 整除但不能被 100 整除；或者能被 100 整除，同时也能被 400 整除。

2. 块 If 语句

块 If 语句的使用格式如下：

```
If  条件  Then
```

```
    语句块 1
[ Else
    语句块 2 ]
  End If
```

当条件成立时,执行"语句序列 1"的各条语句;当条件不成立时,执行"语句序列 2"的各条语句,如果没有"Else 语句序列 2"选项,则直接执行 End If 后面的语句。

语句序列 1 和语句序列 2 可以由一个语句行或多个语句行组成。在编程的习惯上,常把夹在关键字 If、Then 和 Else 之间的语句序列以缩排的方式排列,这样会使程序更容易阅读和理解。

下面的程序段将变量 a、b 内容进行比较,并执行相应的程序代码。

```
<%
    a=10
    b=20
    If  a>b   Then
        t=a                 '这三行语句可用于交换 a,b 的内容
        a=b
        b=a
    Else
        b=a
    End If
%>
```

在 ASP 中嵌入块语句时,还可以将一个 if 语句拆分到不同的脚本段中,以便在其中嵌入需要选择执行的 HTML 元素。例如:

```
<%
    t=time()                '获取系统时间
    h=hour(t)               '获取小时数
    if h>12 then            '小时数是否大于 12
%>
        <font size="4" color = " blue" >现在时间是:<%=t%></font>
<%
    else
%>
        <font size="4" color = " green " >现在时间是:<%=t%></font>
<%
    end if
%>
```

这段代码中,if 被分成三个部分,"if h>12 then"、"else"和"end if",分别位于 3 个

不同的脚本段中，这样的目的是为了让其中的 HTML 语句能够在不同条件下输出，如果 h>12，输出如下 HTML 代码，显示蓝色时间文字。

```
<font size="4" color = " blue" >现在时间是：<%=t%></font>
```

否则，输出如下 HTML 代码，显示绿色时间文字。

```
<font size="4" color = " green " >现在时间是：<%=t%></font>
```

这种将语句拆开以嵌入 HTML 元素的方法在 ASP 设计中广泛使用，包括后边所学的 Select Case、For…Next、While…Wend 等语句均可以这样进行拆分。

3．If…Then…ElseIf 语句

无论是单行式还是区块式的 If…Then…Else 语句，都只有一个条件表达式，只能根据一个条件表达式进行判断，因此最多只能产生两个分支。

如程序需要根据多个条件表达式进行判断，产生多个分支时，就需要使用 If…Then…ElseIf 语句。

If…Then…ElseIf 语句的使用格式如下：

```
If  条件 1 Then
    语句序列 1
[ElseIf 条件 2  Then
    语句序列 2]
     …
[Else
    语句序列 n]
End If
```

当条件 1 的值为 True 时，则执行语句序列 1；当条件 1 的值为 False 时，则再判断条件 2 的值，以此类推，直到找到一个值为 True 的条件为止，并执行其后面的语句序列。如果所有条件的值都不是 True，则执行关键字 Else 后面的语句序列 n。无论哪一个语句序列，执行完后都接着执行关键字 End If 后面的语句。

If…Then…ElseIf 语句中的条件和语句序列的要求及功能与 If…Then…Else 语句相同。

下面是一个使用多分支 if 语句的例子。

```
<!-- ifelseif.asp -->
<html>
<head>
<meta http-equiv="Content-Type" content="text/html; charset=gb2312" />
<title>变色的时间</title>
</head>
<body>
```

```
<%
    dim t,h,m,clr
    t= time()                           '获取当前时间
    h=Hour(t)                           '获取小时数
    m=Minute(t)                         '获取分钟数
    if h>=6 and h<12 then                '当时间在 6 点到 12 点时
        clr="green"                     '设置颜色变量 clr 为 green
    elseif h>=12 and h<18 then          '当时间在 12 点到 18 点时
        clr="blue"
    elseif h>=18 and h=<23 then         '当时间在 18 点到 23 点时
        clr="black"
    else
        clr="red"
    end if
%>
    <font size=6 color="<%=clr%>">现在时间是<%=h%>点<%=m%>分</font>
</body>
</html>
```

上面的网页在浏览器中的显示效果如图 3-3 所示。这个例子中，将在一天中的不同时间段使用不同的颜色显示出时间。

图 3-3　变色的时间

4．Select Case 语句

If…Then…．ElseIf 语句可以包含多个 ElseIf 子语句，这些 ElseIf 子语句中的条件一般情况下是不同的。但当每个 ElseIf 子语句后面的条件都相同，而条件表达式的结果却有多个时，使用 If…Then…ElseIf 语句编写程序就会很繁琐，此时可使用 Select Case 语句。Select Case 语句格式如下：

```
Select Case 条件表达式
    [Case 取值列表 1
        语句序列 1]
    [Case 取值列表 2
        语句序列 2]
```

```
        ...
        ...
    [Case Else
        语句序列 n]
End Select
```

Select Case 语句在执行时，先计算条件表达式的值，再将其值依次与每个 Case 关键字后面的[取值列表]中的数据进行比较（取值列表中可以是一个值，也可以是多个值，各个值间用逗号","分隔），如果相等，就执行该 Case 后面的语句序列；如果都不相等，则执行 Case Else 子语句后面的语句序列 n。无论执行的是哪一个语句序列，执行完后都接着执行关键字 End Select 后面的语句。

如果不止一个 Case 后面的取值与表达式相匹配，则只执行第一个与表达式匹配的 Case 后面的语句序列。

选择结构语句中的[语句序列]可以是另一个选择结构语句，称为选择结构的嵌套。例如，Select Case 语句中可以嵌套 If 语句，也可以嵌套别的 Select Case 语句，If 语句也可以嵌套 Select Case 语句或别的 If 语句。

下面的例子演示了 Select Case 语句中嵌套 If 语句的情况。

```
<!-- MonthDay.asp -->
<html>
<head>
<meta http-equiv="Content-Type" content="text/html; charset=gb2312" />
<title>计算当月天数</title>
</head>
<body>

<%
y=year(date)                         '获取当前年份
mon=month(Date)                      '获取当前月份
select case mon                      '对月份进行判断，
    case 1,3,5,7,8,10,12             '如果是1,3,5,7,8,10,12月
        maxday=31                    '设置当月天数为31
    case 2                           '如果是2月
        '判断是否闰年，并赋给2月的天数
        if y mod 4=0 and y mod 100<>0 or y mod 400=0  then
            maxday=29
        else
            maxday=28
        end if
    case else                        '设置其他月份天数
        maxday=30
```

```
end select
%>

<h1 align="center">现在是<%=y%>年<%=mon%>月</h1>
<h1 align="center">本月总共有<%=maxday%>天</h1>
</body>
</html>
```

上面网页在浏览时，效果如图 3-4 所示。

图 3-4　计算当月天数

3.2.7　【任务 9】时间日历

本任务中将通过 ASP 在网页中显示出当前的年份、是否闰年、当前日期、星期和时间等信息，浏览效果如图 3-5 所示。

图 3-5　时间日历

创建一个新网页，取名为 riqi.asp。打开文件，并切换到"代码视图"。在"代码"窗口中按下面的代码进行编辑。

```
<%@LANGUAGE="VBSCRIPT" CODEPAGE="65001"%>
<!DOCTYPE html PUBLIC "-//W3C//DTD XHTML 1.0 Transitional//EN"
"http://www.w3.org/TR/xhtml1/DTD/xhtml1-transitional.dtd">
<html xmlns="http://www.w3.org/1999/xhtml">
```

```
<head>
<meta http-equiv="Content-Type" content="text/html; charset=utf-8" />
<title>时间日历</title>
</head>

<body>

<%
Dim rq,y,m,d,week,wday     '定义变量

rq=Date()                  '获取当前日期
y=Year(rq)                 '获取日期中的年份
m=Month(rq)                '获取日期中的月份
d=Day(rq)                  '获取日期中的天数

week=weekday(rq)           '获取在星期中的天数
'将星期中的天数转换成中文
select case(week)
case 1:
    wday="星期日"
case 2:
    wday="星期一"
case 3:
    wday="星期二"
case 4:
    wday="星期三"
case 5:
    wday="星期四"
case 6:
    wday="星期五"
case 7:
    wday="星期六"
end select
%>
<!--输出年份-->
<h1 align="center">今年是<%=y%>年

<%
    ' 检查是否是闰年并输出
  if  y  mod  4=0 and y mod 100<>0 or y mod 400=0  then
        response.write "(闰年)"
    else
        response.write "(不是闰年)"
```

```
    end if
%>
</h1>
<!--输出日期-->
<h1 align="center"> <%=m%>月<%=d%>日 <%=wday%></h1>
<!--输出时间-->
<h1 align="center">现在时间是<%=time%></h1>
</body>
</html>
```

上面的程序中，先通过下面语句获取当前日期。

```
rq=Date()        '获取当前日期
```

其中，Date()是日期函数，用于获取当前日期，变量 d 用于存储所获取的日期。

然后，再通过下面三行语句获取日期中的年份、月份、天数和在星期中的天数。

```
y=Year(rq)            '获取日期中的年份
m=Month(rq)           '获取日期中的月份
d=Day(rq)             '获取日期中的天数
week=weekday(rq)      '获取在星期中的天数
```

其中，函数 Year()用于获取所给日期参数 rq 中的年份数；函数 Month()用于获取所给日期参数中的月份数；函数 Day(rq) 用于获取所给日期参数中的当月天数；函数 weekday()用于获取所给日期参数在星期中的天数，默认情况下，该天数的取值为 1~7，第 1 天是星期天。

接下来，再通过 Select Case 语句对所得到的星期中的天数进行判断，将对应的中文星期数赋给变量 wday。

下面的语句用于判断当前年份 y 是否是闰年，并输出相应文字。

```
if  y mod 4=0 and y mod 100<>0 or y mod 400=0  then
       response.write "(闰年)"
    else
       response.write "(不是闰年)"
  end if
```

if…Then…else…end if 语句用于对条件进行判断，当条件成立时，执行 else 之前的部分，否则，执行 else 之后的部分。

判断某年是否为闰年的条件是：能被 4 整除但不能被 100 整除；或者能被 100 整除，同时也能被 400 整除的年份。上面的 if 语句条件中的 y mod 4=0 用于判断是否被 4 整除（y 取 4 的模为 0），y mod 100<>0 判断是否不能被 100 整除（y 取 100 的模不为 0），y mod 400=0 用于判断是否被 400 整除（y 取 400 的模为 0）。如果条件成立，通过 response.write 语句输出"（闰年）"，否则（else），输出"(不是闰年)"。

response.write 方法可用于将其后的参数解释为字符串并输出到客户端浏览器。

3.3 循环语句、数组、子过程与函数

3.3.1 For…Next 循环

在程序中时，常常需要重复某些相同的操作，即对某一语句或语句序列重复执行多次，解决此类问题，就要用到循环结构语句。VBScript 中提供了三种类型的循环语句：For…Next、While…Wend 和 Do…Loop。其中，最常使用的循环语句是 For…Next，格式如下：

```
For 循环变量=初始值 To 终止值 [Step 步长值]
    循环体语句序列
Next
```

其中，循环变量是数值型变量，初值、终值和步长值都是数值型的常量、变量或表达式。

执行 For 语句时，首先计算初始值、终止值和步长值等各数值型表达式的值，再将初始值赋给循环变量。然后将循环变量的值与终止值进行比较，如果循环变量的值没超出终止值，则执行循环体语句序列的语句，否则执行 Next 下面的语句。执行完循环体语句序列的语句后，将循环变量的值与步长值相加，再赋给循环变量，然后将循环变量的值与终值进行比较，如果循环变量的值没超出终值，则执行循环体语句序列的语句，并如此循环，直到循环变量的值超出终值，再执行 Next 下面的语句。

例如，下面的程序段利用 For…Next 语句的特点，计算 1+2+…+100 的值：

```
<!-- for.asp -->
<html>
<head>
<meta http-equiv="Content-Type" content="text/html; charset=gb2312" />
<title>累加求和</title>
</head>
<body>
<%
   Dim N , SUM
   SUM = 0                              '给变量 sum 赋初值 0
   '循环 100 次，每一次循环使变量 N 自动加 1，N 依次取值 1、2…100
   For N = 1 To 100
       SUM = SUM + N                    '累加语句，进行变量 N 的累加
   Next
```

```
%>
<!--显示计算结果-->
1+2+3+…+100 =<%=sum%>
</body>
</html>
```

上面代码中,i 的值依次为 1、2、3…100,循环执行后,sum 的值等于 1+2+3…+100=5050。在浏览器中的显示效果如图 3-6 所示。

图 3-6 累加求和

需要注意,如果没有关键字 Step 和其后的步长值,则默认步长值为 1。若步长值为正数,则循环变量的值大于终止值时为超出;若步长值为负数,则循环变量的值小于终止值时为超出。如果出现循环变量的值总没有超出终止值的情况,则会产生死循环。

如果需要在循环的过程中退出循环,在循环体语句序列中可以加入 Exit For 语句,执行该语句后会强制程序脱离循环,执行 Next 下面的语句。Exit For 语句通常放在选择结构语句之中使用。

与 If 语句一样,For…Next 语句也可以拆开到不同脚本段中,以嵌入 HTML 元素,例如,下面的代码就是利用 For…Next 循环来动态地输出表格。

```
<!--fortable.asp-->
<html>
<head>
<meta http-equiv="Content-Type" content="text/html; charset=gb2312" />
<title>动态输出表格 1</title>
</head>

<body>
<h3 align="center">动态输出表格 1</h3>
<table border="1" cellspacing="0">
<%
dim i

for i=1 to 10                    '循环控制行数,每次循环输出一行
```

```
%>
  <tr>
    <td>第<%=i%>行</td>
    <td width="100"> </td>
    <td width="100"> </td>
    <td width="100"> </td>
  </tr>
<%
next
%>

</table>
</body>
</html>
```

上面网页在浏览器中的显示效果如图 3-7 所示。

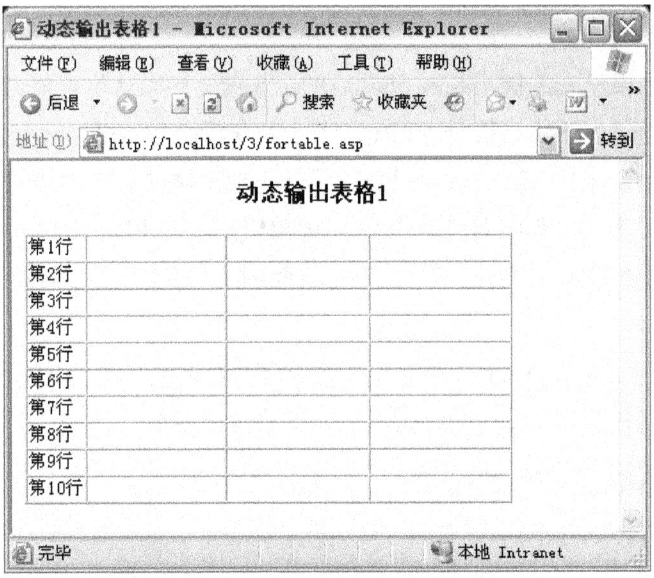

图 3-7　动态输出表格 1

在学习 HTML 表格时知道，<tr>标签用于控制表格的行，因此，代码中通过将<tr>标签内的元素进行循环，就可以输出多个表格行。同样，如果需要控制表格的列数，只需要对<td>标签进行循环即可。

3.3.2　While…Wend 循环

While 也是 ASP 常用的一种循环语句，常用于数据记录的循环浏览，其使用格式如下：

```
While 条件
```

循环体语句序列
Wend

当条件成立时，重复执行语句序列，否则，转去执行关键字 Wend 后面的语句。执行 Wend 语句的作用就是返回到 While 语句去执行。

这里的条件实际上是一个表达式，对它的要求与对 If…Then…Else 语句的要求一样。通常使用的是关系和逻辑表达式。

下面的代码是一个 While…Wend 循环演示，它用于求 100 以内的菲波那契数列。菲波那契数列为 1、1、2、3、5、8、13、21…，其规律是数列中的后一个数是前两个数之和。

```
<!-- while.asp-->
<html>
<head>
<meta http-equiv="Content-Type" content="text/html; charset=gb2312" />
<title>菲波那契数列</title>
</head>
<body>
<h3 align="center">菲波那契数列</h3>
<%
dim i,j
i=0
j=1
while j<100           'j 小于 100 时循环
%>

<%=j%>           <!-- 输出数列中的一个数 -->

<%
    t=j
    j=i+j
    i=t
wend
%>

</body>
</html>
```

上面网页的浏览效果如图 3-8 所示。

3.3.3　Do…Loop 循环

Do…Loop 循环有两种形式，当型循环和直到型循环。

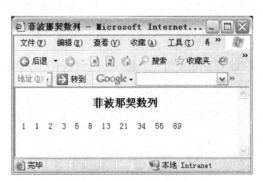

图 3-8 菲波那契数列

1. 当型 Do…Loop 循环

当型 Do…Loop 语句是先判断条件，再执行循环体语句序列中的语句。格式如下：

```
Do  While 条件
    循环体语句序列
Loop
```

选择关键字 While 时，当条件成立（其值为 True、非零的数或非零的数字符串），重复执行循环体语句序列的语句；当条件表达式不成立（其值为 False、0 或 "0"）时，转去执行关键字 Loop 后面的语句。

在循环体语句序列中可以使用 Exit Do 语句，它的作用是退出该循环体，它一般用于循环体语句序列中的判断语句。

2. 直到型 Do…Loop 循环

直到型 Do…Loop 循环是先执行循环体语句序列中的语句，再判断条件。格式如下：

```
Do
    [循环体语句序列]
Loop[While|Unitl 条件]
```

下面是一个演示 Do…Loop 循环的例子。

```
<!-- loop.asp -->
<html>
<head>
<meta http-equiv="Content-Type" content="text/html; charset=gb2312" />
<title>中止循环</title>
</head>

<body>
<h3 align="center">中止循环</h3>
<%
```

```
Dim Check, Counter
Counter = 0                        ' 初始化内层循环变量
  Do While Counter < 100           ' 循环
    Counter = Counter + 1          ' 增加计数器。
%>
    <%=Counter%> 
<%
    If Counter = 10 Then           ' 如果条件为 True
      Exit Do                      ' 退出循环
    End If
  Loop
%>

</body>
</html>
```

上面代码在浏览器中的显示结果如图 3-9 所示。从图中可以看到，Loop 本来应该循环 100 次，由于使用了 Exit Do 语句，因此提前退出循环。

图 3-9　中止循环

3.3.4　循环结构的嵌套

可以把一个循环结构放入另一个循环结构之中，这称为循环结构的嵌套。例如，可以在一个 For…Next 语句中嵌套另一个 For…Next 语句，组成嵌套循环，不过在每个循环中的循环控制变量应使用不同的变量名，以避免互相影响。

对于循环嵌套应注意以下几点。

（1）内循环与外循环的循环变量名称不能够相同。

（2）外循环必须完全包含内循环，不可以出现交叉现象。

（3）不可以没有执行 For 语句，就执行 Next 语句。

下面的情况是错误的：

出现交叉现象　　　　　　内外循环变量名称相同

```
For A=1 TO 100                For A=1 TO 100
   For B=3 TO 1 Step -1          For A=3 TO 1 Step -1
     ……                            ……
   Next A                        Next A
Next B                         Next A
```

在退出循环时，在程序中还常用于标志位，通过对标志位的检查来控制循环。下面是具有标志位检查的嵌套循环的演示。

```
<!-- loop.asp -->
<html>
<head>
<meta http-equiv="Content-Type" content="text/html; charset=gb2312" />
<title>带条件标志的循环</title>
</head>

<body>
<h3 align="center">带条件标志的循环</h3>
<%
Dim Check,i
Check = True                   ' 初始化外层循环标志
Do                             ' 外层循环
  for i=1 to 100               ' 内层循环
%>
    <%=i%> 
<%
    If i = 10 Then             ' 如果条件为 True
      Check = False            ' 将标志值 Check 设置为 False
      Exit For                 ' 退出内层循环
    End If
  next
Loop Until Check = False       ' 当标志 Check 为 False 时，立即终止外层循环
%>
</body>
</html>
```

上面的代码在浏览器中的显示效果如图 3-10 所示。

3.3.5　数组

1．数组的概念

在实际应用中，经常需要处理一批相互有联系、有一定顺序、同一类型和具有相同性质的数据。通常把这样的数据或变量叫数组。数组是一组具有相同数据结构的元素组成的

有序数据集合。

图 3-10 带条件标志的循环

组成数组的元素统称为数组元素。数组用一个统一的名称来标识这些元素，这个名称就是数组名。数组名的命名规则与简单变量的命名规则一样。

数组中，对数组元素的区分用数组下标来实现，数组下标的个数称为数组的维数。

有了数组，就可以用同一个变量名来表示一系列的数据，并用一个序号（下标）来表示同一数组中的不同数组元素。

例如：数组 S 有 6 个数组元素，则可表示为：S(1)、S（2）、S(3)、S(4)、S(5)和 S(6)，它由数组名称和括号内的下标组成，而且下标可以是常量、变量和数值型表达式。

2．数组的定义与应用

定义数组语句的格式及功能如下：

```
Dim  数组名(n1 [,n2]…)
```

其中，参数 n1、n2 为整数，它定义了数组各维的大小，维数被省略时是创建了一个无下标的空数组。

Dim 在定义说明数组时，分配数组存储空间，并且还对数组进行初始化，使得数值型数组元素值初始化为 0，字符型数组的元素值初始化为空字符串。

此外，VBScript 的数组在定义时，默认下标从 0 开始计算。例如：

```
Dim P(10)
```

该语句定义了一个名称为 P 的数组，它有 11 个元素：P(0)、P(1)……P(10)。

```
Dim N(1,2)
```

该语句定义了一个名称为 S 的二维数组，它有 2×3 个元素：N(0,0)、N(0,1)、N(0,2)、N(1,0)、N(1,1)、N(1,2)。

数组在引用时，通常是对单个数组元素进行逐一引用，对数组元素的引用是通过下标变量来进行的，可以完全像使用简单变量那样对数组元素进行赋值和读取，下标变量的下标可以是常量、变量和数值型表达式（长整型数据）。例如：

```
<%
dim a(3),i
for i=1 to 3
    a(i)=i*i                    '给数组元素赋值
%>
    a(<%=i%>)=<%=a(i)%>         '输出数组元素值
<%
next
%>
```

上面代码的浏览效果如图 3-11 所示。

图 3-11　数组演示

Dim 语句本身不具备再定义功能，即不能直接使用 Dim 语句对已经定义了的数组进行再定义。如果需要对定义的数组维数进行修改，需要使用 ReDim 语句。

ReDim 语句可用于指定或修改动态数组的大小，这些数组已用带有空括号（没有维数下标）的 Dim 语句正式声明过。可以重复使用 ReDim 语句更改数组维数和元素数目。例如：

```
<%
dim a()                '定义数组
…
Redim a(10)            '重定义维数
…
%>
```

3. 数组函数

VBScript 中，提供了几个数组的相关函数，可以使用数组函数来方便地使用数组。

Array()函数，用于通过元素列表中的数据来创建数组。使用格式如下：

```
Array(元素列表)
```

例如：

```
<%
Dim N1,S
N=Array("A","B" ,"C","D","E","F","G")        '创建数组 N,
S=N(3)                                        '取 N 中的第 4 个元素值赋给 S
%>
```

上面代码中，第一条语句声明了两个变量 N 和 S，第二条语句将一个数组赋给变量 N，第三条语句将数组 N 第 4 个元素(下标从 0 开始)的值"D"赋给变量 S。

Ubound()函数和 LBound()函数分别用于求数组指定维数的下标上、下界。LBound()用于获取数组指定维数的最小下标，函数返回值为 Long 型数据，使用格式如下：

```
Lbound(数组名[，维数])
```

Ubound()函数用于求数组指定维数的最大下标，函数返回值为 Long 型数据，使用格式如下：

```
Ubound(数组名[，维数])
```

变量参数为数组变量名。维数是可选参数，可以是任何有效的数值表达式，表示求哪一维的下界。1 表示第一维，2 表示第二维，以此类推。如果省略该参数，则默认为 1。

例如：

```
<%
Dim n(10, 5),ln1,ln2,un1,un2
Ln1=LBound(n)
Un1=UBound(n)
Ln2=LBound(n,2)
Un2=UBound(n,2)
%>
```

执行上面语句后，Ln1 为 0，Un1 为 10，Ln2 为 0，Un2 为 5。

通常将 UBound()函数与 LBound()函数一起使用，以确定一个数组的大小。例如：

```
<%
Dim a(10),L,U,i
L=LBound(a)
U=UBound(a)

for i=L to U
    a(i)="A"
next
%>
```

执行上面语句后，数组 a 的所有元素都被赋值为 "A"。

IsArray()函数用于判断一个变量是否为数组变量，函数返回值为 Boolean 型，使用格式如下：

```
IsArray(变量名)
```

如果参数是数组变量，则该函数的值为 True，否则为 False。

例如：

```
<%
Dim N(10),a,x,y
x=IsArray(N)
y=IsArray(a)
%>
```

执行上面代码后，x 值为 True，y 值为 False。

Split()函数，用于将字符串参数转化为下标从 0 开始的数组元素，格式如下：

```
Split(表达式[,分隔符])
```

其中，表达式中包含了赋给数组元素的子字符串和分隔符，分隔符用于标识子字符串界限的字符。如果省略，使用空格 ("") 作为分隔符。例如：

```
<%
    dim a,str
    str="张三;89;92;76"
    a=split(str,";")
%>
 姓名：<%=a(0)%><br>
 大学语文：<%=a(1)%><br>
 英语（一）：<%=a(2)%><br>
 计算机基础：<%=a(3)%><br>
```

上面的代码中，表达式字符串中使用了分号 ";" 来分隔各个子字符串，最后在浏览器中的显示效果如图 3-12 所示。

4．For Each…Next 语句

For Each…Next 循环语句与 For…Next 循环语句类似，它是对数组或集合中的每一个数组元素重复执行同一组语句序列。如果不知道一个数组中有多少个数组元素，使用 For Each…Next 语句是非常方便的。使用格式如下：

```
For Each 变量 In 数组
    循环体语句序列
```

```
Next
```

图 3-12 Split()函数的应用

语句执行时,在循环中变量每次取数组中的一个元素,都重复执行关键字 For Each 和 Next 之间的循环体语句序列。例如:

```
<%
Dim a(10),i,sum

for i=1 to 10
    a(i)=i                '给数组元素赋值
next
sum=0
for each n in a           '将数组元素值依次赋给 n
    sum=sum+n             '累加 n
next
%>
```

上面代码执行后,将数组 a 的元素进行累加,最后,sum 值为 55。

3.3.6 子过程与自定义函数

如果需要在脚本中的多处地方执行同样的一组语句,可以使用子过程或自定义函数过程(简称为函数)。一个子过程/函数过程可以包含 VBScript 语句的任何集合,在脚本中,可以调用同一个子过程/函数过程任意多次。

子过程和函数过程的共同点是都完成某种特定功能的一组程序代码;不同之处是函数过程可以带有返回值,所以函数过程定义时有返回值的类型说明。在定义中,子过程以关键字说明,函数以关键字 Function 说明。

定义过程格式如下:

```
Sub 子过程名[(形参表)]
    [语句序列]
    [Exit Sub]
```

```
    [语句序列]
End Sub
```

定义函数过程的格式如下。

```
Function 函数过程名([形参表])
    [语句序列]
    [函数名=表达式]
    [Exit Function]
    [语句序列]
    [函数名=表达式]
End Function
```

其中，语句序列是 VBScript 的程序段，程序中可以用[Exit Sub]语句从子过程中退出，使用[Exit Function] 语句从函数过程中退出。"函数名=表达式"中函数名是函数过程的名称，表达式的值是函数过程的返回值，通过赋值号将其值赋给函数名。

形参表中的参数称为形参，它类似于变量声明，它用于接受调用过程时传递过来的值。形参表指明了传送给过程的变量个数和类型，各变量名之间用逗号分隔。形参表中的形参可以是除定长字符串之外的合法变量，还可以是后面跟括号的数组名（若括号内有数字，则一般表示数组的维数）。

定义子过程和函数过程时，可以没有参数，但定义无参数的函数过程时，必须有括号。

此外，过程名命名规则与变量命名规则相同，注意不要与 VBScript 中的关键字重名，也不能与同一级别的变量重名，过程名在一个程序要具有唯一性。

过程的调用有多种方法，对于是否具有返回值，可以按如下方法分别进行调用。

子过程不能够返回一个值，则子过程不可以在表达式中调用，调用子过程使用了一个独立的语句。调用方法有两种：

```
子过程名 [实参表]
Call  子过程名(实参表)
```

其中，实参表是传送给子过程的变量或常量的列表，各参数之间应用逗号分割。用数组名称时，其后应有空括号，用来指定数组参数。例如，调用一个名称为 Mysub 的子过程（a 和 b 是实参数），可采用如下两种方式：

```
Mysub  a,b
Call Mysub(a,b)
```

由于函数过程可返回一个值，故函数过程不能作为单独的语句加以调用，被调用的函数必须作为表达式或表达式中的一部分，再配以其他的语法成分构成语句。最简单的情况就是在赋值语句中调用函数过程，其形式为：

```
变量名=函数过程名([实参表])
```

例如：调用一个名称为 Myfun 的子函数（a 和 b 是实参表），并将其返回值赋给变量 N，应用如下方式调用：

```
N=Myfun(a,b)
```

在过程调用时，还应注意如下几点：

实参表中的参数称为实参，实参可由常量、变量和表达式、数组名（其后有括号）组成，实参之间用逗号分隔。它必须与形参保持个数相同，位置与类型一一对应。但是，它们的名字可以不相同。

调用时把实参的值传递给形参称为参数传递，这种传递是按次序一一对应的，实参的值不随形参的值变化而改变。

过程不能嵌套定义，即不允许在一个过程中再定义另外的过程，但可以在一个过程中调用另外的过程，即可以嵌套调用。

下面的例子演示了子过程与函数的定义与调用。

```
<%
Function max(a,b)          '定义函数 max,用于比较并返回两个参数中的较大值
    if a<b then a=b
    max=a                  '返回函数值
end Function

sub print(a)               '定义子过程 print 用于输出参数 a
    response.Write(a)      '通过 response.Write 方法输出 a
end sub

Dim x,y,i,m
    Randomize              '随机数初始化
    x=rnd                  '将随机数赋给 x
    y=rnd                  '将随机数赋给 y
    m=max(x,y)             '调用函数
    call print(m)          '调用子过程
%>
```

上面的代码中，将产生两个随机数 x 和 y，然后调用函数 max() 对 x 和 y 进行比较，返回较大值，最后，调用子过程 print 打印出较大值。

3.3.7 变量的作用域与生存期

变量都有一定的作用范围，称为作用域。变量的作用域由声明它的位置决定。如果在过程中声明变量，则只有该过程中的代码可以访问或更改变量值，此时变量具有局部作用

域并被称为过程级变量。如果在过程之外声明变量，则该变量可以在脚本中被所有过程所识别，称为脚本（Script）级变量，具有脚本级作用域。

变量存在的时间称为变量的生存期。脚本级变量的生存期从被声明的一刻起，直到脚本运行结束。对于过程级变量，其存活期仅是该过程运行的时间，该过程结束后，变量随之消失。在执行过程时，局部变量是理想的临时存储空间。可以在不同过程中使用同名的局部变量，这是因为每个局部变量只被声明它的过程识别。

下面是一个变量作用域和生存期的示例。

```
<html >
<head>
<meta http-equiv="Content-Type" content="text/html; charset=gb2312" />
<title>变量的作用域</title>
</head>

<body>
<%
Function max(a,b)      '定义函数max,用于比较并返回两个参数中的较大值
    dim t              '局部变量t
    if a<b then
        t=b
    else
        t=a
    end if
    n=t                '赋值给脚本级变量n
    max=t              '返回函数值
end Function

Dim x,y,i,m,n          '脚本级变量
    Randomize          '随机数初始化
    x=rnd              '将随机数赋给x
    y=rnd              '将随机数赋给y
    m=max(x,y)         '调用函数
%>
第1次输出<%=t%>        <br>
第2次输出<%=n%>        <br>
</body>
</html>
```

上面代码在浏览器中的显示效果如图3-13所示。

从图中可以看到<%=t%>语句中的t没有被输出，这是因为t是局部变量，在退出函数max()时消失，这里的t是一个未定义的变量，因此输出为空。而<%=n%>语句中的n是脚

本级变量，因此可以显示出来。

图 3-13　变量的作用域

还有一点需要注意，最好将网页中所有的一般目标脚本代码放在网页的<head>部分中，以使所有脚本代码集中放置。这样可以确保在<body>部分调用代码之前所有脚本代码都被读取并解码。

3.3.8　错误处理

在 ASP 脚本程序执行时，由于种种原因，不可避免地会出现一些错误，例如，数组运算中的下标溢出，访问数据库时数据库出错等。如果不采取任何行动，这些 ASP 中的错误通常将导致程序不能继续运行，并将错误直接发送到客户端，这样，用户将直接看到程序中的错误。为了避免程序因错误而崩溃，也为了避免错误信息被发送到客户端，而被人利用，VBScript 中提供了 On Error Resume Next 语句来隐藏错误。

On Error Resume Next 语句可以用于设置错误屏蔽，强制脚本在遇到错误时继续执行下一条语句，使用格式如下：

```
On Error Resume Next
```

当程序执行到这一行时，将启动错误捕获。当在同一脚本中该语句后面的程序行发生错误时，忽略错误行，继续执行错误行的下一个语句行。

下面的例子演示了如何隐藏脚本执行中的错误。

```
<!--error.asp-->
<html>
<head>
<meta http-equiv="Content-Type" content="text/html; charset=gb2312" />
<title>隐藏错误</title>
</head>

<body>
```

```
<%
    on error resume next              '启动错误屏蔽
    c=("a")
    for i=0 to 25                     '利用循环输出字母 a~z 对应的 ASCII 码
        n=asc(c)+i
        ch=chrr(n)
%>
<%=ch%>的 ASCII 码为<%=n%><br>
<%
    next
%>

</body>
</html>
```

对于上面的脚本，本意是要在网页中输出字母 a～z 对应的 ASCII 码，但由于输入错误，将函数 chr() 写成了 chrr，如果没有 On Error Resume Next 语句，错误信息将被发送到客户端（如图 3-14（a）所示）。由于在发生错误前启用了错误屏蔽，当错误发生时，发生错误的语句将被跳过，虽然达不到想要的执行结果，但不影响其后的语句执行（如图 3-14（b）所示）。

图 3-14　错误屏蔽

当错误发生时，可以通过 VBScript 中的 Err 对象来获取错误信息。在发生错误时，Err 对象的 Number 属性将对错误号进行记录，同时，可以通过 Err 对象的 Description 属性来获取或设置与错误相关联的说明性字符串。因此，可以在启动错误屏蔽后对 Err 对象的 Number 属性进行检查，如果 Number 属性值大于 0，则表示已发生了错误。

下面的例子演示了脚本错误的处理。

```
<!--err.asp-->
```

```
<html>
<head>
<meta http-equiv="Content-Type" content="text/html; charset=gb2312" />
<title>错误处理</title>
</head>

<body>
<%
    on error resume next                '启动错误屏蔽
    c=("a")
    for i=0 to 25                       '利用循环输出字母a～z对应的ASCII码
       n=asc(c)+i
       ch=chrr(n)

       if Err.number >0 then            '检查是否有错误发生
%>
       网页中发生错误。<br>
       错误号"<%=Err.Number%>"<br>
       错误提示信息"<%=Err.Description%>"<br>
<%
       Err.Clear                        '清除错误信息
       exit for                         '退出循环
    end if
%>

    <%=ch%>的ASCII码为<%=n%><br>
<%
    next
%>

</body>
</html>
```

上面例子的运行结果如图 3-15 所示。

图 3-15　错误处理

由于 Err 对象只报告所发生的最近一次的错误，一旦发生了错误，应该用 Err.Clear 语句清除错误。这样，当一个新错误发生时，才能进行记录。此外，每当 On Error Resume Next 语句被再次执行时，错误会自动被清除，每当退出一个过程或子程序时，错误也会被自动清除，因此，要及时进行处理。

3.3.9 【任务 10】新闻列表

本任务中将通过 ASP 来动态地显示新闻列表，在浏览器中的效果如图 3-16 所示。

图 3-16 新闻列表

在任务的实现过程中，将学习 VBScript 中的循环语句和数组。

创建一个新网页，取名为 newlist.asp。打开文件，并切换到"代码视图"。在"代码"窗口中按下面的代码进行编辑。

```
<%@LANGUAGE="VBSCRIPT" CODEPAGE="65001"%>
<!DOCTYPE html PUBLIC "-//W3C//DTD XHTML 1.0 Transitional//EN" "http://www.w3.org/TR/xhtml1/DTD/xhtml1-transitional.dtd">
<html xmlns="http://www.w3.org/1999/xhtml">
<head>
<meta http-equiv="Content-Type" content="text/html; charset=utf-8" />
<title>新闻列表</title>
</head>

<body>
<table width="400" align="center" cellspacing="0" >   <!-- 表格开始 -->
    <tr>        <!-- 第一行表格 -->
```

```
            <td width="180" height="30" bgcolor="#66CCFF" align="left"> ==
新闻公告==</td>
        <td width="160" align="right" bgcolor="#66CCFF">更多&gt;&gt;&gt;</td>
    </tr>

        <%
        dim news(5),i,color

        '将新闻标题赋给数组元素
        news(1)="团委工作制度"
        news(2)="2011年成人高考考前辅导班招生简章"
        news(3)="领证通知"
        news(4)="自考高职生公共英语成人基础长班招生通知"
        news(5)=" 2011年1月自命题考试领取准考证通知"

        i=1
        while (i<=5)                            '利用循环输出表格行和新闻标题
            '交换设置表格背景颜色参数color
            if color="#C3FCCC" then
                color="#F6F7FD"
            else
                color="#C3FCCC"
            end if
        %>
        <tr>                <!-- 循环输出的表格行 -->
            <td height="30" colspan="2" align="left" bgcolor="<%=color%>">
                <%=news(i)%>            <!--输出数组中存储的新闻条目-->
            </td>
        </tr>
        <%
        i=i+1                           '数组下标增加
        wend
        %>
    </table>                                    <!-- 表格结束 -->

</body>
</html>
```

上面的代码中，先通过下面的代码输出表格标签头和表格的第一行。

```
<table width="400" align="center" cellspacing="0" >     <!-- 表格开始 -->
    <tr>         <!-- 第一行表格 -->
        <td width="180" height="30" bgcolor="#66CCFF" align="left"> ==
```

```
新闻公告==</td>
        <td width="160" align="right" bgcolor="#66CCFF">更多&gt;&gt;&gt;</td>
    </tr>
```

然后在脚本中通过下面代码，对数组 news 的各个元素赋值，将新闻条目存储到数组中。

```
news(1)="团委工作制度"
news(2)="2011年成人高考考前辅导班招生简章"
news(3)="领证通知"
news(4)="自考高职生公共英语成人基础长班招生通知"
news(5)=" 2011年1月自命题考试领取准考证通知"
```

在下面的代码中，再通过 While 循环输出各个表格行和数组中的新闻目录，对相邻的表格行使用不同的颜色进行区别。

```
i=1
while (i<=5)                                  '利用循环输出表格行和新闻标题
    '交换设置表格背景颜色参数 color
    if color="#C3FCCC" then
        color="#F6F7FD"
    else
        color="#C3FCCC"
    end if
%>
    <tr>            <!-- 循环输出的表格行 -->
        <td height="30" colspan="2" align="left" bgcolor="<%=color%>">
            <%=news(i)%>        <!--输出数组中存储的新闻条目-->
        </td>
    </tr>
<%
    i=i+1                                     '数组下标增加
wend
%>
```

最后，输出表格结束标签，完成表格。

3.4 任务拓展训练

3.4.1 【任务11】动态表格设计

本任务中，将通过 ASP 来动态地创建一个表格，效果如图 3-17 所示。
"动态表格"的实现过程如下。

第 3 章 ASP 脚本语法

图 3-17 动态表格

创建新网页，取名为 table.asp。打开文件，并切换到"代码视图"。在"代码"窗口中按下面的代码进行编辑。

```
<%@LANGUAGE="VBSCRIPT" CODEPAGE="65001"%>
<!DOCTYPE html PUBLIC "-//W3C//DTD XHTML 1.0 Transitional//EN"
"http://www.w3.org/TR/xhtml1/DTD/xhtml1-transitional.dtd">
<html xmlns="http://www.w3.org/1999/xhtml">
<head>
<meta http-equiv="Content-Type" content="text/html; charset=utf-8" />
<title>动态表格</title>
</head>

<body>
<h3 align="center">动态表格</h3>

<table border="1" cellspacing="0"> <!--表格开始-->
<%
dim i,j
for i=1 to 5                         '循环控制行数，每次循环输出一行
%>
  <tr>                               <!--行开始-->
<%
    for j=1 to 9                     '循环控制列数，每次循环输出一列
%>
    <td height="40" width="60"><%=i%>行,<%=j%>列</td><!--输出一个表格-->
<%
next                                 '列循环结束
```

```
%>
  </tr>                              <!--行开始-->
<%
next                                 '行循环结束
%>
</table>                             <!--表格结束-->

</body>
</html>
```

上面的网页在浏览器中的显示效果如图 3-17 所示,可以看到,表格中行数和列数都是通过循环的嵌套来控制的,外层循环用于控制表格的行数,内层循环用于控制每一行上的表格个数。

3.4.2 【任务 12】"学生成绩表"页面设计

本任务中将通过 ASP 动态地输出如图 3-18 所示的学生成绩表。

图 3-18 学生成绩表

"学生成绩表"的实现过程如下。

创建新网页,取名为 result.asp。打开文件,并切换到"代码视图"。在"代码"窗口中按下面的代码进行编辑。

```
<%@LANGUAGE="VBSCRIPT" CODEPAGE="65001"%>
<!DOCTYPE html PUBLIC "-//W3C//DTD XHTML 1.0 Transitional//EN"
"http://www.w3.org/TR/xhtml1/DTD/xhtml1-transitional.dtd">
<html xmlns="http://www.w3.org/1999/xhtml">
<head>
```

```
<meta http-equiv="Content-Type" content="text/html; charset=utf-8" />
<title>学生成绩表</title>
</head>

<body>
<%
dim xm,zkzh,kc(3),cj(3),rq(3)
'对学生成绩信息赋值
xm="张凯"
zkzh="20110102135"
kc(1)="英语（一）"
cj(1)="75"
rq(1)="2010-7-12"
kc(2)="计算机基础"
cj(2)="85"
rq(2)="2010-7-13"
kc(3)="VB 程序设计"
cj(3)="78"
rq(3)="2011-1-17"
%>

<table width="362" border="1" align="center" bordercolor="#b7b7d7">
  <tr>
    <td height="33" bgcolor="#0099FF"><font color="white"><b>[ 成绩表]</b></font><a href="javascript:print()">打印</a> </td>
  </tr>
  <tr>
    <td width="352" height="38" align="left" bgcolor="d6dff7">

        <!--HTML 列表用于输出学生信息-->
      <li>姓名：<%=xm%></li>
      <li>准考证号：<%=zkzh%></li>
      <li>近期考试成绩如下：</li>

    <!--嵌套的表格用于输出成绩信息-->
    <table width="100%" height="31" border="1" cellpadding="1" cellspacing="0" bordercolor="#B7B7D7">
        <tr>
          <td width="194"><center>
            考试科目
          </center></td>
          <td width="63"><center>
            成绩
```

```
            </center></td>
          <td width="81"><center>
              考试时间
          </center></td>
        </tr>

        <%
                    '循环输出考试成绩
                    for i=1 to UBound(cj)
                        d=CDate(rq(i))              '将字符串转化为日期
                        y=year(d)                   '获取年份
                        mon=month(d)                '获取月份
                    %>

        <tr>
          <td><%=kc(i)%></td>
          <td><%=cj(i)%></td>
          <td><%=y%>年<%=mon%>月</td>
        </tr>
    <%
                    next
    %>
          </table>
      </td>
    </tr>
</table>

</body>
</html>
```

上面的网页在浏览器中的显示效果如图 3-18 所示。程序中，使用数组来存储学生的成绩信息，并通过循环在表格中显示出来。

3.4.3 【任务 13】"日历"设计

本任务中将通过 ASP 实现一个日历网页，网页中可以显示出星期和当前日期，在浏览器中的显示效果如图 3-19 所示。

"日历"网页的实现过程如下。

创建新网页，取名为 cal.asp。打开文件，并切换到"代码视图"。在"代码"窗口中按下面的代码进行编辑。

图 3-19 日历

```
<%@LANGUAGE="VBSCRIPT" CODEPAGE="65001"%>
<!DOCTYPE html PUBLIC "-//W3C//DTD XHTML 1.0 Transitional//EN" "http://www.w3.org/TR/xhtml1/DTD/xhtml1-transitional.dtd">
<html xmlns="http://www.w3.org/1999/xhtml">
<head>
<meta http-equiv="Content-Type" content="text/html; charset=utf-8" />
<title>日历</title>
</head>

<body>
 <%
  dim weeks(42)                    '定义数组，对应于日历表格中各个格中的日期
  d=day(date())                    '获取当前系统日期
    mon=month(Date())              '获取月份
    y=year(Date())                 '获取年份
    d=day(date())                  '获取当前天数
 %>
<h3 align="center"> 日历 </h3>
<table width="100%" height="80" border="1" cellpadding="0" cellspacing="0" bgcolor="#ffffff">
<font size="2">
    <!-- 第1行 显示年月-->
   <tr>
      <td colspan="7" align="middle" ><br><font size="4"><%=y%>年<%=mon%>月</font><br><br></td>
    </tr>
```

```
    <!--第2行显示星期 -->
<tr>
    <th align="middle" bgcolor="#ffffff">日</th>
    <th align="middle" bgcolor="#ffffff">一</th>
    <th align="middle" bgcolor="#ffffff">二</th>
    <th align="middle" bgcolor="#ffffff">三</th>
    <th align="middle" bgcolor="#ffffff">四</th>
    <th align="middle" bgcolor="#ffffff">五</th>
    <th align="middle" bgcolor="#ffffff">六</th>
</tr>

<%
    '下面代码给出当月天数masday
    select case mon                         '对月份进行判断
        case 1,3,5,7,8,10,12                '如果是1,3,5,7,8,10,12月
            maxday=31                       '设置当月天数为31
        case 2                              '如果是2月
            '判断是否闰年，并赋给2月的天数
            if y mod 4=0 and y mod 100<>0 or y mod 400=0  then
                maxday=29
            else
                maxday=28
            end if
        case else                           '设置其他月份天数
            maxday=30
    end select

    '初始化数组内容为空格 
    for i=1 to 42
        weeks(i)=" "
    next

    '获取当月第1天的星期数
monthstartday=weekday(CDate(mon & "/1/" & y))

'将当月各天天数存储到从以第1天的星期数为下标开始的数组中
for i=1 to maxday
    weeks(monthstartday+i-1)=i
next

    '通过循环输出日历
    for i=0 to 5
%>
```

```
    <tr>        <!--一个星期的日历行开始-->
<%
   for j=1 to 7            '输出一个星期的内容
       if weeks(i*7 +j)=d then '检查是否是当前日期天数,如果是则表格加背景色,文字为红色
%>
            <td align='middle' bgcolor='#d6dff7'><font color='red'><%=weeks(i*7 +j)%></font></td>
<%
       else
%>
            <td align='middle' > <%=weeks(i*7 +j)%></td>
<%
   end if
   next
%>
    </tr>                        <!--一个星期的日历行结束-->
<%
   next
%>
</table>

</body>
</html>
```

程序中的难点在于将天数与星期对齐,这里的解决方法是将日历放在表格中,定义了一个数组 weeks 来存储表格中的各个天数,天数对应的表格位置由数组下标来确定。初始时,数组元素均为空格,通过下面的语句来获取本月第 1 天对应的星期数。

```
monthstartday=weekday(CDate(mon & "/1/" & y))
```

然后,以 monthstartday 为数组中第 1 天的下标,通过下面的循环将各个天数存储到数组中。

```
for i=1 to maxday
    weeks(monthstartday+i-1)=i
next
```

在输出时,通过嵌套的循环每 7 个(一个星期的天数)数组元素为一行进行输出。外

层循环"for i=0 to 5"控制行数，内层循环"for j=1 to 7"控制对应的星期。

在输出日期天数时，还通过语句"if weeks(i*7 +j)=d then"来检查是否是当前日期，如果是，则以红色文字输出。

习题 3

1．填空

（1）脚本是在_____读取和处理的。

（2）ASP 中默认的脚本语言是_____。

（3）在定界符_____和_____之内的脚本将在服务器端执行，在执行完毕后将得到的结果作为 HTML 内容发送到客户端显示出来。

（4）_____方法能调用浏览器的打印功能打印网页。

（5）VBScript 中只有一种数据类型_____，也称为变体类型。

（6）可使用_____函数来测试数据的子类型。

（7）_____语句强制所有的变量必须专门声明。

（8）能生成三位数的整数随机数的语句是_____。

（9）能够将字符串"ABCABCAB"中的"AB"全部替换成"HI"的语句是_____。

（10）_____函数可用于删除字符串中前导空格和尾部空格。

（11）_____函数可用于返回当前的系统日期。

（12）_____函数可用于将参数转换为字符串。

（13）组成数组的成员统称为_____，数组用一个统一的名称来标识这些元素，这个名称是_____。对数组元素的区分用下标来实现，下标的个数称为数组的_____。

（14）_____语句可用于指定或修改动态数组的大小。

（15）_____函数可用于将字符串参数转化为下标从 0 开始的数组元素_____。

（16）_____循环语句可以对数组或集合中的每一个数组元素重复执行同一组语句序列。

（17）以关键字_____定义的是子过程，以关键字_____定义的是函数过程，两者区别在于：_____。

（18）_____语句可用于退出 For 循环。

（19）VBScript 的_____语句可以屏蔽脚本中出现的错误。

（20）Err 对象的_____属性可以用于检查是否发生错误。

2. 问答题

（1）表达式有哪几种？各种表达式的运算顺序是怎样的?算术运算符包括哪些?它们的运算顺序是怎样的?

（2）计算下列表达式的值。

Abs(-8.8)　　　Asc("cde")　　　　Chr(68)　　　　　　Len("A 计算机 4")

Val("52")+Val("32ab")　　　　　Right("计算机网络",4)　　Len(Space(8))

Left("计算机网络", 4)　　　　Mid("计算机网络", 2, 3)

（3）将下列 Visual Basic 表达式转化为数学代数式。

N1*x^2+2*N2*X+N3+15*Abs((6-3/2)+4)-20

Sqr(A*(A-B)*(B-C)*(C-D))/A^2+B2+C^2

Sin(5*Abs(6-Sqr(Exp(2) / 5*3)))+Log(Abs(Exp(5) / 2))

1-1/(1-(1/(2-1/X)))

（4）计算下列表达式的值，并指出其值是什么数据类型。

Int(28.2+12.5) > Fix(42.35 - Abs(-2))

((15<3) And (11>6)) Or ((6>=2) Xor (-3<-2))

3. 程序设计

（1）仿照"教材订单"网页设计一个"商品订单"网页。

（2）仿照"新闻列表"网页设计一个"图书信息列表"网页，要求将列出的书籍具有类别、作者、单价、出版社、出版时间等信息。

（3）一张纸的厚度为 0.1 毫米，珠穆朗玛峰的高度为 8848.13 米，假如纸张有足够大，将纸对折多少次后可以超过珠峰的高度？

（4）设计一个程序，可用于输出乘法口诀表。

（5）"完数"是一种特殊的自然数，它在除本身之外的所有因子之和等于它本身。例如：6 的因子为 1，2，3，1+2+3=6，因此，6 是一个完全数。编程求出 1000 以内的所有完全数。

（6）编程求出个位数为 9，且能被 9 整除的三位数有哪些？

CHAPTER4 第 4 章

Request 对象与 Response 对象

4.1 使用 Request 对象提交网页信息

4.1.1 ASP 内置对象概述

为了便于网络程序的设计，ASP 提供了 6 个内置对象——Request、Response、Application、Session、Server 和 ObjectContext 对象，通过这些对象使网站开发者可以更容易地收集通过浏览器请求发送的信息、响应浏览器以及存储用户信息。

由 ASP 提供的两个主要内置对象——Request 对象和 Response 对象，可以直接映射访问 Web 服务器/客户端的两个行为，即发送信息到客户端和接收客户端提交的信息。另外几个对象则提供了附加功能，对编写脚本是非常有用的。每个对象都提供了一系列的集合、属性和方法，这在后续章节中将加以介绍。下面简要说明每一个对象。

（1）Request 对象

可以使用 Request 对象访问任何用 HTTP 请求传递的信息，包括从 HTML 表格用 POST 方法或 GET 方法传递的参数、cookie 和用户认证。Request 对象使您能够访问发送给服务器的二进制数据，如上载的文件。

（2）Response 对象

可以使用 Response 对象控制发送给用户的信息。包括直接发送信息给浏览器、重定向浏览器到另一个 URL 或设置 cookie 的值。

（3）Server 对象

Server 对象提供对服务器上的方法和属性进行的访问。最常用的方法是创建 ActiveX 组件的实例（Server.CreateObject）。Server 对象其他的方法可用于将 URL 或 HTML 编码成字符串，将虚拟路径映射到物理路径以及设置脚本的超时期限。

(4) Application 对象

可以使用 Application 对象使给定应用程序的所有用户共享信息。

(5) Session 对象

可以使用 Session 对象存储特定的用户会话所需的信息。当用户在应用程序的页之间跳转时,存储在 Session 对象中的变量不会清除;而用户在应用程序中访问页时,这些变量始终存在。也可以使用 Session 方法显式地结束一个会话和设置空闲会话的超时期限。

(6) ObjectContext 对象

该对象用于控制 Active Server Pages 的事务处理,可以使用 ObjectContext 对象来提交或撤销由 ASP 脚本初始化的事务(由于 ObjectContext 对象在网站开发中使用较少,对于初学者来说更是如此,因此,本书中不作详细介绍)。

ASP 六大内置对象中,使用得最多的是 Request 对象和 Response 对象,分别用于收集客户信息和发送服务器端数据到客户端。本章中将重点学习 Request 对象和 Response 对象。

4.1.2　Request 对象简介

Request 对象用于获取所有从客户端提交到服务器的请求信息,Request 对象提供了 5 种集合来获取客户端的信息,分别是 QueryString、Form、Cookies、ServerVariables 和 ClientCerificate。ASP 中,可以通过 Request 对象集合来从浏览器、Cookie、HTTP 头和用户会话中取得信息。

Request 对象为脚本提供客户端在请求一个页面或传送一个表单时提供的所有信息,这包括能够标识浏览器和用户的 HTTP 变量,存储用户的浏览器对应的 cookie,以及附在 URL 后面的提交的内容(查询字符串或页面中<Form>表单中的 HTML 控件内的值)。

Request 对象使用格式如下:

```
Request[.集合|.属性|.方法](参数)
```

其中,集合、属性和方法是可选的,当选择不同的集合、属性或方法时,要设置相应的参数。

通常,在使用 Request 来获取信息时,需要写明使用的集合、属性或方法,如果没有写明,即当写成 Request(参数)的格式后,ASP 会自动依次按如下顺序来获取信息:

QueryString→Form→Cookies→ServerVariables→ClientCerificate

下面对 Request 对象的集合、属性和方法进行简单介绍,然后在本节的各个任务中对相应内容进行详细说明。

1. Request 对象的集合

Request 对象提供了 5 个集合,可以用来获取客户端对 Web 服务器发送的各类请求信息,如提交的查询、Cookies、HTTP 报头值等,表 4-1 给出了这些集合的说明。

表 4-1 Request 对象的集合

集合名称	说　　明
ClientCertificate	当客户端访问一个页面或其他资源时,用来向服务器表明身份的客户证书的所有字段或条目的数值集合,每个成员均是只读
Cookies	根据用户的请求,用户系统发出的所有 cookie 的值的集合,这些 cookie 仅对相应的域有效,每个成员均为只读
Form	METHOD 的属性值为 POST 时,所有作为请求提交的<FORM>段中的 HTML 控件单元的值的集合,每个成员均为只读
QueryString	依附于用户请求的 URL 后面的名称/数值对或者作为请求提交的且 METHOD 属性为 GET(或者省略其属性)的,或<FORM>中所有 HTML 控件单元的值,每个成员均为只读
ServerVariables	随同客户端请求发出的 HTTP 报头值,以及 Web 服务器的几种环境变量的值的集合,每个成员均为只读

2．Request 对象的属性

TotlBytes 是 Request 对象唯一的属性,它用于获取由客户端发出的请求的整个字节数,是一个只读属性。TotlBytes 属性使用得很少,在 ASP 设计中,通常关注指定的值而不是客户端提交的整个内容。

3．Request 对象的方法

BinaryRead 是 Request 对象唯一的方法,该方法允许访问从一个<Form>表单中传递给服务器的用户请求部分的完整内容,用于接收一个<Form>表单未经过处理的内容。使用格式如下:

```
BinaryRead(count)
```

其中,参数 count 是所要读取的字节数,当数据作为<Form>表单 POST 请求的一部分发往服务器时,从客户请求中获得 count 字节的数据,返回一个 Variant 数组。如果 ASP 代码已经引用了 Request.Form 集合, BinaryRead 方法就不能再使用。同样,如果使用了 BinaryRead 方法,就不能访问 Request.Form 集合。

4.1.3　QueryString 集合与 Form 集合

QueryString 集合与 Form 集合是 Request 中使用得最多的两个集合,用于获取从客户端发送的查询字符串或表单<Form>的内容。

1．QueryString 集合

QueryString 是获取查询字符串的变量值的集合,其使用格式如下:

```
Request.QueryString(Varible)[(Index).Count]
```

其中，Varible 是在查询字符串中变量的名称。当某个变量具有多个值时，使用 Index。当某一变量具有多个值时，Count 指明值的个数。

例如：

```
strname=Request.QueryString("name")
```

上面的语句将用户提交的查询字符串中变量 name 的值赋给 strname。

```
likecount=Request.QueryString("like").Count
```

上面的语句将统计用户提交的查询字符串中变量 like 的值的个数。

2．Form 集合

Form 集合用于获取在 HTML 的表单<Form>中所有的表单元素内容的集合，使用格式如下：

```
Request.Form(Parameter)[(Index).Count]
```

其中，Parameter 是在 HTML 表单中某一元素的名称，当某个参数具有不止一个值（比如，当在<select>中使用 multiple 属性时）时，使用 Index。当某个参数具有多值时，Count 指明多值个数。

```
strpwd=Request.Form("pwd")
```

上面的语句将用户以 Post 方式所提交的表单中，名为 pwd 的对象内容赋值给 strpwd。

4.1.4 客户端信息的提交

在网站开发中，为了实现用户与服务器的动态交互，通常需要从客户端浏览器向服务器发送信息，ASP 中提供了 Request 对象来接收客户端发送回来的数据。通过该对象，服务器可以获得客户端提交的数据。

一个用户请求包含从用户传递给 ASP 的信息，产生请求的部分工作就是声明或者生成一个代表对 ASP 的调用的 URL，一个 URL 一般具有以下语法：

```
Protocol://host:port/VirtualPath?QueryString
```

其中，Protocol 表示协议，用于声明在远程机器之间传送信息的底层机制，可用的协议包括 http、https、ftp 等，本书中使用的都是 http 协议。

host 表示请求要发送到的远程机器的名字或 IP 地址。

port 声明服务器要监听请求的机器端口号。对于 http 协议来说，端口号一般都是 80，这也是当这项参数空缺时的默认值。

VirtualPath 包含一个以斜线为分隔符的一组标识符，服务器把它映射到一个物理的路径和 ASP 页面的位置。

QueryString 是查询字符串，它是一个成对的名字和值的列表，作为 ASP 的参数被传递到处理它的 ASP 页面。如果有多个参数需要传递，将会以"&"号分隔开的成对的名字和值，查询字符串可以想象成传递给目标 ASP 的参数列表，就像是函数调用一样。

下面是一个带有查询字符串调用 ASP 的 URL 例子：

```
http://localhost/asptech/Request.asp?p1=val1& p2=val2
```

上面的信息在浏览器中提交时将被传递给本地主机的 80 端口（默认端口），处理该信息的脚本文件为 asptech 目录下的 Request.asp，查询字符串是在"?"之后的所有内容即"p1=val1&p2=val2"，这里有两个查询参数 p1 和 p2，其值分别为 val1 和 val2。

浏览器在用户单击一个超级链接或者提交一个 HTML 表单时都将产生一个请求（HTML 表单会在本节的后面讲到），下面是一个使用超级链接产生查询字符串的语句：

```
<a href="qry.asp?str=ASP 教程">ASP 教程</a>
```

对于上面的语句，在单击链接文字"ASP 教程"时，将产生一个 URL 请求，该请求将发送给文件 hyperlinkquery.asp 进行处理，请求中传递的参数是 str，其值为"ASP 教程"。

此外，在 ASP 中提交用户请求时，通常都是由客户端的网页产生请求，服务器端的 ASP 脚本处理请求，所以，在设计时通常将客户端网页与服务器端脚本分为两个文件，即可见的前台网页文件与处理请求的后台脚本文件。

下面来看一个提交查询字符串的例子，例子由两个文件构成，分别是前台网页文件 qry.htm 和后台脚本文件 qry.asp。

前台网页文件 qry.htm 内容如下：

```
<!DOCTYPE html PUBLIC "-//W3C//DTD XHTML 1.0 Transitional//EN"
"http://www.w3.org/TR/xhtml1/DTD/xhtml1-transitional.dtd">
<html xmlns="http://www.w3.org/1999/xhtml">
<head>
<meta http-equiv="Content-Type" content="text/html; charset=utf-8" />
<title>提交查询字符串</title>
</head>

<body>
<!--下面的超链接均含有查询字符串-->
<a href="qry.asp?str1=ASP">ASP</a><br>
<a href="qry.asp?str2=案例教程">案例教程</a><br>
```

```
<a href="qry.asp?str1=ASP&str2=案例教程">ASP 案例教程</a><br>
</body>
</html>
```

后台脚本文件 qry.asp 内容如下:

```
<%@LANGUAGE="VBSCRIPT" CODEPAGE="65001"%>
<!DOCTYPE html PUBLIC "-//W3C//DTD XHTML 1.0 Transitional//EN"
"http://www.w3.org/TR/xhtml1/DTD/xhtml1-transitional.dtd">
<html xmlns="http://www.w3.org/1999/xhtml">
<head>
<meta http-equiv="Content-Type" content="text/html; charset=utf-8" />
<title>处理查询字符串</title>
</head>

<%
'下面脚本获取客户端请求查询字符串中变量 str1 和 str2 的值
str1=request.QueryString("str1")
str2=request.QueryString("str2")
%>
<body>
str1=<%=str1%><br>
str2=<%=str2%><br>
</body>
</html>
```

上面的网页 qry.htm 在浏览器中运行后的效果如图 4-1（a）所示。单击网页中的链接文字"ASP 案例教程"，结果如图 4-1（b）所示。

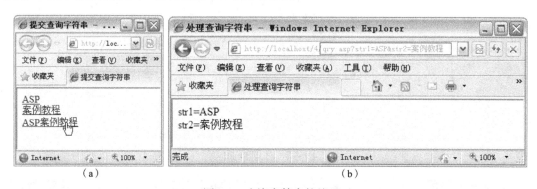

图 4-1　查询字符串的处理

从 Internet Explorer 浏览器地址栏可以看到，带有查询字符串的超链接被作为 URL 提交到服务器。服务器在收到 URL "http://localhost/4/4-1/qry.asp?str1=ASP&str2=案例教程"后，调用了脚本文件 qry.asp 进行处理。在脚本文件中，通过下面的语句获取查询字符串中的变量 str1 和 str2 对应的变量值"ASP"和"案例教程",最后将其显示到网页上。

```
str1=request.QueryString("str1")
str2=request.QueryString("str2")
```

除了使用链接来提交查询字符串外,表单(Form)的 get 方法也同样可以提交查询字符串。

4.1.5 表单及其在客户端信息提交中的应用

在前面网页信息传递的例子中,所有信息的传递都是通过超链接来提交的,这种信息的提交方式是静态的,即只能提交设计时指定的信息。在真正的网站设计中,更多情况下,需要能够进行动态提交的信息,即信息是由用户输入数据后在客户端产生并提交信息,而不是由服务器端指定的。例如,网上常见的用户注册信息的提交,图 4-2 就是一个网站的注册页面,

图 4-2 注册页面

在这种需要用户输入的页面中,使用由超级链接在设计时用标签<a>硬编码来设计查询字符串显然是行不通的。这种情况下,就需要使用 HTML 表单来进行信息的输入和提交。HTML 表单允许在用户提交表单时动态生成 URL 的查询中,查询字符串中的变量名和变量值从表单中取得,然后生成变量名和变量值配对列表,并追加到 URL 的后面。

表单是一个能够包含表单元素的区域,HTML 为表单提供了多种图形用户界面组件元

素（如文本框，密码框，下拉菜单，单选框，复选框等），这些表单元素能够让用户在表单中输入信息，可以用它们来构成表单内容，作为用户可以输入的域，并可以将其提交给一个 ASP 进行处理。表单是用 HTML 的 form 标签来声明的，格式如下：

```
<form name=" " action=" " method=" ">
…
</form>
```

<form>标签的属性 name 用于指定表单的名称，这在同一页面有多个表单时会很有用；action 属性指定当表单被提交时所要执行的动作，对 ASP 来说，可以指定为所要调用的 ASP 文件的 URL；<form>标签的 method 参数指定传递请求给 ASP 所用的方法，它的值可以是 GET、POST 或 PUT，比较常用的是 POST 和 GET。当提交的信息较少，且不太注重安全性时，可以使用 GET 方法进行提交，这将在 URL 后生成以"？"开头的查询字符串，查询字符串中的变量名和变量值是在表单被提交时，动态地根据表单元素的名字和用户的输入信息产生的，与前面所学过的查询字符串一样，这样生成的 URL 将可以在浏览器地址栏中看到，可以通过 Request 的 QueryString 集合来获取 GET 方法提交的内容。如果提交的内容较多，或需要注重安全性时，则可以使用 POST 方式提交，这种提交方式将表单所有内容进行整体提交，可以通过 Request 的 Form 集合来获取 POST 方法提交的内容。

在标签<form>和</form>之间的则是表单元素。此外，如果 action 中没有指定处理提交信息的 ASP 文件，则由当前文件进行处理。

在表单标签里，可以使用 HTML 标签<input>（输入标签）、<textarea>（文本域标签）和<select>（选项标签）声明任意多个表单元素，下面对这些标签进行详细的介绍。

1. input 标签

<input>标签是最常用的表单标签，常用于输入信息或提交信息。input 标签的通用语法格式如下：

```
<input type=" " name=" " value=" ">
```

<input>标签的 type 属性允许指定输入类型，可以是后面几种输入类型中的一种：text（文本框）、password（密码框）、checkbox（复选框）、radio（单选按钮）、image（图像域）、reset（重置按钮）和 submit（提交按钮）。name 属性为表单元素的名称，value 属性在设计时为表单元素的初始值，提交时表单就是该元素的内容。

注意，每个表单元素都有一个属性 name，同时每个表单元素都有一个与之相联系的值(value)，这个值可以由用户输入得到，也可以由设计者通过 value 参数设置一个初始值，与输入域相关联的名字和值用来构造查询串。

同时，所有的表单必须声明一个 submit 按钮，在单击该按钮时，将通知浏览器表单已经准备好，将组合得到的 URL 传送到服务器端，调用 form 标签的 action 参数指定的 ASP 文件进行下一步的处理。要声明一个 submit 按钮，只需要使用一个 type 参数识别 submit 的 input 标签就可以了。

例如：

```
<form name="form1" action="form.asp" ="get">
<input type="text" name="txt1" value="ASP">
<input type="submit" name="submit" value="finish">
</form>
```

上面的表单在没有用户输入（即没有修改 value 的内容）的情况下，由于提交表单的方法（method）是 GET，所以在提交时将构成形式如下的 URL：

```
…/form.asp?txt1= ASP& submit=finish
```

其中，语句"<input type="text" name="txt1" value="ASP">"中的 name 属性"txt1"和 value 属性指定的值"ASP"构成了一对查询字符串中的变量名和变量值对。

下面，对<input>标签的各种输入类型进行举例说明。

<input>标签的 text 类型用于设置一个单行文本框，语法格式如下：

```
<input name=" " type="text" value="" size="" maxlength="" >
```

其中，value 为文本框的值，在设计时为文本框的初始值；size 属性指定文本框宽度，maxlength 指定可以输入的最大字符数。这两个属性的属性值都是整数，单位为字符。例如：

```
<input name="user" type="text" value="admin" size="12" maxlength="16" >
```

上面的语句指定了一个名为 user 的文本框，文本框初始值为"admin"，宽度为 12 个字符，最大可输入 16 个字符。

<input>标签的 password 类型用于设置一个密码框，语法格式如下：

```
<input name=" " type="password" value="" size="" maxlength="" >
```

密码框中各个属性的用法与文本框相同。例如：

```
<input name="pwd" type="password" size="8" maxlength="12">
```

上面的语句指定了一个名为 pwd 的密码框，密码框宽度为 8 个字符，最大可输入 12 个字符。

<input>标签的 submit 类型用于设置一个提交按钮，提交按钮用于将表单的内容提交到 action 所指定的 ASP 文件进行处理，语法格式如下：

```
<input name=" " type=" submit"  value="" >
```

其中，value 为按钮上的文字。

<input>标签的 reset 类型用于设置一个重置按钮，重置按钮用于将表单中的所有输入域清空，重置表单内容，语法格式如下：

```
<input name=" " type="reset" value="" >
```

其中，value 为按钮上的文字。

下面是一个 input 标签的示例：

```
<form name="form1" method="post" action="">
  <p>用户：
    <input name="user" type="text" size="8" maxlength="16">
  </p>
  <p>密码：    <input name="pwd" type="password" size="8" maxlength="12"></p>
  <p>
    <input type="reset" name="reset" value="重置">
    <input type="submit" name="submit" value="提交">
  </p>
</form>
```

上面的表单在浏览器中的显示效果如图 4-3 所示。

图 4-3　表单示例

2．单选按钮与复选框

<input>标签的 radio 类型用于设置一个单选按钮，单选按钮用于从一组选项中选择一个，语法格式如下：

```
<input name=" " type="radio" value=" " checked>
```

其中，name 属性为按钮名称，value 属性为按钮的值，checked 是可选属性，如果有该属性，则表示该按钮显示时为被选中，否则为未选中。

通常单选按钮都是成组使用的，要使多个单选按钮成为一组，只需要将其 name 属性设为相同名称即可，此时需要将 value 属性设置为不同值，以示区别。在提交时只提交被选中的那个按钮值。此外，由于单选按钮仅显示按钮而没有文字内容，因此通常会在其旁注上文字。例如：

```
<input name="radiobutton" type="radio" value="1" checked > 选项1
<input name="radiobutton" type="radio" value="2"> 选项2
```

上面的代码表示一组中两个名为 radiobutton 的单选按钮，按钮值分别为 1 和 2，值为 1 的按钮为已选中，旁边分别显示文字"选项1"和"选项2"。在选中按钮1的情况下，提交时时的变量值如下：

```
radiobutton=1
```

<input>标签的 checkbox 类型用于设置一个复选框，复选框可用于从一组选项中选择多个选项，语法格式如下：

```
<input name=" " type="checkbox" value=" " checked>
```

其中，name 属性为按钮名称，value 属性为按钮的值，checked 是可选属性，如果有该属性，则表示该按钮显示时为被选中，否则为未选中。

与单选按钮相似，复选框通常也是成组使用的，与单选按钮不同的是，被选中的多个复选框都会被提交，因此其 name 值可以相同（按集合处理），也可以不同（按不同变量进行处理）。例如：

```
<input name="checkbox" type="checkbox" value="游泳" >游泳
<input name="checkbox" type="checkbox" value="跑步" >跑步
```

上面代码将显示两个复选框，两个复选框的名称均为 checkbox。在提交信息时，对于这种一个变量对应多个值的情况，通常使用 For each …Next 语句进行处理。如下所示：

```
for each ob in Request.form("checkbox")
    Response.Write(ob&"<br>")            '输出选项内容
next
```

上面语句中，将通过 for each 循环依次将变量 checkbox 对应的不同值赋给变量 ob，再对 ob 进行操作。

下面是一个使用单选按钮与复选框设计的简单的网页调查表案例。案例由两个文件组成，分别是前台网页文件 radiocheck.htm 和后台脚本文件 radiocheck.asp。

前台网页文件 radiocheck.htm 的内容如下：

```
<!DOCTYPE html PUBLIC "-//W3C//DTD XHTML 1.0 Transitional//EN" "http://www.w3.org/TR/xhtml1/DTD/xhtml1-transitional.dtd">
<html xmlns="http://www.w3.org/1999/xhtml">
<head>
<meta http-equiv="Content-Type" content="text/html; charset=utf-8"
```

```
/><title>上网调查表</title>
  </head>

  <body >
  <h2 align="center">上网调查表</h2>
  <form name="form1" method="post" action="radiocheck.asp">
    <table width="395" border="1" cellspacing="0" bordercolor="#000000">
      <tr>
        <td height="28" colspan="2">通常使用什么方式上网？</td>
      </tr>
      <tr>
        <td width="160"><input name="radiobutton" type="radio" value="ADSL" checked>
        ADSL</td>
        <td width="225"><input name="radiobutton" type="radio" value="拨号上网" >
          拨号上网 </td>
      </tr>
      <tr>
        <td><input name="radiobutton" type="radio" value="无线接入">无线接入</td>
        <td><input name="radiobutton" type="radio" value="DDN 专线">DDN 专线</td>
      </tr>
      <tr>
        <td height="23" colspan="2">通常是在什么地方上网？</td>
      </tr>
      <tr>
        <td><input type="checkbox" name="check" value="网吧">网吧</td>
        <td><input type="checkbox" name="check" value="学校">学校</td>
      </tr>
      <tr>
        <td><input type="checkbox" name="check" value="家里">家里</td>
        <td><input type="checkbox" name="check" value="学校">其他地方</td>
      </tr>
    </table>
    <p>
      <input type="submit" name="Submit" value="提交">
    </p>
  </form>
  </body>
</html>
```

后台脚本文件 radiocheck.asp 的内容如下：

```
<%@LANGUAGE="VBSCRIPT" CODEPAGE="65001"%>
```

```
<!DOCTYPE html PUBLIC "-//W3C//DTD XHTML 1.0 Transitional//EN"
"http://www.w3.org/TR/xhtml1/DTD/xhtml1-transitional.dtd">
<html xmlns="http://www.w3.org/1999/xhtml">
<head>
<meta http-equiv="Content-Type" content="text/html; charset=utf-8" />
<title>调查表</title>
</head>
<body>
<h2 align="center">上网调查表</h2>
<%
  '将单选按钮选项值赋给str1
  str1 = Request.form("radiobutton")
%>
    通常使用的上网方式是：<%=str1%><br>
    经常上网的地方是：
<%
   '将复选按钮多个选项内容依次赋给str2
   for each str2 in Request.form("check")
        Response.Write(str2&" ")           '输出选项内容
   next
%>
</body>
</html>
```

前台网页 radiocheck.htm 在浏览器中的显示效果如图 4-4（a）所示。

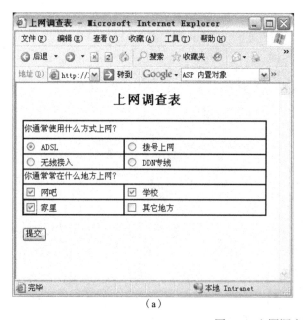
（a）

（b）

图 4-4　上网调查表

当选择完毕，单击"提交"按钮提交调查表信息时，下面的语句将单选按钮 radiobutton 所选项的值赋给变量 str1。

```
str1 = Request.form("radiobutton")
```

然后，再通过下面的 for each 循环来依次获取所选中的复选框 check 对应的内容，将其赋值为变量 str2，并通过 Response.Write 方法输出。

```
for each str2 in Request.form("check")
        Response.Write(str2&" ")                '输出选项内容
next
```

3. textarea 标签

<textarea>标签声明一个用户可以输入多行文本的区域，<textarea>标签的语法如下：

```
<textarea name="" rows="" cols="" >text</textarea>
```

其中，cols 为文本域宽度（字符数），rows 为文本域的高度（行数），<textarea >和</textarea>之间的是文本域的内容，对应的就是文本域提交时的值。

例如：

```
<textarea name="textfield" cols="40" rows="10">这是一个 textarea 文本域
</textarea>
```

上面语句定义的文本域如图 4-5 所示。

图 4-5　文本域

4. select 标签

<select>标签声明一个可选项的列表，用户可以选择一个或者多个选项，标签的值 (value)就是所选择的选项，下面是 select 标签的语法：

```
<select name="" size="" multiple>
<option value="" selected>option</option>
...
<option value="">option</option>
</select>
```

其中，<select>标签表示选项列表，其中 name 是名称，size 是列表区域高度（即可显示的选项数），multiple 是可选属性，如果有该属性则表示可选择多项。

在<select>和</select>标签之间的是列表的内容，列表内容用标签<option>设置；value 表示该选项的值，selected 是一个可选属性，如果有该属性，则表示显示时将该项设置为已选中；在<option >和</option>标签之间的是显示在选项列表中的选项内容。

下面是一个 select 标签的示例：

```
<select id="select36" size="1" name="linkjy">
    <option selected="selected" >———教育科研———</option>
    <option value="http://www.bjeea.cn">北京教育考试院</option>
    <option value="http://www.bjeeic.org">北京教育考试指导中心</option>
    <option value="http://www.pku.edu.cn">北京大学</option>
    <option value="http://www.tsinghua.edu.cn">清华大学</option>
</select>
```

上面的代码在浏览器中的效果如图 4-6（a）所示，鼠标单击后展开列表如图 4-6（b）所示。

图 4-6　列表选项

4.1.6 【任务 14】"用户登录"页面设计

在本任务中，将实现通过 ASP 来实现对客户端提交的用户名和密码进行验证，当用户输入正确时，显示欢迎登录页面。浏览效果如图 4-7 所示。

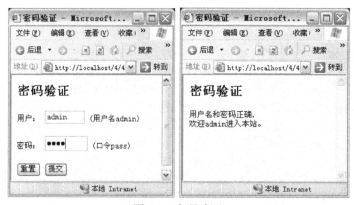

图 4-7　密码验证

第 4 章 Request 对象与 Response 对象

在本任务的实现过程中,将学习如何通过表单<form>和查询字符串提交用户信息,并通过 Request 对象的 QueryString 集合和 Form 集合来处理客户端网页中提交的信息。

在 ASP 中提交用户请求时,通常都是由客户端的网页产生请求的,服务器端的 ASP 脚本处理请求,所以,在设计时通常将客户端网页与服务器端脚本分为两个文件,即可见的前台网页文件与处理请求的后台脚本文件。

本任务由两个文件构成,分别是前台网页文件 psdchk.htm 和后台脚本文件 psdchked.asp。

前台网页文件 psdchk.htm 的内容如下:

```
<!DOCTYPE html PUBLIC "-//W3C//DTD XHTML 1.0 Transitional//EN" "http://www.w3.org/TR/xhtml1/DTD/xhtml1-transitional.dtd">
<html xmlns="http://www.w3.org/1999/xhtml">
<head>
<meta http-equiv="Content-Type" content="text/html; charset=utf-8" /><title>密码验证</title>
</head>

<body>
<h2>密码验证</h2>
<form name="form1" method="get" action="psdchked.asp">
  <p>用户:
    <input name="user" type="text" size="8" maxlength="16">
  (用户名 admin)</p>
  <p>密码:
    <input name="pwd" type="password" size="8" maxlength="12">
  (口令 pass)</p>
  <p>
    <input type="reset" name="reset" value="重置">
    <input type="submit" name="submit" value="提交">
  </p>
</form>
</body>
</html>
```

服务器端脚本文件 psdchked.asp 的内容如下:

```
<%@LANGUAGE="VBSCRIPT" CODEPAGE="65001"%>
<!DOCTYPE html PUBLIC "-//W3C//DTD XHTML 1.0 Transitional//EN" "http://www.w3.org/TR/xhtml1/DTD/xhtml1-transitional.dtd">
<html xmlns="http://www.w3.org/1999/xhtml">
<head>
<meta http-equiv="Content-Type" content="text/html; charset=utf-8"
```

```
/><title>密码验证</title>
  </head>

<body>
<h2>密码验证</h2>
<%
  '获得用户提交的内容
  user=request.QueryString("user")
  pwd=request.QueryString("pwd")
  '检查用户密码
  if  pwd="" or user="" then
%>
        用户名和密码不能为空!
<%
   else
     '判断密码和用户名是否正确
     if pwd="pass" and user="admin" then
%>
    用户名和密码正确.<br>
    欢迎<%=user%>进入本站。<br>
<%
     else
%>
    用户名或密码错误,请重新输入!
<%
     end if
   end if
%>

</body>
</html>
```

psdchk.htm 网页在浏览器中打开时,效果如图 4-1(a)所示。用户输入信息后中,单击"提交"按钮,将通过表单的 get 方法将表单中用户名文本框 user 和密码框 pwd 中的内容提交给表单动作(action)所指定的服务器端脚本文件 psdchked.asp 进行处理。

当服务器端收到请求后,将调用脚本文件 psdchked.asp 进行处理。在 psdchked.asp 中,先通过下面的语句获取客户端提交的用户名(user)和密码(pwd)信息。

```
user=request.QueryString("user")
pwd=request.QueryString("pwd")
```

然后再通过嵌套的 If 语句来判断用户名和密码是否正确,并输出相应信息。

4.2 使用 Request 对象获取环境信息

4.2.1 ServerVaribles 集合

ServerVaribles 是 ASP 环境变量的集合，它允许读取 HTTP 头，可以通过使用 "HTTP_前缀"来读取任何头信息。ServerVaribles 集合的使用格式如下：

```
Request.ServerVaribles(ServerEnvironmentVariable)
```

其中，参数 ServerEnvironmentVariable 环境变量的集合，可以使用的环境变量如表 4-2 所示。

表 4-2 ServerVaribles 集合环境变量

环 境 变 量	说　　明
ALL_HTTP	客户端发送的所有 HTTP 标头，其结果都有前缀 HTTP_
ALL_RAW	客户端发送的所有 HTTP 标头,其结果和客户端发送时一样，没有前缀 HTTP_
APPL_MD_PATH	应用程序的元数据库路径
APPL_PHYSICAL_PATH	与应用程序元数据库路径相应的物理路径
AUTH_PASSWORD	当使用基本验证模式时，客户在密码对话框中输入的密码
AUTH_TYPE	这是用户访问受保护的脚本时，服务器用于检验用户的验证方法
AUTH_USER	代验证的用户名
CERT_COOK	唯一的客户证书 ID 号
CERT_FLAG	客户证书标志，如有客户端证书，则 bit0 为 0。如果客户端证书验证无效，bit1 被设置为 1
CERT_ISSUER	用户证书中的发行者字段
CERT_KEYSIZE	安全套接字层连接关键字的位数，如 128
CERT_SECRETKEYSIZE	服务器验证私人关键字的位数。如 1024
CERT_SERIALNUMBER	客户证书的序列号字段
CERT_SERVER_ISSUER	服务器证书的发行者字段
CERT_SERVER_SUBJECT	服务器证书的主题字段
CERT_SUBJECT	客户端证书的主题字段
CONTENT_LENGTH	客户端发出内容的长度
CONTENT_TYPE	客户发送的 form 内容或 HTTP PUT 的数据类型
GATEWAY_INTERFACE	服务器使用的网关界面
HTTPS	如果请求穿过安全通道（SSL），则返回 ON。如果请求来自非安全通道，则返回 OFF
HTTPS_KEYSIZE	安全套接字层连接关键字的位数，如 128
HTTPS_SECRETKEYSIZE	服务器验证私人关键字的位数，如 1024
HTTPS_SERVER_ISSUER	服务器证书的发行者字段
HTTPS_SERVER_SUBJECT	服务器证书的主题字段
INSTANCE_ID	IIS 实例的 ID 号

续表

环 境 变 量	说　　明
INSTANCE_META_PATH	响应请求的 IIS 实例的元数据库路径
LOCAL_ADDR	返回接受请求的服务器地址
LOGON_USER	用户登录 Windows NT 的账号
PATH_INFO	客户端提供的路径信息
PATH_TRANSLATED	通过由虚拟至物理的映射后得到的路径
QUERY_STRING	查询字符串内容
REMOTE_ADDR	发出请求的远程主机的 IP 地址
REMOTE_HOST	发出请求的远程主机名称
REQUEST_METHOD	提出请求的方法，如 GET、HEAD、POST 等
SCRIPT_NAME	执行脚本的名称
SERVER_NAME	服务器的主机名、DNS 地址或 IP 地址
SERVER_PORT	接受请求的服务器端口号
SERVER_PORT_SECURE	如果接受请求的服务器端口为安全端口时，则为 1，否则为 0
SERVER_PROTOCOL	服务器使用的协议的名称和版本
SERVER_SOFTWARE	应答请求并运行网关的服务器软件的名称和版本
URL	提供 URL 的基本部分

4.2.2　ClientCertificate 集合

ClientCertificate 集合是所有客户证书的信息的集合。使用格式如下：

```
Request.ClientCertificate(key[SubField])
```

其中，对于参数 Key，该集合具有如表 4-3 所示的关键字。

表 4-3　ClientCertificate 集合关键字

关　键　字	说　　明
Subject	证书的主题。包含所有关于证书收据的信息。能和所有的子域后缀一起使用
Issuer	证书的发行人。包含所有关于证书验证的信息。除了 CN 外，能和所有的子域后缀一起使用
VadidFrom	证书发行的日期。使用 VBScript 格式
ValidUntil	该证书不在有效的时间
SerialNumber	包含该证书的序列号
Certificate	包含整个证书内容的二进制流，使用 ASN.1 格式

此外，对于 SubField，Subject 和 Issuer 关键字还可以具有如表 4-4 所示的子域后缀（如 SubjectOU 或 IssuerL）。

当文件 cervbs.inc（VBScript 使用）或 cerjavas.inc（Jscript 使用）通过使用#include 包含在 ASP 中时，下面两个标志可以使用：

（1）ceCertPresent

指明客户证书是否存在，其值为 TRUE 或 FALSE。

（2）ceUnrecongnizedIssure

指明在该链表中最后的证书发行者是否未知，其值为 TRUE 或 FALSE。

表 4-4　子域后缀

子 域 后 缀	说　　明
C	起源国家
O	公司或组织名称
OU	组织单元
CN	用户的常规名称
L	局部
S	州（或省）
T	个人或公司的标题
GN	给定名称
I	初始

4.2.3 【任务 15】获取 ASP 环境信息

本任务中，将通过 Request 对象的 ServerVaribles 集合来显示 ASP 环境信息，浏览效果如图 4-8 所示。

图 4-8　获取客户端信息

在本例的实现过程中，将学习 Request 对象的 ServerVaribles 集合和 ClientCertificate 集合的应用。

创建名为 ServerVar.asp 的 ASP 脚本文件，内容如下：

```
<%@LANGUAGE="VBSCRIPT" CODEPAGE="65001"%>
```

```
<!DOCTYPE html PUBLIC "-//W3C//DTD XHTML 1.0 Transitional//EN"
"http://www.w3.org/TR/xhtml1/DTD/xhtml1-transitional.dtd">
<html xmlns="http://www.w3.org/1999/xhtml">
<head>
<meta http-equiv="Content-Type" content="text/html; charset=utf-8" />
<title>获取ASP环境信息</title>
</head>

<body>
<%
    '获取发出请求的客户机IP地址
    ADDR=request.ServerVariables("REMOTE_ADDR")
    '获取URL的基本部分
    URL=request.ServerVariables("URL")
    '获取脚本文件的名称
    NAME1=request.ServerVariables("SERVER_NAME")
    '获取应答请求并运行网关的服务器软件的名称和版本
    SOFTWARE=request.ServerVariables("SERVER_SOFTWARE")
    '通过由虚拟至物理的映射后得到的脚本文件路径
    TRANSLATED=request.ServerVariables("PATH_TRANSLATED")
%>

发出请求的客户机IP地址：<%=ADDR%><br>
发出请求的URL的基本部分：<%=URL%><br>
请求的脚本文件的名称<%=NAME1%><br>
应答请求并运行网关的服务器软件的名称和版本：<%=SOFTWARE%><br>
脚本文件物理路径<%=TRANSLATED%><br>
</body>
</html>
```

上面的代码中，通过Request的ServerVaribles集合来获取各种ASP环境信息，网页浏览效果如图4-8所示。

4.3 Response对象的应用

4.3.1 Response对象简介

Response对象用来访问所创建的并返回客户端的响应。可以使用Response对象控制发送给用户的信息，包括直接发送信息给浏览器、重定向浏览器到另一个URL或设置cookie的值。Response对象为脚本提供了标识服务器和性能的HTTP变量，发送给浏览器的信息内容和任何将在 cookie 中存储的信息。Response 对象还提供了一系列用于创建输出页的方法，如前面多次用到的 Response.Write 方法。

1. Response 对象的集合

Response 对象只有一个集合——Cookies，该集合设置希望放置在客户系统上的 Cookie 的值，它对应于 Request.Cookies 集合。

Response 对象的 Cookies 集合用于在当前响应中，将 Cookies 值发送到客户端，该集合访问方式为只写。

2. Response 对象的属性

Response 对象提供一系列的属性，通常这些属性由服务器设置，不需要设置它们。在某些情况下，可以读取或修改这些属性，使响应能够适应请求。Response 对象的常用属性如下所示。

（1）Buuffer

指明由一个 ASP 页所创建的输出是否一直存放在 IIS 缓冲区，直到当前页面的所有服务器脚本处理完毕或 Flush、End 方法被调用。使用格式如下：

```
Response.Buuffer=True | False
```

当缓冲页输出时，只有当前页的所有服务器脚本处理完毕或者调用了 Flush 或 End 方法后，服务器才将响应发送给客户端浏览器，服务器将输出发送给客户端浏览器后就不能再设置 Buffer 属性。Buuffer 属性设置必须在任何输出（包括 HTTP 报送信息）送住 IIS 之前。因此，在.asp 文件中，这个设置应该在<%@LANGUAGE=…%>语句后面的第一行。在 ASP 3.0 中，Buuffer 默认设置缓冲为开（True），而在早期版本中默认为关（False）。

（2）Charset="value"

在由服务器为每个响应创建的 HTTP Content-Type 报头中附上所用的字符集名称，格式如下：

```
Response.Charset="value"
```

例如：

```
Response.Charset="gb2312"
```

设置字符集为 gb2312。

（3）ContentType

指明响应的 HTTP 内容类型，内容类型告诉浏览器所期望内容的类型。使用格式如下：

```
Response.ContentType="MIME-type"
```

标准的 MIME 类型有 text/html、image/GIF、image/JPEG 和 text/plain 等。假如省略该值，表示使用 MIME 类型 text/html。

Response.ContentType 和 Response.Charset 应用比较少，通常是直接在<head>头中的<meta>标签中设置 ContentType 和 Charset 的内容。例如：

```
<meta http-equiv="Content-Type" content="text/html; charset=gb2312">
```

（4）Expires

指明页面有效的以分钟计算的时间长度，假如用户请求其有效期满之前的相同页面，将直接读取显示缓冲中的内容，这个有效期过后，页面将不再保留在用户或代理服务器的缓冲中。使用格式如下：

```
Response.Expires=value
```

Expires 属性指定了在浏览器上缓冲存储的页距过期还有多少时间。如果用户在某个页过期之前又回到此页，就会显示缓冲区中的页面。

例如：

```
Response.expires=0
```

上面的设置可使缓存的页面立即过期。Expires 属性是一个较实用的属性，当用户通过 ASP 的登录页面进入 Web 站点后，应该利用该属性使登录页面立即过期，以确保安全。

（5）ExpiresAbsolute

日期/时间型，指明一个页面过期和不再有效时的绝对日期和时间。使用格式如下：

```
Response.ExpiresAbsolute= #date [time]#
```

例如：

```
Response.ExpiresAbsolute= #2006-2-15 12:00:00#
```

设置页面失效时间为 2006 年 2 月 15 日 12 点。

（6）IsClientConnected

返回客户是否仍然连接和下载页面的状态标志，返回值为 True 或 False。

在当前的页面已执行完毕之前，假如客户转移到另一个页面，这个标志可用来中止处理（使用 Response.End 方法）。例如：

```
<%
if not response.IsClientConnected then
    response.End()
```

```
end if
%>
```

（7）PICS（"PICS-Label-string"）

创建一个 PICS 报头定义页面内容中的词汇等级，如暴力、性、不良语言等。

（8）Status="Code message"

设置页面状态描述，指明发回客户的响应的 HTTP 报头中表明错误或页面处理是否成功的状态值和信息。

例如：

```
<%
Response.Status = "401 Unauthorized"    '设置状态为 401 Unauthorized
%>
```

需要注意的是，当设置某些属性时，使用的语法可能与通常所使用的有一定的差异。

3．Response 对象的方法

Response 对象提供一系列的方法，方便直接处理为返回给客户端而创建的页面内容。常用的 Response 方法如下所示。

（1）AddHeader

AddHeader 用于创建一个定制的 HTTP 报头，并增加到响应之中，可以利用 Request 对象的 ServerVariable 集合来读取报头内容。使用格式如下：

```
Response.AddHeader ("name","content")
```

参数 name 和 Content 表示报头名称和对应的值。例如：

```
Response.AddHeader ("cache-control","private")
```

AddHeader 方法不能替换现有的相同名称的报头。一旦已经增加了一个报头就不能被删除。这个方法必须在任何页面内容被发往客户端前使用。

（2）在当前的 HTTP 输出流中写入 Variant 类型的 SafeArray，而不经过任何字符转换。使用格式如下：

```
Response.BinaryWrite(safeArray)
```

BinaryWrite 方法对于写入非字符串的信息，例如，定制的应用程序请求的二进制数据或组成图像文件的二进制字节，是非常有用的。

（3）End

让 ASP 结束处理页面的脚本，并返回当前已创建的内容，然后放弃页面的任何进一步处理，停止页面编译，并将已经编译内容输出到浏览器。使用格式如下：

```
Response.End
```

例如：

```
<%
    response.write time()
    response.end        '程序执行显示到此结束
    response.write time()
%>
```

（4）Clear

当 Response.Buffer 为 True 时，Clear 方法从 IIS 响应缓冲中删除现存的缓冲页面内容。但不删除 HTTP 响应的报头，可用来放弃部分完成的页面。使用格式如下：

```
Response.Clear()
```

该方法的主要作用是清除缓冲区中的所有 HTML 输出，但该方法只清除响应正文而不清除响应标题。该方法和 End 方法相反，End 是到此结束返回上面的结果，而 Clear 却是清除上面的执行结果，然后只返回下面的结果。

```
<%
    response.write time()
    response.clear                  '以上程序到此全部被清除
    response.write time()
%>
```

（5）Flush

发送 IIS 缓冲中所有当前缓冲页给客户端。当 Response.Buffer 为 True 时，可以用来发送较大页面的部分内容给个别的用户。使用格式如下：

```
Response.Flush()
```

（6）Redirect

通过在响应中发送一个"302 Object Moved"HTTP 报头，指示浏览器根据字符串 url 下载相应地址的页面。停止当前页面的编译或输出，转到指定的页面。使用格式如下：

```
Response.Redirect("url")
```

例如：

```
Response.Redirect("http://www.sina.com.cn")
```

上面语句执行时将停止当前网页的编译或输出，跳转到新浪网（http://www.sina.com.cn）首页。

（7）Write

在当前的 HTTP 响应信息流和 IIS 缓冲区写入指定的字符，使之成为返回页面的一部分。Write 方法是 Response 中使用得最多的方法，它将信息直接从服务器端发送到客户端，达到在客户端动态显示内容的目的。

Write 方法使用格式如下：

```
Response.Write("string")
```

Response.Write 后面是要发送到客户端所显示的信息，可以用括号包含，也可以直接书写（注意和 Response.Write 之间有空格）。如果 string 为字符串信息或者 HTML 代码相关，用引号包含；而 ASP 本身的函数或变量则不需要，直接用即可。并且无论字符串信息、HTML 代码、函数还是变量之间进行连接都采用&号（针对 vbscript）。

例如：

```
<%
for i=1 to 6
    Response.Write("<h"&i&">"&"ASP 教程"&"</h"&i&">")
next
%>
```

上面代码将在页面中依次使用标题格式 h1~h6 输出文字"ASP 教程"，如图 4-9（a）所示，通过 Response.Write 方法生成的源代码如图 4-9（b）所示。

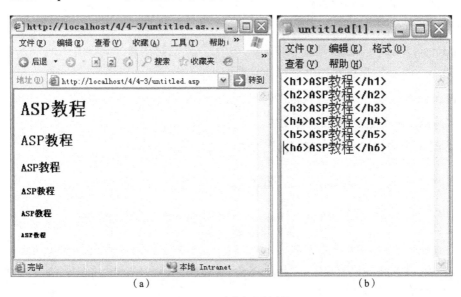

图 4-9　动态标题文字

同样，其他的 ASP 内容也可以通过 Response.Write 方法输送到客户端，例如，动态输出的表格、数据库记录等。

Response.Write 有一种省略用法,就是之前常用的<%=...%>方式,这种方式实际上相当于如下的脚本段。

```
<%
    Response.Write(…)
%>
```

4.3.2 客户端脚本对事件的响应

在 ASP 的动态交互中,经常有一些工作会要求在客户端进行,例如,对数据的校验,检查用户名和密码是否符合要求等。这些工作如果提交到服务器端来进行,则会耗费大量网络资源,给服务器造成很大的负担。此外,还有些工作只能在客户端完成,因此,这就需要编写能够在客户端进行工作的脚本。

1. 处理表单内对象的事件

客户端脚本通常写在<script>中,以过程或函数的方式存在。当发生某一事件时,浏览器会自动调用相应的过程或函数进行处理。

客户端的事件通常来源于<form>表单中的控件元素,例如,按钮被单击(onClick)、文本框或列表项内容改变(onChange)等。常用的表单控件事件有如下几种。

onChange:控件内容改变时发生。

onClick:控件被单击时发生。

onDblClick:控件被双击时发生。

onMouseDown:鼠标按键按下时发生。

onMouseMove:鼠标在控件上移动时发生。

onMouseOut:鼠标移出对象范围时发生。

onKeyPress:键盘按键按下时发生。

下面是一个简单的对输入的数据进行客户端验证的案例。

```
<%@LANGUAGE="VBSCRIPT" CODEPAGE="65001"%>
<!DOCTYPE html PUBLIC "-//W3C//DTD XHTML 1.0 Transitional//EN"
"http://www.w3.org/TR/xhtml1/DTD/xhtml1-transitional.dtd">
<html xmlns="http://www.w3.org/1999/xhtml">
<head>
<meta http-equiv="Content-Type" content="text/html; charset=utf-8" />
<title>输入验证</title>

<script language="vbscript">
'过程 button1_onclick 用于响应按钮 button1 的 onclick(单击)事件
```

```
sub button1_onclick
  dim theform
  set theform = document.validform        '获取当前文档中的表单 validform
  if isnumeric(theform.text1.value) then  '检查表单中的对象 text1 的值
value 是否是数字
         '检查表单中的对象 text1 的值 value 是否在范围 1～10 之间
    if theform.text1.value < 1 or theform.text1.value > 10 then
      msgbox "请输入一个 1 到 10 之间的数字。"   '调用 msgbox 函数弹出消息
    else
      msgbox "正确。"
    end if
  else
    msgbox "请输入一个数字。"
  end if
end sub
</script>
</head>
<body>
<h3>输入验证</h3><hr>
<form name="validform">
请输入一个 1～10 之间的数字：
<input name="text1" type="text" >
<input name="button1" type="button" onClick="button1_onclick" value="提交">
</form>
</body>
</html>
```

上面的案例运行后的效果如图 4-10 所示。

图 4-10　输入验证

在浏览网页时，当按钮被单击后，将通过下面的代码来响应鼠标单击（onClick）事件。

```
<input name="button1" type="button" onClick="button1_onclick" value="提交">
```

由于设置了 onClick="button1_onclick"，因此，按钮单击事件发生时，将调用客户端脚本过程 button1_onclick 进行处理。

在 button1_onclick 过程中，文本框 Text1 的 Value 属性被用于检查输入值。要使用文本框的 Value 属性，在代码中必须引用文本框的名称。每次引用文本框时都应写出全称，即 Document.ValidForm.Text1。但是，当多次引用窗体控件时，这样比较烦琐。因此，过程中首先声明一个变量 theform，然后使用 Set 语句将表单 Document.ValidForm 赋给变量 TheForm，这样就能使用 TheForm.Text1 引用文本框。常规的赋值语句（如 Dim）对表单对象无效，必须使用 Set 来保持对对象的引用。

在程序中，还用到了 msgbox 函数来显示消息，该函数用于在客户端弹出一个消息对话框，将 msgbox 函数中的信息显示出来。下面这一句即对应于图 4-10 中的消息对话框。

```
msgbox "请输入一个 1～10 之间的数字。"
```

此外，还可以在窗体中提供内部代码以响应窗体中对象的事件。例如，以下示例在窗体中嵌入脚本代码以响应窗体中按钮的单击事件：

```
<!DOCTYPE html PUBLIC "-//W3C//DTD XHTML 1.0 Transitional//EN"
"http://www.w3.org/TR/xhtml1/DTD/xhtml1-transitional.dtd">
<html xmlns="http://www.w3.org/1999/xhtml">
<head>
<meta http-equiv="Content-Type" content="text/html; charset=utf-8" />
<title>测试按钮事件</title>
</head>
<body>
<form name="form1">
   <input type="button" name="button1" value="单击">

    <!--用嵌入表单内的脚本来检查按钮单击事件-->
   <script for="button1" event="onclick" language="vbscript">
      msgbox "按钮被单击！"
   </script>
</form>
</body>
</html>
```

大多数脚本代码通常都是在 sub 或 function 过程中，仅在其他代码要调用它时执行。

然而，也可以将 VBScript 代码放在过程之外、Script 块之中。这类代码仅在 html 页面加载时执行一次，这样就可以在加载 Web 页面时初始化数据或动态地改变页面的外观。

2．验证后将数据传递到服务器

前面的"输入验证"案例使用的是普通按钮控件，不能将表单内容提交到服务器。如果使用 Submit 按钮，所有数据都会被立即传送到服务器，示例将不会看到数据来进行检查。避免使用 Submit 按钮则可以检查数据，但不能向服务器提交数据。如果需要提交数据则需要再添加一段代码，如下所示：

```
<SCRIPT LANGUAGE="VBScript">
Sub Button1_OnClick
  Dim TheForm
  Set TheForm = Document.ValidForm
  If IsNumeric(TheForm.Text1.Value) Then
    If TheForm.Text1.Value < 1 Or TheForm.Text1.Value > 10 Then
      MsgBox "请输入一个 1～10 之间的数字。"
    Else
      MsgBox "谢谢。"
      TheForm.Submit                  ' 数据输入正确，传递到服务器
    End If
  Else
    MsgBox "请输入一个数字。"
  End If
End Sub
</SCRIPT>
```

在数据输入正确时，程序通过语句"TheForm.Submit"来调用表单对象的 Submit 方法，将数据传递到服务器。除非在数据被传递到服务器之前判断其正误，否则服务器将处理数据，而不论其正确与否。

注意，代码中的 ValidForm 需要用实际的表单名称替换，Text1 是表单中输入文本框的名称。

4.3.3 【任务 16】网页跳转

本任务中，将实现通过表单中的列表选项来跳转到指定的网页，效果如图 4-11 所示。

在本任务的实现过程中，将学习 Response 对象，以及表单的控件事件代码的实现。

本任务由两个文件构成，分别是前台网页文件 pagechange.htm 和后台脚本文件 change.asp。

（c） （b）

图 4-11 网络导航

前台网页文件 pagechange.htm 的内容如下：

```
<!DOCTYPE html PUBLIC "-//W3C//DTD XHTML 1.0 Transitional//EN"
"http://www.w3.org/TR/xhtml1/DTD/xhtml1-transitional.dtd">
<html xmlns="http://www.w3.org/1999/xhtml">
<head>
<meta http-equiv="Content-Type" content="text/html; charset=utf-8" />
<title>网页跳转</title>

</head>
<!--定义客户端过程 selectchange,响应列表元素 onChange 事件-->
<script language="vbscript" >
'响应列表选项改变事件
sub selectchange
    form1.submit            '提交表单
end sub
</script>


<body>
<form id="form1" name="form1" method="post" action="change.asp">
  <table width="160" border="1" cellpadding="0" cellspacing="0">
    <tr>
      <td width="160" height="23" align="center" background="../../
```

```
images/title_bg_show.gif"><b><font color="#003399">== 网 络 导 航 ==</font>
</b></td>
    </tr>
    <tr>
        <td><select  name="select" onchange="selectchange">
            <option>———教育科研———</option>
            <option value="http://www.bjeea.cn">北京教育考试院</option>
            <option value="http://www.bjeeic.org">北京教育考试指导中心</option>
            <option value="http://www.pku.edu.cn">北京大学</option>
            <option value="http://www.tsinghua.edu.cn">清华大学</option>
        </select></td>
    </tr>
  </table>
</form>

</body>
</html>
```

后台脚本文件 change.asp 的内容如下：

```
<%@LANGUAGE="VBSCRIPT" CODEPAGE="65001"%>
<%
    response.buffer=true
    where=request.form("select")           '获取提交的信息
    Select Case where                       '通过 Select Case 语句来选择跳转的网页
    case "http://www.bjeea.cn"
        Response.Redirect "http://www.bjeea.cn"         '网页跳转
    case "http://www.bjeeic.org"
        Response.Redirect"http://www.bjeeic.org"        '网页跳转
    case "http://www.pku.edu.cn"
        Response.Redirect  "http://www.pku.edu.cn"      '网页跳转
    case "http://www.tsinghua.edu.cn"
        Response.Redirect"http://www.tsinghua.edu.cn"   '网页跳转
    End Select
%>
```

前台网页文件 pagechange.htm 在浏览器中打开时如图 4-11（a）所示，当用户通过鼠标选择，改变列表项时，列表项 Select 发生 onchange 事件，该事件将调用客户端脚本过程 selectchange。过程中通过语句"form1.submit"提交表单内容到服务器脚本文件 change.asp 进行处理。

在脚本文件 change.asp 中，先通过下面的语句获取客户端所提交消息中的 Select 对应的值。

```
where=request.form("select")                        '获取提交的信息
```

然后，再通过 Select Case 语句来选择执行对应该 select 值的代码。最后，通过 Response.Redirect 方法跳转到相应的网页。

4.4 Cookie 在网站中的应用

4.4.1 Cookie 简介

Cookie 是 Web 服务器保存在客户端的一段数据文本。Cookie 允许一个 Web 站点在客户端的计算机上保存信息并在以后再取回它。可以用 Cookie 临时保存用户的账号和口令，ASP 可以随时读取，验证用户的合法性；也可以将用户的浏览状态保存在 Cookie 中，下次用户再访问网页时，由 ASP 向浏览器显示个性化页面。

从本质上来说，Cookie 其实是一个标签，经常可能听到的中文翻译：小舔饼。当用户访问一个需要存储 Cookie 的 Web 站点时，网站会在用户的硬盘上留下一个标记，下一次用户访问同一个站点时，站点的页面会查找这个标记，并执行相应内容。

每个 Web 站点都有自己不同的标记，标记的内容可以随时读取，但只能由该站点的页面完成。通常，服务器端会为每一个访问者产生一个唯一的 ID，然后以 Cookie 文件的形式保存在每个用户的机器上。如果使用 IE 浏览器访问 Web，将会看到所有保存在用户硬盘上的 Cookie。每个站点的 Cookie 与其他所有站点的 Cookie 存在同一文件夹中的不同文件内。通常存放的地方是 C:\windows\Cookies 目录下，在 Windows 2000 以上版本系统中则是 C:\Documents and Settings\用户名\Cookies 目录下。

有一点需要注意，Cookie 的个数并非可以是无限多个，在客户端的 Cookie 最多可以保存 300 个，其中，对于同一服务器端所保存的 Cookie 不能超过 20 个。

一个 Cookie 就是一个唯一标识客户的标记，Cookie 可以包含在一个对话期或几个对话期之间某个 Web 站点的所有页面共享的信息，使用 Cookie 还可以在页面之间交换信息。这项功能经常被使用在要求认证客户密码以及电子公告板、Web 聊天室等 ASP 程序中。

通过 Cookie，设计者能实现许多有意义的功能。例如，可以在站点上放置一个调查问答表，询问访问者最喜欢的颜色和字体，然后根据这些定制用户的 Web 界面。并且，还可以保存访问者的登录密码，这样，当访问者再次访问这个站点时，不用再输入密码进行登录。

当然，Cookie 也有一些不足。首先，由于利用 Cookie 的功能可以编程实现一些不良企图，所以大多数的浏览器中都有安全设定，其中可以设置是否允许或者接受 Cookie（如在 IE 浏览器中，通过对 "工具" → "Internet 选项..." → "安全" → "自定义级别" → "Cookie 的使用" 项进行设置，就可以对 Cookies 进行限制），因此这就不能保证随时能使用 Cookie。

此外，用户可能有意或者无意地删除 Cookie，当用户重新格式化硬盘、安装系统后，原来保存的 Cookie 将全部丢失。最后一点，有一些较老的浏览器并不能支持 Cookie。

4.4.2 创建 Cookie

Cookie 的创建可以通过 Response 对象的 Cookies 集合来进行，创建 Cookie 的基本语法如下：

```
Response.Cookies(cookie)[(key)|.attribute]=value
```

其中，参数 cookie 是指定 cookie 的名称。而如果指定了 key，则表示该 cookie 是一个集合，它包含多个内容。对于 attribute，可以使用属性 HasKeys 来确定一个 Cookie 是否是一个集合，HasKeys 的值为 True 或 False。可以通过下面的语句来判断一个 cookie 是否为一个集合，

```
<%=Request.Cookies("cookiename").HasKeys%>
```

如果显示值为 True 表示 Cookie 是集合，如果是 False 则不是集合。

参数 Attribute 指定 cookie 自身的有关信息。Attribute 参数可以是下列之一。

1. Domain

若 Domain（域）被指定，则 cookie 将被发送到对该域的请求中去。域属性表明 cookie 由哪个网站产生或者读取，默认情况下，cookie 的域属性设置为产生它的网站，但也可以根据需要改变它。

例如：

```
Response.Cookies("CookieName").Domain = "www.mydomain.com"
```

上面的代码将改变名为 CookieName 的 Cookie 的域为 www.mydomain.com。

2. Path

Path 表示路径，该属性可以实现更多的安全要求，通过设置网站上精确的路径，就能限制 cookie 的使用范围。如果未设置该属性，则使用应用程序的路径。

例如：

```
Response.Cookies("CookieName").Path = "/aspteach"
```

上面语句将设置名为 CookieName 的 Cookie 路径为网站根目录下的 aspteach 目录中。

3. Expires

Expires 用于指定 Cookie 的过期日期。为了在会话结束后将 Cookie 存储在客户端磁

盘上，或在许多时候，希望能更长时间地在访问者的计算机上保存 Cookie。这可以通过设置 Expires 来完成。若此项属性的设置未超过当前日期，则在任务结束后 Cookie 将到期。

例如：

```
Response.Cookies("CookieName").Expires=#2006-3-10#
```

上面的代码，将设置名为 CookieName 的 Cookie 的使用到期时间为 2006 年 3 月 10 日。

```
Response.Cookies("CookieName").Expires=Date+365
```

上面的代码，将设定 Cookie 的过期时间为当前时间后 30 天。

下面来看几个创建 Cookies 的语句。

```
Response.Cookies("aspcookie")="asp"
```

上面的代码将会在用户的计算机中创建一个 Cookie，名为 aspcookie，值为 asp。

```
Response.Cookies("UserName")=Request.Form("UserName")
```

执行下面的代码将会在访问者的计算机中创建一个 Cookie，名为 UserName，值为提交的表单中 UserName 变量的值。

当对一个 Cookie 通过子关键字赋予多个值时，就形成了 Cookie 集合，例如：

```
Response.Cookies("student")("name")="张凯"
Response.Cookies("student")("zkzh")="20050101235"
Response.Cookies("student")("sfzh")="11010119840109123"
```

4.4.3 读取 Cookie

可以通过 Request 对象的 Cookies 集合来获取 Cookie 信息。Cookies 用于获取客户端 Cookie 的集合，使用格式如下：

```
Request.Cookies(Cookiename[(key).Attribute])
```

其中，参数 Cookiename 指明返回哪一个 Cookie，Key 用于从 Cookie 集合中返回具有某一关键字的 Cookie 值。对于 Attribute，可以使用属性 HasKeys 来确定一个 Cookie 是否是一个集合，HasKeys 的值为 True 或 False。

例如：

```
user=Request.Cookies("username")
```

上面语句用于读取名为 username 的 Cookie 的值，并赋给变量 user。

如果客户端浏览器发送了两个同名的 Cookie，那么 Request.Cookie 将返回其中路径结构较深的一个。例如，如果有两个同名的 Cookie，但其中一个的路径属性为 /www/ 而

另一个为 /www/aspteach/，客户端浏览器会将两个 Cookie 都发送到 /www/ aspteach/ 目录中，因此，Request.Cookie 将只能返回第二个 Cookie。

在读取 Cookie 集合时，可以通过 For each 语句来循环获取集合里的 Cookie。下面是一个浏览 Cookie 集合的例子。

```
<%@LANGUAGE="VBSCRIPT" CODEPAGE="65001"%>
<!DOCTYPE html PUBLIC "-//W3C//DTD XHTML 1.0 Transitional//EN"
"http://www.w3.org/TR/xhtml1/DTD/xhtml1-transitional.dtd">
<html xmlns="http://www.w3.org/1999/xhtml">
<head>
<meta http-equiv="Content-Type" content="text/html; charset=utf-8" />
<title>浏览 Cookie</title>
</head>

<body>
<%
    '循环浏览 Cookies 集合
    For each cookie in Request.Cookies
        '检查所取得的 Cookie 是否具有多个键值
        if Not Request.cookies(cookie).HasKeys then
            '如果只有一个键值，则输出
            Response.write cookie & "=" & Request.Cookies(cookie)
            Response.write ("<br>")
        Else
            '如果有多个键值，则循环浏览该 Cookie 集合，并以蓝色文字输出 Cookie
            for each key in Request.Cookies(cookie)
                Response.write ("<font color=blue>")
                Response.write cookie & ".("&key&")" & "=" & Request.Cookies(cookie)(key)
                Response.write ("</font><br>")
            Next
        end if
    next
%>

</body>
</html>
```

4.4.4 【任务 17】"访问计数器"设计

本任务中，将通过 Cookie 来记录用户在一个月内访问本网站的总次数。在浏览器中的效果如图 4-12 所示。

（a）

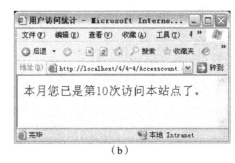
（b）

图 4-12 访问计数器

在本任务的实现过程中，将学习 Cookie 的使用。

创建名为 Visitnum.asp 的网页文件，输入如下内容：

```
<%@LANGUAGE="VBSCRIPT" CODEPAGE="65001"%>
<!DOCTYPE html PUBLIC "-//W3C//DTD XHTML 1.0 Transitional//EN" "http://www.w3.org/TR/xhtml1/DTD/xhtml1-transitional.dtd">
<html xmlns="http://www.w3.org/1999/xhtml">
<head>
<meta http-equiv="Content-Type" content="text/html; charset=utf-8" />
<title>用户访问统计</title>
</head>

<body>
<%
    Dim num
    num=request.cookies("visitnum")          '读取 Cookie
    if num > "0" then                        '如果不是第 1 次访问，则 num 大于"0"
        num=num+1                            '累计访问次数
        Response.write "<font color=blue size=5>您已是第"&num&"次访问本站点了。</font>"
    Else
        Response.write "<font color=red size=5>欢迎您首次访问本站。</font>"
        num=1                                '第 1 次访问，设置 num 为 1
        response.cookies("visitnum").expires=date+30   '设置记录 Cookie 时间为 30 天
    end if
    response.cookies("visitnum")=num         '设置 Cookie 值
%>
</body>
</html>
```

任务运行后的效果如图 4-12 所示。（程序说明参见代码注释。）

4.5 任务拓展训练

4.5.1 【任务 18】管理员登录窗口

在本任务中,将实现一个管理员登录窗口,如图 4-13 所示。在管理员登录时,如果输入了用户名和密码,则提交信息到检查密码的脚本文件进行检查。如果没有输入用户名或密码,则会出现相应的提示,并将光标移动到需要输入的文本框。

图 4-13 管理员登录

本任务由两个文件构成,分别是用于管理员登录的前台网页文件 adminlogin.htm 和进行密码检查的后台脚本文件 logincheck.asp。

前台网页文件 adminlogin.htm 的内容如下:

```
<!DOCTYPE html PUBLIC "-//W3C//DTD XHTML 1.0 Transitional//EN"
"http://www.w3.org/TR/xhtml1/DTD/xhtml1-transitional.dtd">
<html xmlns="http://www.w3.org/1999/xhtml">
<head>
<meta http-equiv="Content-Type" content="text/html; charset=utf-8" />
<title>管理员登录</title>

<script language="vbscript" >

sub btnsubmit_onclick
'验证姓名和密码是否不为空
   if form1.user.value<>"" then              '姓名不为空
     if form1.pwd.value<>"" then             '密码不为空
            form1.submit                     '提交表单
         else
```

```
                msgbox "请输入密码!"
                form1.elements("pwd").focus       '设置密码输入框得到焦点
            end if
        else
                msgbox "请输入姓名!"
                form1.elements("user").focus      '设置姓名输入框得到焦点
        end if
    end sub
    </script>

    </head>

    <body style="font-size:12px">

        <form id="form1" name="form1" method="post" action="logincheck.asp">
        <table width="261" border="1" align="center" bordercolor="#b7b7d7">
            <tr>
              <td height="33" colspan="2" bgcolor="#0099FF">
                    <font color="white"><b>[管理员登录]</b></font>
                    </td>
            </tr>
            <tr>
              <td width="80" height="30" align="center" bgcolor="d6dff7">用户名：</td>
              <td width="165" bgcolor="#e4edf9">
                    <input name="user" type="text" size="12" maxlength="16" />
                </td>
            </tr>
            <tr>
              <td height="30" align="center" bgcolor="d6dff7">密 码：</td>
              <td bgcolor="#e4edf9">
                <input name="pwd" type="password" size="12" maxlength="12" />
                </td>
            </tr>
            <tr>
              <td height="38" bgcolor="d6dff7"> </td>
              <td bgcolor="#e4edf9">
            <input name="btnsubmit" type="button" onclick="btnsubmit_onclick" value="提交" />
                    <input type="reset" name="reset" value="重置" /></td>
            </tr>
        </table>
        </form>
```

```
</body>
</html>
```

上面网页在浏览中,当用户单击"提交"按钮后,将调用客户端脚本中的 btnsubmit_onclick 过程进行文本框检查,如果密码或用户名没有输入,则弹出一个消息框进行提示,然后通过下面的语句将光标定位到相应的位置。

```
form1.elements("pwd").focus        '设置密码输入框得到焦点
form1.elements("user").focus       '设置姓名输入框得到焦点
```

如果密码和用户名均已输入,则通过下面的语句提交表单 form1。

```
form1.submit                       '提交表单
```

后台脚本文件 logincheck.asp 的内容如下:

```
<%@LANGUAGE="VBSCRIPT" CODEPAGE="65001"%>
<!DOCTYPE html PUBLIC "-//W3C//DTD XHTML 1.0 Transitional//EN"
"http://www.w3.org/TR/xhtml1/DTD/xhtml1-transitional.dtd">
<html xmlns="http://www.w3.org/1999/xhtml">
<head>
<meta http-equiv="Content-Type" content="text/html; charset=utf-8" />
<title>管理员登录</title>
</head>
<body>
<p>
  <%
    user=request.form("user")
    pwd=request.form("pwd")
      '判断密码和用户名是否正确
      if pwd="pass" and user="admin" then
%>
    用户名和密码正确.<br>
    欢迎<%=user%>进入本站。<br>
  <%
    else
%>
    用户名或密码错误,请重新输入!</p>
<p><a href="adminlogin.htm">单击这里返回登录页面。</a>
  <%
    end if
%>
</p>
</body>
```

```
</html>
```

在这个脚本文件中，通过 request.form 方法来获取用户提交的表单击信息。然后对获取的密码 pwd 和用户名 user 进行检查，如果正确，则显示欢迎文字，如果不正确，则提示错误，并在网页上显示返回登录页面的链接。

4.5.2 【任务 19】Google 搜索栏

在网络中，经常会用到一些搜索引擎（如 Google、百度、搜狐等）进行信息的搜索，对这些搜索引擎提交的信息进行分析，可以很容易地实现在网页中嵌入搜索栏进行网络信息的搜索。本任务中，将通过表单提交信息来调用 Google 搜索引擎进行网络信息搜索。效果如图 4-14 所示。

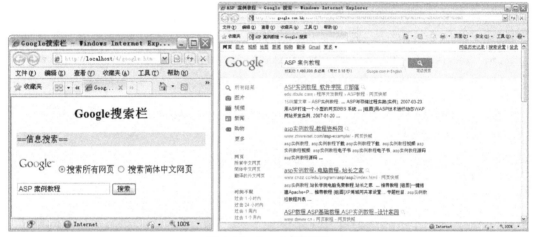

图 4-14　Google 搜索栏

任务中只有一个前台文件 google.htm，搜索的实现实际上是提交给 Google 网站去进行处理的。前台文件 google.htm 的内容如下：

```
<!DOCTYPE html PUBLIC "-//W3C//DTD XHTML 1.0 Transitional//EN"
"http://www.w3.org/TR/xhtml1/DTD/xhtml1-transitional.dtd">
<html xmlns="http://www.w3.org/1999/xhtml">
<head>
<meta http-equiv="Content-Type" content="text/html; charset=utf-8" />
<title>Google 搜索栏</title>
</head>
<body>
<h2 align="center">Google 搜索栏</h2>
<!--表单将被提交到 Google 的搜索页 http://www.google.com/search 去进行处理-->
<form action="http://www.google.com/search" method="get" target="_blank">
    <table width="100%" height="100"  border="0 bgcolor="#ffffff">
```

```
            <tr>
                <td height="25" align="left"  bgcolor="#d6dff7">==信息搜索==</td>
            </tr>
            <tr>
                <td   align="left" >
                    <!--这里的图片是通过 URL 显示网络上的 Google 网站的图标-->
                    <p>
                    <a href="http://www.google.com/">
        <img    src="http://www.google.com/logos/Logo_25wht.gif"    alt="Google" border="0" /></a>
                    <input name=lr type=radio  checked="checked" >搜索所有网页
                    <input name=lr type=radio value=lang_zh-CN >搜索简体中文网页
                    </p>
                    <p>
                        <input maxlength="255" size="25" name="q" />
                        <input type="submit" value="搜索" name="sa" />
                    </p>
                </td>
            </tr>
        </table>
    </form>
    </body>
    </html>
```

4.5.3 【任务20】用户个性化设置

本任务中将通过 Cookie 记录用户设置的网页信息,在用户下次登录时自动通过 Cookie 中存储的信息对网页进行设置,效果如图 4-15 所示。

图 4-15 用户个性化设置

本任务由两个文件构成，分别是用于用户进行设置和 Cookie 检查的前台网页文件 checkcookies.asp 和进行个性化设置演示的后台文件 color.asp。

前台网页文件 checkcookies.asp 的内容如下：

```
<%@LANGUAGE="VBSCRIPT" CODEPAGE="65001"%>
<!DOCTYPE html PUBLIC "-//W3C//DTD XHTML 1.0 Transitional//EN"
"http://www.w3.org/TR/xhtml1/DTD/xhtml1-transitional.dtd">
<html xmlns="http://www.w3.org/1999/xhtml">
<head>
<meta http-equiv="Content-Type" content="text/html; charset=utf-8" />
<title>用户个性化设置</title>
</head>

<body>
<%
    '获取提交的表单信息
    bgcolor = Request.Form("bgcolor")
    fgcolor = Request.Form("fgcolor")
    pwd = Request.form("pwd")

    '如果提交的信息不为空，则将其存储到Cookie集合check中。
    If bgcolor <>"" or fgcolor <>"" then
        Response.Cookies("check")("bgcolor") = bgcolor
        Response.Cookies("check")("fgcolor") = fgcolor
        Response.Cookies("check")("pwd") = pwd
        Response.Cookies("check").Expires=#2012-2-1#
    End if

    '读取cookie
    bgcolor = request.cookies("check")("bgcolor")
    fgcolor = request.cookies("check")("fgcolor")
    pwd = request.cookies("check")("pwd")

    '如果cookie在用户的计算机上不存在，就创建一个表单，询问相关信息
    If bgcolor ="" and fgcolor ="" and pwd="" then
%>
<h2 align="center">用户个性化设置</h2>
<Form action="checkcookies.asp" method="POST">
  <table border="1" cellspacing="0" align="center">
        <tr>
          <td>背景色：</td>
          <td><input type="text" name="bgcolor"></td>
        </tr>
```

```
        <tr>
          <td>前景色:</td>
          <td><input type="text" name="fgcolor"></td>
        </tr>
        <tr>
          <td>密 码:</td>
          <td><input type="password" name="pwd"></td>
        </tr>
        <tr>
          <td colspan="2"align="center" ><input name="submit" type="submit" value="提交"></td>
        </tr>
      </table>
  </Form>

  <%
    End if
    '如果cookie已经存在，并且bgcolor存在，就跳转到color.asp
    If bgcolor <> "" then
         Response.Redirect "color.asp"
    End if
  %>

</body>
</html>
```

后台文件 color.asp 的内容如下：

```
<%@LANGUAGE="VBSCRIPT" CODEPAGE="65001"%>
<!DOCTYPE html PUBLIC "-//W3C//DTD XHTML 1.0 Transitional//EN" "http://www.w3.org/TR/xhtml1/DTD/xhtml1-transitional.dtd">
<html xmlns="http://www.w3.org/1999/xhtml">
<head>
<meta http-equiv="Content-Type" content="text/html; charset=utf-8" />
<title>用户个性化设置</title>
</head>

<%
    '获取 Cookie 信息
    bgcolor=request.cookies("check")("bgcolor")
    fgcolor=request.cookies("check")("fgcolor")
    pwd=request.cookies("check")("pwd")
    '如果前景色和背景色不为空
    if bgcolor<>"" and fgcolor<>"" then
```

```
        '设置网页背景色和文字颜色
        response.write("<body bgcolor="&bgcolor&"><font color="&fgcolor&">")
    else
        response.write("<body><font color=black>")
    end if
%>
    <h2 align="center">你的密码是：<%=pwd%></h2>
<%
    response.write("</font></body>")
%>
</html>
```

在这个任务中，当用户打开前台文件 checkcookies.asp 时，将通过下面的语句先去查找相关的 Cookie 信息。

```
bgcolor = request.cookies("check")("bgcolor")
fgcolor = request.cookies("check")("fgcolor")
pwd = request.cookies("check")("pwd")
```

如果找到则跳转到后台文件 color.asp，通过 Cookie 设置网页的背景色和前景色。

如果没有则显示一个表单提示用户输入需要设置的信息，再通过"提交"按钮将这些信息通过下面的语句存储到 Cookie 中。

```
Response.Cookies("check")("bgcolor") = bgcolor
Response.Cookies("check")("fgcolor") = fgcolor
Response.Cookies("check")("pwd") = pwd
Response.Cookies("check").Expires=#2010-2-1#
```

然后，再读取 Cookie 中的信息将执行相应动作。

习题 4

1．填空

（1）在 ASP 中提交用户请求时，通常由_____产生请求，_____处理请求。

（2）_____对象和_____对象可以直接映射访问 Web 服务器是客户端的两个行为，即发送信息到客户端和接收客户端提交的信息

（3）如果没有写明 Request 对象的参数，ASP 会自动依次按_____ _____顺序来获取信息。

（4）Request 对象的_____集合与_____集合是 Request 中使用最多

的两个集合，用于获取从客户端发送的查询字符串或表单<Form>的内容。

（5）用户提交的 URL "http://localhost/asptech/Request.asp?str1=val1& str1=val2"的含义是_____。

（6）<input>标签的 type 属性允许指定输入类型，可以是：_____、_____、_____、_____、_____、_____和_____。

（7）使用 POST 方式提交的表单，可以通过 Request 对象的_____集合来获取信息；使用 GET 方式提交的表单，可以通过 Request 对象的_____集合来获取信息。

（8）Request 的 ServerVaribles 集合的环境变量_____可用于获取客户端 IP 地址。

（9）Response 对象的_____方法可以实现网页跳转。

（10）Response 对象的_____属性用于获取客户是否仍然连接和下载页面的状态标志。

（11）_____集合可用于获取 Cookie 中的信息。

（12）Cookie 允许一个 Web 站点在_____的计算机上保存信息并在以后再取回它。

2．程序设计

（1）仿照"管理员登录窗口"任务设计一个成绩查询时的"考生登录"程序，如图 4-16 所示。当用户没有输入姓名、准考证号和身份证号时，弹出 msgbox 进行提示。

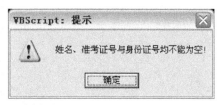

图 4-16　程序样图

（2）仿照"网页跳转"程序设计一个导航网页，页面中有三个不同的选项列表，如图 4-17 所示。要求通过用户的选择，跳转到不同的页面。

图 4-17　程序样图

（3）仿照"上网调查表"设计一个注册页面，如图4-18所示。在用户提交后，可以在后台文件中显示出用户输入的信息。

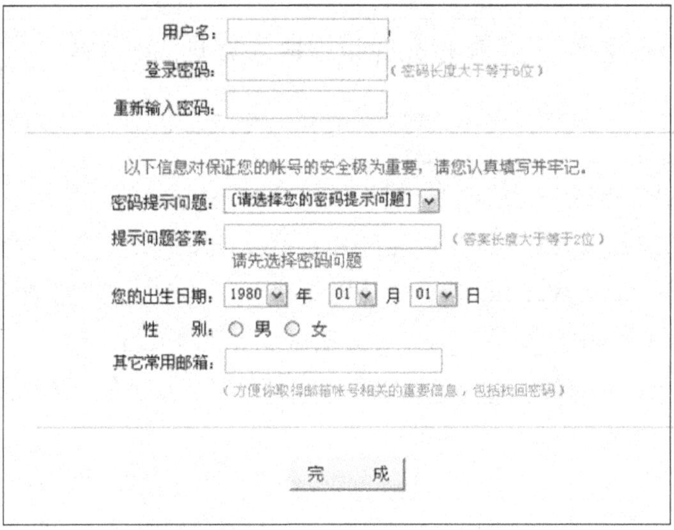

图 4-18　程序样图

（4）仿照"用户个性化设置"任务设计一个用户欢迎页面，Cookie中记录用户的姓名、性别、出生日期等信息，当用户在生日当天打开页面时，能显示出"生日快乐"文字。

CHAPTER5 第 5 章

Session、Application 和 Server 对象

5.1 Session 对象及其应用

5.1.1 Session 对象简介

　　HTTP 协议是无状态的，即信息无法通过 HTTP 协议本身进行传递。为了跟踪用户的操作状态，ASP 使用 Session 对象来实现这一功能。当用户登录网站，系统将为其生成一个独一无二的 Session 对象，用以记录该用户的个人信息，一旦该用户退出网站，那么该 Session 对象将会注销。Session 对象可以绑定若干个用户信息或者 ASP 对象，不同 Session 对象的同名变量是不会相互干扰的。

　　Session 可以用来储存访问者的一些喜好，例如：访问者是喜好绿色还是蓝色背景？这些信息可以依据 Session 来跟踪。

　　Session 还可以创建虚拟购物篮。无论什么时候用户在网站中选择了一种产品，那么这种产品就会进入购物篮，当用户准备离开时，就可以立即进行以上所有选择的产品的订购。这些购物信息可以被保存在 Session 中。

　　最后，Session 还可以用来跟踪访问者的习惯，可以跟踪访问者从一个主页到另一个主页，这样对于设计者对站点的更新和定位是非常有好处的。

　　Session 对象一般在服务器上设置了一个 10 分钟的过期时间，当客户停止活动后自动失效。Session 对象是一个 ASP 内置对象，它在第一个 ASP 页面被装载时自动创建，完成会话期管理。从一个客户打开浏览器并连接到服务器开始，到客户关闭浏览器离开这个服务器结束，被称为一个会话。当一个客户访问一个服务器时，可能会在这个服务器的几个页面之间反复连接，反复刷新一个页面，服务器应当通过某种办法知道这是同一个客户，这就需要 Session 对象。

当一个客户首次访问服务器上的一个 ASP 页面时，ASP 引擎产生一个 Session 对象，同时分配一个相应的 ID 号，ASP 引擎同时将这个 ID 号发送到客户端，存放在 Cookie 中，这样 Session 对象和客户之间就建立了一一对应的关系。当客户再访问连接该服务器的其他页面时，不再分配给客户新的 Session 对象，直到客户关闭浏览器后，服务器端该客户的 Session 对象才取消，并且和客户的会话对应关系消失。当客户重新打开浏览器再连接到该服务器时，服务器为该客户再创建一个新的 Session 对象。

Session 存在于访问者从到达某个特定主页到离开为止的那段时间。每一访问者都会单独获得一个 Session，在 Web 应用程序中，当一个用户访问该应用时，Session 类型的变量可以供这个用户在该 Web 应用的所有页面中共享数据；如果另一个用户也同时访问该 Web 应用，他也拥有自己的 Session 变量，但两个用户之间无法通过 Session 变量共享信息。Session 变量与特定的用户相联系，针对某一个用户赋值的 Session 变量是和其他用户的 Session 变量完全独立的，不会存在相互影响。

5.1.2　Session 对象的集合

Session 对象提供了两个集合，可以用来访问存储于用户的局部会话空间中的变量和对象。

1．Contents 集合

Contents 集合是存储于特定 Session 对象中的所有没有使用<OBJECT>元素进行定义的变量和其值的集合，包括 Variant 数组和 Variant 类型对象实例的引用。在网站开发中，Contents 集合直接应用不是很多，因为可以使用 Session("keyname")的方式来直接访问 Contents 集合中的变量量。例如，当用户通过下面的语句设置一个 Session 变量 username 时，该变量即加入到 Contents 集合中。

```
Session("username")="张凯"
```

上面的语句与下面使用 Contents 集合来设置变量的方式是等价的。

```
Session.Contents("username")="张凯"
```

2．StaticObjects 集合

StaticObjects 集合是通过使用<OBJECT>元素定义的、存储于这个 Session 对象中的所有变量的集合。

5.1.3　Session 对象的属性

Session 对象提供了四个属性 SessionID、Timeout、LCID 和 CodePag，其中使用最多

的是 SessionID。

1．SessionID

SessionID 是一个长整型只读属性，用于获取当前会话的会话标识（id），创建会话时，该标识符由服务器产生，返回当前会话的唯一标志，为每一个 Session 分配不同的编号。

SessionID 可以方便地对用户进行控制，例如，针对某个网站的一个模块，当一个会员登录后正在看此模块时，另一个人用同样的会员名登录，就不能浏览这个模块。也就是说同一个会员名同时只能一个人浏览此模块。此时可以通过用唯一会员名（设为UserID）和 SessionID 来实现控制。当会员登录时，通过下面的语句给该会员一个 Session 记录登录状态。

```
Session("Status")="Logged"
```

同时把该会员的 Session.SessionID 存储下来。当该会浏览此模块时，先判断其是否登录，若已经登录再判断它的 SessionID 是否与数据库记录的相同，如果不同则不能访问。这样，当另一个用户用相同的会员名登录时，那么数据库中记录的就是新的 SessionID，前者访问此模块时就不能通过检查。这就实现了一个会员名同时只能一个人浏览某个模块。这个功能对一些收费网站很有用，它防止了一个会员名给多个人浏览的问题。

2．Timeout

Timeout 用于为当前会话定义有效访问时间，以分钟为单位。如果用户在有效时间内没有进行刷新或请求一个网页，该会话结束。在各网页中根据需要可以修改。

3．CodePage

CodePage 用于定义在浏览器中显示页内容的代码页（CodePage）。代码页是字符集的数字值，不同的语言和场所可能使用不同的代码页。例如，ANSI 代码页 1252 用于美国英语和大多数欧洲语言。

4．LCID

LCID 用于定义发送给浏览器的页面地区标识（LCID）。LCID 是唯一地标识地区的一个国际标准缩写，例如，2057 定义当前地区的货币符号是'￡'。LCID 也可用于 FormatCurrency 等语句中，只要其中有一个可选的 LCID 参数。LCID 也可在 ASP 处理指令<%...%>中设置，并优先于会话的 LCID 属性中的设置。

5.1.4　Session 对象的方法

Session 对象允许从用户级的会话空间删除指定值，并根据需要中止会话。

1. Remove()

Session Remove 方法用于从 Session.Content 集合中删除变量。格式如下：

```
Session.Contents.Remove("variable_name")
```

参数 variable_name 表示将从 Session.Content 集合中删除的变量名。例如：

```
Session.Contents.Remove("username")
```

上面语句执行时将从 Session.Contents 集合中删除变量 username。

2. RemoveAll()

Session 对象 Contents 集合的 RemoveAll 方法用于从 Session.Content 集合中删除所有变量。格式如下：

```
Session.Contents. RemoveAll ()
```

3. Abandon()

Abandon 方法用于当网页在执行完成时，结束当前用户会话并撤销当前 Session 对象。格式如下：

```
Session. Abandon()
```

需要注意，在调用该方法以后，仍可访问当前页中的当前会话的变量。当用户请求下一个页面时才会启动一个新的会话，并建立一个新的 Session 对象（如果存在的话）。

5.1.5 Session 对象的事件

Session 对象在启动和结束时，触发两个事件 Session_OnStart 和 Session_OnEnd。这两个事件必须在 Global.asa 文件中定义，需要参考下一节的 Global.asa 文件进行学习。

1. Session_OnStart 事件

Session_OnStart 事件当用户会话启动时发生，在用户请求的网页执行之前。用于初始化变量、创建对象或运行其他代码。当对象的例程每一次启动时触发 Session_OnStart 事件，然后运行 Session_Onstart 事件的处理过程。也就是说，当服务器接收到应用程序中的 URL 的 HTTP 请求时，触发此事件，并建立一个 Session 对象。

2. Session_OnEnd 事件

Session_OnEnd 事件当用户会话结束时发生。从用户对应用程序的最后一个页面请求开始，如果已经超出预定的会话超时周期则触发该事件。

当调用 Session.Abandon 方法时或者在 TimeOut 的时间内没有刷新，这会触发 Session_OnEnd 事件，然后执行里面的脚本。

5.1.6 Session 对象的应用

当用户在网页间浏览时，某个网页的脚本变量只能在该网页内有效，一旦离开了该网页，即失去作用，如果需要在另一个网页中继续使用该变量，就可以通过 Session 来完成。

下面是一个 Session 应用案例，案例由两个文件构成，一个是设置 Session 变量的 addSession.asp 文件，另一个是检查 Session 变量的 checkSession.asp 文件。

addsesssion.asp 文件的内容如下：

```
<!--addSession.asp-->
<html>
<head>
<meta http-equiv="Content-Type" content="text/html; charset=gb2312" />
<title>设置 Session</title>
</head>
<%
    Session("id")=Session.Sessionid            '记录 Sessionid
    Session("Hello")="欢迎来到我的网站"         '设置 Session 变量 Hello
%>
<body>
<p>这个网页设置 Session 变量 Hello</p>
<p>转到<a href="checkSession.asp">下一页</a>
</p>
</body>
</html>
```

checkSession.asp 文件的内容如下：

```
<!--checkSession.asp-->
<html>
<head>
<meta http-equiv="Content-Type" content="text/html; charset=gb2312" />
<title>检查 Session</title>
</head>
<%
        '检查用户是否已经浏览过 adSession.asp 页
        if Session("id")<> Session.Sessionid then
        Response.Redirect "addSession.asp"        '如果没有，则转到 adSession.asp 页
        end if
%>
<body>
```

```
            <!--显示在 adSession.asp 页定义的 Session 变量 Hello 的内容-->
            <%=Session("Hello")%>
</body>
</html>
```

两个网页的浏览效果如图 5-1 所示。

图 5-1 Session 对象的应用

当用户浏览 adSession.asp 页面，将通过下面的语句创建两个 Session 变量，并赋值。

```
Session("id")=Session.Sessionid           '记录 Sessionid
Session("Hello")="欢迎来到我的网站"        '设置 Session 变量 Hello
```

当用户单击链接文字"下一页"，将跳转到 checkSession.asp 页。当进入 checkSession.asp 页，先通过下面的语句检查用户是否已经访问过 adSession.asp 页面。

```
if Session("id")<> Session.Sessionid then
    Response.Redirect "addSession.asp"  '如果没有，则转到 adSession.asp 页
end if
```

如果用户是直接进入该页，没有访问过 adSession.asp 页，此时的 Session("id")与 Session.Sessionid 不相等，则跳转到 adSession.asp 页面。

如果用户已经访问过 adSession.asp 页面，则显示文字"欢迎来到我的网站"。注意这一页没有赋值操作，这里的变量 Hello 和 id 的值是 adSession.asp 页面赋值。

这个案例演示了 Session 最普遍的用法，无法用普通的脚本变量来进行这种处理，因为一般的变量只在一个单个主页内有效，而 Session 变量在用户离开网站前一直存在生效。

其中，很重要的一点是 Session 变量是针对特定用户相联系的。针对某一个用户赋值的 Session 变量是和其他用户的 Session 变量完全独立的，不会存在相互影响。换句话说，这里面针对每一个用户保存的信息是每一个用户自己独享的，不会产生共享情况。例如，下面这个例子：

```
<%
```

```
Session("Myname")=Response.form("Username")
Session("Mycompany")=Response.form("Usercompany")
%>
```

很明显，对于不同的用户，Session 的 Myname 变量和 Mycompany 变量各自是不同的内容，每个人在网站的不同主页间浏览时，这种针对某个特定用户的变量会一直保留，这样作为身份认证是十分有效的。

5.1.7 【任务 21】"强制登录"应用设计

在本任务中，将通过 Session 对象实现强制用户进行登录，浏览效果如图 5-2 所示。用户如果不是从登录页 login.htm 进入，而是直接访问 inpage.asp 页面，则将跳转到登录页，强制用户登录。

图 5-2 密码验证

在本任务的实现过程中，将学习如何通过 Session 对象来在多个页面间交换用户信息。

本任务分为三个网页文件，分别是登录页面 login.htm、检查密码和记录 Session 的页面 checkSession.asp 和内部页面 inpage.asp。

login.htm 文件内容如下：

```
<!DOCTYPE html PUBLIC "-//W3C//DTD XHTML 1.0 Transitional//EN"
"http://www.w3.org/TR/xhtml1/DTD/xhtml1-transitional.dtd">
<html xmlns="http://www.w3.org/1999/xhtml">
<head>
<meta http-equiv="Content-Type" content="text/html; charset=utf-8" />
<title>强制登录</title>

</head>
```

```html
<body>
<h1 align="center">强制登录</h1>
<form id="form1" name="form1" method="post" action="checklogin.asp">
  <p>用户名:
    <input name="user" type="text" id="user" size="12" />
  </p>
  <p>密码:
    <input name="pwd" type="password" id="pwd" size="12" />
  </p>
  <p>
    <input type="submit" name="Submit" value="提交" />
  </p>
</form>
</body>
</html>
```

login.htm 页面供用户输入用户名和密码进行登录。

检查密码和记录 Session 的页面 checkSession.asp 内容如下:

```html
<!DOCTYPE html PUBLIC "-//W3C//DTD XHTML 1.0 Transitional//EN" "http://www.w3.org/TR/xhtml1/DTD/xhtml1-transitional.dtd">
<html xmlns="http://www.w3.org/1999/xhtml">
<head>
<meta http-equiv="Content-Type" content="text/html; charset=utf-8" />
<title>强制登录</title>
</head>

<body>
<h1 align="center">强制登录</h1>
<form id="form1" name="form1" method="post" action="checklogin.asp">
  <p>用户名:
    <input name="user" type="text" id="user" size="12" />
  </p>
  <p>密码:
    <input name="pwd" type="password" id="pwd" size="12" />
  </p>
  <p>
    <input type="submit" name="Submit" value="提交" />
  </p>
</form>
</body>
</html>
```

checkSession.asp 将对 login.htm 提交的用户信息进行验证，验证正确后，通过下面的语句记录用户的会话标识 SessionID 和用户名 user。

```
Session("id")=Session.SessionID
Session("user")=user
```

内部页面 inpage.asp 的内容如下：

```
<%@LANGUAGE="VBSCRIPT" CODEPAGE="65001"%>
<!DOCTYPE html PUBLIC "-//W3C//DTD XHTML 1.0 Transitional//EN"
"http://www.w3.org/TR/xhtml1/DTD/xhtml1-transitional.dtd">
<html xmlns="http://www.w3.org/1999/xhtml">
<head>
<meta http-equiv="Content-Type" content="text/html; charset=utf-8" />
<title>内部页面</title>
</head>
<%
    f=request.form("btnexit")
    if f<>"" then                       '如果"退出登录"按钮被单击，则 f 不为空
        Session.Abandon()               '取消 Session ，退出登录
        Response.Redirect "login.htm"
    end if
%>


<%
        '检查用户是否已经登录
        if Session("id")<> Session.Sessionid then
            Response.Redirect "login.htm"   '如果没有，则转到登录页
        end if
%>
<body>
欢迎<%=Session("user")%>光临本站。
<form name="form1" action="" method="post">
    <input name="btnexit" type="submit" value="退出登录">
</form>
</body>
</html>
```

如果用户已经登录，则显示欢迎文字的一个"退出登录"按钮，如果用户没有登录直接浏览此页，则将会跳转到登录页面。当用户单击"退出登录"按钮时，将会清空 Session 信息，跳转到登录页面。

5.2 Application 对象与 Server 对象的应用

5.2.1 Application 对象简介

Application 对象是应用程序级的对象，用来在所有用户间共享信息，并可以在 Web 应用程序运行期间持久地保持数据。

Application 对象主要用于存储应用程序信息。当服务器启动后就产生了 Application 对象，一旦创建了 Application 对象，除非服务器关闭，否则将一直保持下去。在 ASP 服务器运行时，仅有一个 Application 对象，它由服务器创建，也由服务器自动清除，不能被用户创建和清除，只能创建这个 Application 对象的同步复制。当客户在所访问网站的各个页面之间浏览时，所使用的 Application 对象都是同一个，直到服务器关闭。

从本质上来说，一个 ASP 应用程序就是在硬盘上的一组主页以及 ASP 文件，当 ASP 应用程序在服务器端启动时，就创建了一个 Application 对象，Application 对象拥有作为单个网页所无法拥有的属性。下面是 ASP 的 Application 的一些特性：数据可以在 Application 内部共享，因此可以覆盖多个用户；Application 包含可以触发某些 Application 脚本的事件，可以被整个 Application 共享。个别的 Application 可以用 Internet Service Manager 来设置而获得不同属性，单独的 Application 可以隔离出来在其自身的内存中运行，这就是说，如果某个用户的 Application 遭到破坏，不会影响其他人；可以停止一个 Application（将其所有组件从内存中驱除）而不会影响到其他应用。

与 Session 不同的是，Application 变量不需要 Cookies。网站不需要利用 Application 变量来跟踪用户进程。这就意味着使用起来很安心，可以适应任何浏览器。同时，Application 变量可以被多个用户共享，一个用户对 Application 变量的操作结果可以传递给另外的用户。

5.2.2 Application 对象的属性、方法与事件

1. Application 对象的属性

Application 对象没有内置的属性，但是设计者可以自行创建其属性，方法如下：

```
Application("属性名")=值
```

大部分 Application 变量都存放在 Contents 集合中，当创建一个新的 Application 属性时，其实就是在 Contents 集合中添加了一项变量。下面两个脚本是等效的：

```
<% Application("hello")="欢迎使用ASP案例教程" %>
<% Application.contents("hello")="欢迎使用ASP案例教程"
```

由于 Application 变量存储在集合里，所以如果想要全部显示，通常可以用 For Each 循环来实现。例如：

```
<%
For Each item In Application.Contents
    Response.write("<br>"&item&Application.Contents(item))
next
%>
```

2．Application 对象的方法：

Application 对象的方法只有两个方法：一个是 Lock，另一个是 Unlock。其中 Lock 方法用于保证同一时刻只能一个用户对 Application 进行操作。Unlock 则用于取消 Lock 方法的限制。例如：

```
<%
    Application.Lock
    Application("visitor_num")=Application("visitor_num")+1
    Application.Unlock
%>
```

这种方法主要是为了防止多个用户同时对共享的 Application 对象进行修改，而造成错误。

3．Application 对象的事件

Application对象有两个事件Application_OnStart()和Application_OnEnd()。Application_OnStart()事件在应用程序启动时触发，Application_OnEnd()事件在应用程序结束时触发。

Application 对象的事件过程都是必须定义在 Global.asp 文件中，一般把连接数据的函数定义在这两个事件，然后放在 Global.asp 中。

下面是 Application 对象的常用方式：

```
Application("AppName")=value         '存储 Application 变量值，也可读取该值
IsEmpty(Application("AppName"))=True '判断 Application 值是否存在
Application.Lock                     Application 变量值锁定，防止同时更改变量值
Application.UnLock                   'Application 变量值解锁，允许更改变量值
```

此外，Application 与 Session 对象变量都可以用来存储数组和系统对象，引用方法是变量名相当于数组名，但不能直接改变其值，需要借助临时数组修改值后，再赋给 Session 与 Application 变量。

5.2.3　Server 对象简介

Server 对象提供了一系列的方法和属性，在使用 ASP 编写脚本时是非常有用的。最常

用的是 Server.CreateObject 方法，它允许设计者在当前页的环境或会话中在服务器上实例化其他组件对象，通过这些组件对象来扩充 ASP 的功能（如数据库访问，邮件发送等）。此外，Server 对象还有一些方法能够把字符串翻译成在 URL 和 HTML 中使用的正确格式，这将通过把非法字符转换成正确、合法的等价字符来实现。

Server 对象提供对服务器上的方法和属性的访问。其中大多数方法和属性是作为实用程序的功能服务的。

5.2.4　Server 对象的属性

Server 对象只有一个属性——ScriptTimeout，用于设置程序能够运行的最大时间。ScriptTimeout 属性指定脚本在结束前最大可运行多长时间。当处理服务器组件时，超时限制将不再生效。使用格式如下：

```
Server.ScriptTimeout = NumSeconds
```

其中，参数 NumSeconds 指定脚本在被服务器结束前最大可运行的秒数。默认值为 90 秒。

通过使用元数据库中的 AspScriptTimeout 属性可以为 Web 服务或 Web 服务器设置默认的 ScriptTimeout 值。ScriptTimeout 属性不能设置为小于在元数据库中指定的值。例如，如果 NumSeconds 设置为 10，而元数据库设置包含了默认值 90 秒，则脚本在 90 秒后超时。但如果 NumSeconds 设置为 100，则脚本在 100 秒后超时。

下面语句中，如果服务器处理脚本超过 100 秒，将使之超时。

```
<% Server.ScriptTimeout = 100 %>
```

下面的语句用于获取 ScriptTimeout 属性的当前值，并将其存储在变量 TimeOut 中。

```
<% TimeOut = Server.ScriptTimeout %>
```

5.2.5　Server 对象的方法

（1）CreateObject

CreateObject 方法创建服务器组件的实例。使用格式如下：

```
Server.CreateObject( progID )
```

其中，参数 progID 指定要创建的对象的类型。progID 的格式如下：

```
[Vendor.] component[.Version]
```

默认情况下，由 Server.CreateObject 方法创建的对象具有页作用域。这就是说，在当前 ASP 页处理完成之后，服务器将自动销毁这些对象。

例如，在如下所示的脚本中，当 Session 对象被销毁，即当对话超时时或 Abandon 方法被调用时，存储在会话变量中的对象也将被销毁。

```
<% Set Session("ad") = Server.CreateObject("MSWC.AdRotator")%>
```

可以通过将变量设置为 Nothing 或新的值来销毁对象，如下所示。

```
<% set Session ("ad") = Nothing %>
<% Session ("ad") = " Other Valum " %>
```

第一行语句用于释放 ad 对象，第二行语句用一个字串赋值给 ad 。

需要注意，不能创建与 ASP 内置对象同名的对象实例。例如，下列脚本将返回错误。

```
<% Set Response = Server.CreateObject("Response") %>
```

（2）HTMLEncode

HTMLEncode 方法用于对指定的字符串采用 HTML 编码。使用格式如下：

```
Server.HTMLEncode( string )
```

其中，参数 string 指定要编码的字符串。

HTMLEncode 方法常用于需要在客户端输出一些特殊的 HTML 字符，如 "<" 和 ">"，这些字符在 HTML 中有着特殊用途，因此不能直接使用 Response.Write 方法输出，而需要使用 HTMLEncode 转码后输出。例如：

```
<%= Server.HTMLEncode("The paragraph tag: <P>") %>
```

上面语句将在客户端输出 "The paragraph tag: <P> "。

以上输出将被 Web 浏览器显示为 "The paragraph tag: <P>" 如果查看一下源文件或以文本方式打开一个 Web 页，就可以看到已编码的 HTML 语句 "sfasThe paragraph tag: <P>"，其中将<和>用对应的 HTML 编码进行了替换。

（3）URLEncode

URLEncode 方法将 URL 编码规则，包括转义字符，应用到指定的字符串。使用格式如下：

```
Server.URLEncode( string )
```

其中，参数 string 指定要编码的字符串。 例如：

```
<%
Response.Write(Server.URLEncode("http://www.sina.com"))
%>
```

上面语句将输出：http%3A%2F%2Fwww%2Esina%2Ecom

（4）MapPath

MapPath 方法将指定的相对或虚拟路径映射到服务器上相应的物理目录。使用格式如下：

```
Server.MapPath( Path )
```

其中，参数 Path 指定要映射物理目录的相对或虚拟路径。若 Path 以一个正斜杠（/）或反斜杠（\）开始，则 MapPath 方法返回路径时将 Path 视为完整的虚拟路径。若 Path 不是以斜杠开始，则 MapPath 方法返回同当前 asp 文件中已有的路径相对的路径。

注意，MapPath 方法不支持相对路径语法 (.) 或 (..)，下列相对路径返回一个错误。

```
Server.MapPath(../MyFile.txt )
```

MapPath 方法不检查返回的路径是否正确或在服务器上是否存在。

因为 MapPath 方法只映射路径而不管指定的目录是否存在，所以，您可以先用 MapPath 方法映射物理目录结构的路径，然后将其传递给在服务器上创建指定目录或文件的组件。

对于下面示例，假设文件 data.txt 和包含下列脚本的 test.asp 文件都位于目录 C:\Inetpub\wwwroot\Script 下。C:\Inetpub\wwwroot 目录被设置为服务器的根目录。

下列示例使用服务器变量 PATH_INFO 映射当前文件的物理路径。

```
<%= server.mappath(Request.ServerVariables("PATH_INFO"))%><BR>
```

将输出 c:\inetpub\wwwroot\Script\test.asp

由于下列示例中的路径参数不是以斜杠字符开始的，所以它们被相对映射到当前目录，此处是 C:\Inetpub\Wwwroot\Script。

```
<%= server.mappath("data.txt")%><BR>
```

上面语句将输出 c:\inetpub\wwwroot\Script\data.txt

```
<%= server.mappath("Script/data.txt")%><BR>
```

上面语句将输出 c:\inetpub\wwwroot\Script\Script\data.txt

下面的两个示例使用斜杠字符指定返回的路径应被视为在服务器的完整虚拟路径。

```
<%= server.mappath("/Script/data.txt")%><BR>
```

上面语句将输出 c:\inetpub\Script\data.txt

```
<%= server.mappath("\Script")%><BR>
```

上面语句将输出 c:\inetpub\Script

下列示例演示如何使用正斜杠 (/) 或反斜杠 (\) 返回宿主目录的物理路径。脚本

```
<%= server.mappath("/")%><BR>
```

上面语句将输出 c:\inetpub\wwwroot
。

```
<%= server.mappath("\")%><BR>
```

上面语句将输出 c:\inetpub\wwwroot
。

5.2.6　Global.asa 文件

Global.asa 文件又称为 ASP 全局文件，它是一个可选文件，程序编写者可以在该文件中指定事件脚本，并声明具有会话和应用程序作用域的对象。Global.asa 文件的内容不是用来给用户显示的，而是用来存储事件信息和由应用程序全局使用的对象。该文件的名称必须是 Global.asa 且必须存放在应用程序的根目录中，每个应用程序只能有一个 Global.asa 文件。

可以用任何支持脚本的语言编写 Global.asa 文件中包含的脚本。如果多个事件使用同一种脚本语言，就可以将它们组织在一组 <Script>标记中。

在 Global.asa 文件中，包含的脚本必须用< Script>标记封装。如果包含的脚本没有用 <Script>标记封装，或定义的对象没有会话或应用程序作用域，则服务器将返回错误。服务器会忽略已标记的但未被应用程序或会话事件使用的脚本以及文件中的 HTML 语句。

Global.asa 文件只能包含如下内容：应用程序（Application）事件、会话（Session）事件、<OBJECT> 声明和 TypeLibrary 声明。

当用户保存对 Global.asa 文件所做的更改时，在重新编译 Global.asa 文件之前，服务器会结束处理当前应用程序的所有请求。在此期间，服务器拒绝其他请求并返回一个错误消息，说明正在重启动应用程序，不能处理请求。

当用户当前的所有请求处理完之后，服务器对每个会话调用 Session_OnEnd 事件，删除所有活动会话，并调用 Application_OnEnd 事件关闭应用程序，然后编译 Global.asa 文件。接下来，用户的请求将启动应用程序并创建新的会话，触发 Application_OnStart 和 Session_OnStart 事件。但是，保存 Global.asa 文件中所包含的文件的更改并不能使服务器重新编译 Global.asa。为了让服务器识别包含文件的改动，必须再保存一下 Global.asa 文件。

在 Global.asa 文件中声明的过程只能从一个或多个与 Application_OnStart、Application_OnEnd、Session_OnStart 和 Session_OnEnd 事件相关的脚本中调用。用户可以在 Global.asa 文件中为这些事件指定脚本。当应用程序启动时，服务器在 Global.asa 文件中查找并处理 Application_OnStart 事件脚本。当应用程序终止时，服务器处理 Application_OnEnd 事件脚本。

当没有 Session 会话的用户在打开应用程序中的 Web 页时，Web 服务器会自动创建会话。当超时或服务器调用 Abandon 方法时，服务器将终止该会话。Session 会话有两个事件，即 Session_OnStart 事件和 Session_OnEnd 事件。可以在全局文件 Global.asa 中为这两个事件指定脚本。当会话开始时，服务器在 Global.asa 文件中查找并处理 Session_OnStart 事件脚本。该脚本将在处理用户请求的 Web 页之前处理。在会话结束时，服务器将处理 Session_OnEnd 事件脚本。

（1）Application_OnStart

Application_OnStart 事件在首次创建新的会话（即 Session_OnStart 事件）之前发生。只有 Application 和 Server 内建对象是可用的。在 Application_OnStart 事件脚本中引用 Session、Request 或 Response 对象将导致错误。

Application_OnStart 事件格式如下：

```
<Script Language=ScriptLanguage Runat=Server>
Sub Application_OnStart
...                    '在这里添加脚本
End Sub
</Script>
```

其中，参数 ScriptLanguage 指定用于编写事件脚本的脚本编写语言。可以是任一支持脚本编写的语言，例如 VBScript 或 JScript。如果有多个事件使用同一种脚本编写语言，则可以将其组织在一组 <Script> 标记下。

（2）Application_OnEnd 事件

Application_OnEnd 事件在应用程序退出时于 Session_OnEnd 事件之后发生，只有 Application 和 Server 内建对象可用。

Application_OnEnd 事件使用格式如下：

```
<Script Language=ScriptLanguage Runat=Server>
Sub Application_OnEnd
...                    '在这里添加脚本
End Sub
</Script>
```

有一点需要注意，不能在 Application_OnEnd 脚本中调用 MapPath 方法。

（3）Session_OnStart

Session_OnStart 事件在服务器创建新会话时发生。服务器在执行请求的页之前先处理该脚本。Session_OnStart 事件是设置会话期变量的最佳时机，因为在访问任何页之前都会先设置它们。所有内建对象（Application、ObjectContext、Request、Response、Server 和 Session）都可以在 Session_OnStart 事件脚本中使用和引用。

第 5 章 Session、Application 和 Server 对象

Session_OnStart 事件使用的格式如下：

```
<Script Language=ScriptLanguage Runat=Server>
Sub Session_OnStart
...
End Sub
</Script>
```

尽管在 Session_OnStart 事件包含 Redirect 或 End 方法调用的情况下 Session 对象仍会保持，然而服务器将停止处理 Global.asa 文件并触发 Session_OnStart 事件的文件中的脚本。

（4）Session_OnEnd

Session_OnEnd 事件在会话被放弃或超时发生。在服务器内建对象中，只有 Application、Server 和 Session 对象可用。

Session_OnEnd 事件使用格式如下：

```
<Script Language=ScriptLanguage Runat=Server>
Sub Session_OnEnd
...
End Sub
</Script>
```

Global.asa 使用了微软的 HTML 拓展<Script>标记语法来限制脚本，这也就是说，必须用<Script>标记来引用这两个事件而不能用<%和%>符号引用。本书例子中 Global.asa 使用的是 VBScript，但是也可以使用其他脚本语言。

在 Global.asa 中不能有任何输出语句,无论是 HTML 的语法还是 Response.Write()方法都是不行的，Global.asa 在任何情况下都不能执行显示语句。

可以在 Global.asa 中添加一些希望执行的脚本，那么只要 Session 一旦创建，这些脚本就会自动执行，例如：

```
<Script Language=VBScipt Runat=Server>
SUB Session_OnStart
Session("Username")="Unknow"
Session("Userpassword")="Unknow"
END SUB
</Script>
```

上面代码将"Unkonw"值赋给了 Username 和 Userpassword 变量。这个例子将在任何一个 Session 会话创建时就执行。

Session_Onstart 脚本可以用于很多种目的。例如，希望访问者必须浏览某一个主页。下面的例子就在用户进程开始时进行了这种引导，将确保用户在访问网站时必须浏览

http://localhost/index.asp 页面，而无论用户输入的是什么地址。

```
<Script Language="VBScript" Runat="Server">
Sub Session_OnStart
    startPage = "http://localhost/index.asp"
    Response.Redirect(startPage)
End Sub
</Script>
```

将上面的内容保存为 Global.asa 文件并存放在应用程序的根目录中，则每当用户请求 Web 页时，服务器都会创建一个新会话，对于每个请求，服务器都将处理 Session_OnStart 脚本并将用户重定向到 index.asp 页面中。

有一点需要注意，在 Redirect 方法之后的任何 Session_OnStart 事件脚本都不会执行。因此，应该在事件脚本的最后再调用 Redirect 方法。

下面的例子将通过 Session_OnStart 和 Session_OnEnd 来帮助对用户信息进行统计。

```
<Script Language=VBScript Runat=Server>
SUB Session_OnStart
    Response.AppendToLog Session.SessionID&" Starting"
END SUB
</Script>
<Script Language=VBScript Runat=Server>
SUB Session_Onend
    Response.AppendToLog Session.SessionID&" Ending"
END SUB
</Script>
```

这个例子中，当用户的 Session 开始时，日志文件中记录了该用户的 Session 和 Starting 信息；当用户的 Session 结束时，日志文件就记录了该用户的 Session 结束的信息。这样，就可以进行很多种判断统计，例如，每个人的停留时间、站上现在有多少人等。这样对于站点设计和定位就很有助益。

5.2.7　#include 指令

#include 是一种服务器端包含指令（Server-Side Include，SSI），该指令为用户提供在 Web 服务器处理之前将一个文件的内容插入到另一个文件的方法。要在 .asp 文件中插入一个文件，使用下面的语法：

```
<!--#include virtual | file ="filename"-->
```

其中，virtual 和 file 关键字指示用来包含该文件的路径类型，filename 是需要包含的文件的路径和名称。

被包含文件不要求专门的文件扩展名,可以将其取名为.asp 或其他任意的名称。但是,为被包含文件赋予 .inc 扩展名以便和其他类型文件相区分是一个良好的编程习惯。

1. 使用 Virtual 关键字进行包含

使用 Virtual 关键字指出路径开始于虚拟目录。例如,如果一个名为 cal.inc 的文件位于一个名为/include 的虚拟目录下,则下面的一行将把 cal.inc 的内容插入到包含该行的文件中:

```
<!--#include virtual ="/include/cal.inc"-->
```

2. 使用 File 关键字进行包含

使用 file 关键字指示使用相对路径。相对路径开始于含有该包含文件的目录。例如,如果当前文件位于网站根目录(/)下,而文件 cal.inc 位于/include 下,下面的语句将把 cal.inc 插入到当前文件中:

```
<!--#include file ="include/cal.inc"-->
```

注意,被包含文件 include/cal.inc 的路径是相对于包含文件的;如果包含 #include 语句的当前文件不在根目录下,那么该语句将不起作用。

如果在 IIS 服务管理器站点属性中的"启用上层目录"选项被选中,则也可以使用 file 关键字和 ../ 语法包含父目录即上一层目录中的文件。

3. 包含文件注意事项

被#include 指令所包含的文件必须符合 ASP 语法,可以是静态的 HTML 文件或 ASP 脚本。在浏览网页时,ASP 引擎将对所包含的文件内容进行语法分析。

如果包含的是 ASP 脚本,将会执行这个被包含的 ASP 脚本中的代码。如果仅仅只是用#include 指令来包含一个静态文件,那么这个包含的文件所执行的结果将会插入到 ASP 文件中#include 指令所在的位置。一旦执行完了包含文件,那么主 ASP 文件的执行过程将会恢复,继续执行下一行。

被包含的文件可以是 HTML 文件、ASP 文件、文本文件,或者只是一段 ASP 脚本代码,但是需要注意在这个包含文件中不能使用<html>、</html>、<body>或</body>标记,因为这将会影响在原 ASP 文件中同样的标记,这样做有时会导致错误。

#include 指令包含的文件的路径名一般来说是指相对路径,不需要什么端口、协议和域名,如果这个路径以"/"开头,那么这个路径主要是参照相对于包含这个 ASP 文件的 Web 应用程序的根目录,如果路径是以文件名或目录名开头,那么这个路径就是正在使用的 ASP 文件的当前路径。

下面是一个#include 指令的应用示例,示例中有 3 个文件,被包含文件 src1.inc、src2.htm 和包含文件 des.asp。

被包含文件 src1.inc 的内容如下:

```
<h1 align="center">现在时间是
<%
response.write(now())
%>
</h1>
```

被包含文件 src2.htm 的内容如下:

```
<h1 align="center">这是被包含的文字
</h1>
<table border="1" align="center" cellspacing="0">
  <tr>
    <td colspan="4"><center>
      这是被包含的表格
    </center></td>
  </tr>
  <tr>
    <td width="100"> </td>
    <td width="100"> </td>
    <td width="100"> </td>
    <td width="100"> </td>
  </tr>
  <tr>
    <td> </td>
    <td> </td>
    <td> </td>
    <td> </td>
  </tr>
</table>
```

包含文件 des.asp 的内容如下:

```
<%@LANGUAGE="VBSCRIPT" CODEPAGE="65001"%>
<!DOCTYPE html PUBLIC "-//W3C//DTD XHTML 1.0 Transitional//EN"
"http://www.w3.org/TR/xhtml1/DTD/xhtml1-transitional.dtd">
<html xmlns="http://www.w3.org/1999/xhtml">
<head>
<meta http-equiv="Content-Type" content="text/html; charset=utf-8" />
<title>#include 包含指令</title>
</head>
```

```
<body>
  <!-- #include file="src1.inc "-->
<hr>
<!-- #include file="src2.htm" -->
</body>
</html>
```

在浏览器中浏览包含文件 des.asp，其显示效果如图 5-3 所示。

图 5-3　文件包含

5.2.8 【任务 22】"简单访问计数器"设计

本任务中，将通过 Application 对象来统计自网站启动以来，所有访问网站的人数，浏览效果如图 5-4 所示。

图 5-4　简单访问计数器

在本例的实现过程中，将学习 Application 对象、Server 对象和 Global.asa 文件的应用。

创建名为 userCounter.asp 的 ASP 脚本文件，内容如下：

```
<%@LANGUAGE="VBSCRIPT" CODEPAGE="65001"%>
<!DOCTYPE html PUBLIC "-//W3C//DTD XHTML 1.0 Transitional//EN"
"http://www.w3.org/TR/xhtml1/DTD/xhtml1-transitional.dtd">
<html xmlns="http://www.w3.org/1999/xhtml">
<head>
<meta http-equiv="Content-Type" content="text/html; charset=utf-8" />
<title>简单访问计数器</title>
<meta http-equiv="Content-Type" content="text/html; charset=gb2312">
</head>

<body>
<h2 align="center">简单访问计数器</h2>
<hr>
用户每次访问计数器都加1<br>
<p>
<%
  if isempty(Application("counter")) then
       '用户第1次访问.计数器设置为1
   Application("counter")=1
  else
    '获得已经访问过的次数
    times = CInt(Application("counter"))
    '计数器加1
    Application("counter")=times + 1
    end if
%>
访问次数:<%=Application("counter")%>
</p>
<p>
  当前用户SessionId:<%=Session.SessionID%>
</p>
</body>
</html>
```

上面的代码中，通过 Application 对象为所有用户所共享的特性，来统计所有访问网站的人数。

5.3 任务拓展训练

5.3.1 【任务23】"简易聊天室"设计

本任务中，将实现一个简易的聊天室程序，效果如图 5-5 所示。

图 5-5 简易聊天室

本任务中,是通过 Application 来实现多个用户间的发言共享,代码内容如下:

```
<%@LANGUAGE="VBSCRIPT" CODEPAGE="65001"%>
<!DOCTYPE html PUBLIC "-//W3C//DTD XHTML 1.0 Transitional//EN"
"http://www.w3.org/TR/xhtml1/DTD/xhtml1-transitional.dtd">
<html xmlns="http://www.w3.org/1999/xhtml">
<head>
<meta http-equiv="Content-Type" content="text/html; charset=utf-8" />
<title>简易聊天室</title>
</head>

<%

chat=trim(request.Form("chat"))         '每个聊天的人都将发言赋给变量 chat
user=trim(request.Form("user"))
if(chat<>"" and user<>"") then
    Application.lock                    '锁定 Application
    '将用户的发言加到记录中
    Application("chatwords")=Application("chatwords")&"<br>"&user&"说道:
"& Chat&"("& now &")"
    Application.unlock                  '解锁 Application
end if

%>

<body>
<h2 align="center"> 简易聊天室 </h2>
```

```
            <hr>
            <!--输出聊天内容-->
            <p>        <%=Application("chatwords")%>    </p>
<hr>
<form id="form1" name="form1" method="post" action="">
  <p> </p>
  <p>发言人:
    <input name="user" type="text" id="user" size="10" />
  </p>
  <p>说道:
    <input name="chat" type="text" size="40" />
    <input type="submit" name="Submit" value="提交" />
  </p>
</form>
<p>  </p>

</body>
</html>
```

程序中,通过 Request.Form 方法来获取表单提交的发言内容,并通过下面的语句将发言人、发言和日期等信息记录在 Application("chatwords")变量中。

```
Application("chatwords")=Application("chatwords")&"<br>"&user&"说道: "&Chat&"("& now &")"
```

最后,通过下面的语句将所有发言记录输出到浏览器。

```
<%=Application("chatwords")%>
```

5.3.2 【任务 24】"防止重复刷新的计数器"设计

【任务 22】中的"简单访问计数器"可以对访问网站的用户人数进行统计,但这种统计是有缺陷的,它不能识别用户是刚进入网站,还是在刷新网页,并将每次刷新也认为是一次用户访问,这对于需要对访问人数进行统计并计费的网站来说是行不通的。本任务中利用 Global.asa 文件中的 Session_在用户进入网站时只执行一次的特点,实现了一个可以防止用户刷新的网页,对于用户的多次刷新,仍认为是同一用户,不会进行多次统计。浏览效果如图 5-6 所示。

本任务由两个文件构成,存储于应用程序根目录下的 Global.asa 文件和进行用户统计显示的网页文件 counter.asp。

Global.asa 文件的内容如下:

```
<Script Language=VBScript Runat=Server>
```

```
    Sub Application_onStart
        Application("OnLine") = 0           '在应用程序启动时进行计数变量的初始化
    End Sub

    Sub Session_onStart
        Application.Lock
        Application("OnLine") = Application("OnLine") + 1    '当有用户访问
时计数变量递增
        Application.Unlock
    End Sub
    </Script>
```

图 5-6　防止刷新的计数器

上面的文件中，在启动应用程序时的 Application_onStart 事件中对计数变量 Application("OnLine")进行初始化，并在用户进入网站，启动会话的 Session_onStart 事件中对计数变量递增，达到对应用程序启动以来，对用户进行计数的目的。并且，由于 Session_onStart 事件仅在用户进入网站时执行一次，以后的网页刷新不会被统计，所以具有防止刷新的功能。

文件 counter.asp 的内容如下：

```
<%@LANGUAGE="VBSCRIPT" CODEPAGE="65001"%>
<!DOCTYPE html PUBLIC "-//W3C//DTD XHTML 1.0 Transitional//EN"
"http://www.w3.org/TR/xhtml1/DTD/xhtml1-transitional.dtd">
<html xmlns="http://www.w3.org/1999/xhtml">
<head>
<meta http-equiv="Content-Type" content="text/html; charset=utf-8" />
<title>防止重复刷新的计数器</title>
</head>
<body>
<h1 align="center">防止重复刷新的计数器</h1>
<center>
<font color=blue size=5>
欢迎光临本网站,当前共有<%=Application("OnLine")%>人访问本网站
</font>
```

```
</center>
</body>
</html>
```

文件 counter.asp 仅用于显示计数器的内容，可以将它的内容放在任意的网页中，作为计数器显示。

习题 5

1．填空

（1）_____对象可以绑定若干个用户信息或者 ASP 对象，不同_____对象的同名变量是不会相互干扰的。

（2）_____存在于访问者从到达某个特定主页到离开为止的那段时间。

（3）Session 对象的_____属性由服务器产生，返回当前会话的唯一标志。

（4）Session 对象的_____属性用于为当前会话定义有效访问时间，以分钟为单位。

（5）_____方法用于当网页执行完成时，结束当前用户会话并撤销当前 Session 对象。

（6）_____对象是个应用程序级的对象，用来在所有用户间共享信息，并可以在 Web 应用程序运行期间持久地保持数据。

（7）当客户在所访问网站的各个页面之间浏览时，所使用的 Application 对象都是_____。

（8）Server 对象的_____方法，它允许设计者在当前页的环境或会话中在服务器上实例化其他组件对象。

（9）Server 对象的_____方法用于对指定的字符串采用 HTML 编码。

（10）Server 对象的_____方法将指定的相对或虚拟路径映射到服务器上相应的物理目录上。

（11）_____可以将一个文件的内容插入到另一个文件中。

2．程序设计

（1）仿照"强制登录"网页设计一个网页，当用户浏览时间超过 2 小时后，提醒用户注意眼睛。

（2）仿照"简单访问计数器"网页设计一个网页，要求记录每个登录的用户信息，将以表格形式显示出用户的登录、离开时间。

（3）仿照"简易聊天室"网页设计一个更完善的聊天室程序，该程序具有用户登录页面，以登录时的用户名为发言人，还可以在聊天时选择文字的颜色和大小。

CHAPTER6 第 6 章

数据库网站开发

6.1 数据库应用基础

6.1.1 网络数据库应用概述

当前的 Web 应用中，不论是电子商务、新闻、论坛、博客，还是聊天室，所有的网站中几乎没有哪个网站不会用到数据库，网络中的数据库应用设计是一个相当复杂的过程，这需要学习众多的相关知识，包括创建/管理数据库、数据库驱动、程序处理、客户界面等多个方面的内容。图 6-1 给出了访问 Web 数据库的 ASP 网站数据库应用程序架构。

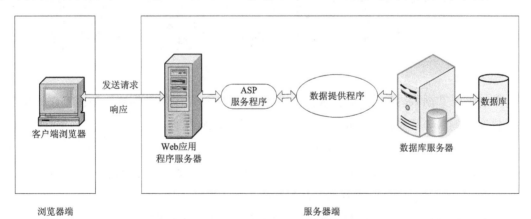

图 6-1 ASP 网络数据库应用程序架构

服务器端由 Web 服务器和数据库服务器组成，而浏览器端只需要一个浏览器即可，基本上不需要进行配置。服务器端的 Web 服务器负责执行 ASP 程序，在 ASP 程序中通过数据库驱动程序来访问数据库服务器，并取得数据库中的数据，当然也可以向数据库发送

SQL 命令，对数据库进行新增、删除和修改记录等操作。Web 服务器还有一个工作，便是将用户操作数据库的结果，以 HTML 的形式回传给前端的浏览器。

6.1.2 数据库的基本概念

要进行数据库程序设计，首先需要了解一些基本的数据库基础知识。数据库技术是计算机技术的一个重要部分。它所研究的问题是如何科学地组织和存储数据，如何高效地获取和处理数据。信息处理系统的大量推广应用，使得数据库应用技术成为人们普遍关注的问题。

数据库按其结构划分主要有层次型、网络型和关系型三类。 目前应用最为广泛的是关系型数据库。

1．关系型数据库

关系型数据库（Database）通常由许多二维关系的数据表(DataTable)集合而成，它通过建立数据表之间的相互连接关系来定义数据库结构。在关系型数据库中，用一组数据列成一个 m 行 n 列的二维表来存储数据。表中的一行称为元组，一列称为属性，不同的列有不同的属性。

在一般关系型数据库中，常把关系称为"数据表"（DataTable），简称"表"（Table）；把元组称为"记录"（Record）；把属性称为"字段"（Field），如图 6-2 所示。

图 6-2　表、记录与字段

数据库是数据表的集合，数据表由一系列记录组成，记录是数据表中数据操作的单位，比如排序、删除等都是将一条记录按一个整体来进行处理的。

字段是具有相同数据类型的数据集合。字段的值是表中可以选择数据的最小单位，也是可以更新数据的最小单位。记录中的每个字段的取值，称为字段值或分量，字段的取值范围称为域。记录中的数据随着每一行记录的不同而变化。

表 6-1 和表 6-2 给出了两个数据表，它们可以构成一个关系型数据库。

表 6-1　学生档案

学　号	姓　名	性　别	出生日期	电　话	家庭地址
101	赵一	男	11285-06-07	63320810	广外大街 21 号
102	李丰	男	11286-01-20	65020008	东四十条 10 号

续表

学 号	姓 名	性 别	出生日期	电 话	家 庭 地 址
103	刘文文	女	11286-02-17	67366688	前门大街 43 号
104	张燕	女	11285-012-23	65243456	西直门大街 21 号

表 6-2 学生成绩

学 号	外 语	语 文	数 学	物 理	化 学	体 育	政 治	总 分	平均分
101	80	75	75	80	85	80	80	640	80
102	90	90	90	90	80	80	100	720	90
103	75	75	75	75	80	80	70	600	75
104	75	60	70	80	120	80	70	600	75

表的结构由表中不同的字段所构成，对于上面的两个表，它们的数据表结构如表 6-3 所示。

表 6-3 数据表结构

学 生 档 案			学 生 成 绩		
字段名称	类 型	关 键 字	字段名称	类 型	关 键 字
学号	字符串型	是	学号	字符串型	是
姓名	字符串型		外语	整型	
性别	字符串型		语文	整型	
出生日期	日期时间型		数学	整型	
电话	字符串型		物理	整型	
家庭地址	字符串型		化学	整型	
			体育	整型	
			政治	整型	
			总分	整型	
			平均分	单精度型	

2．数据库关键字

如果数据表中某个字段值能唯一地确定一个记录，用以区分不同的记录，则称该字段为候选关键字。

一个表中可以存在多个候选关键字，选定其中一个关键字作为主关键字，简称"主键"。主关键字可以是数据表的一个字段或字段的组合，且对表中的每一行都唯一。例如，表 6-1 和表 6-2 中的"学号"是唯一标识了一个学生的字段，因此可选择"学号"为主关键字。

表中的主键是最重要的字段，可以通过它来完成数据库的一些重要工作。除了主键外，还有一个重要的术语是"外键"，它指的是另一个表的主键，这样，可以通过主键与外键进行关联，可以方便地从一个表来查询相关数据。

例如，对于上面的表 6-1 来说，它的主键是学号，而表 6-2 的主键"学号"就是表 6-1

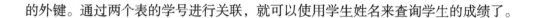

的外键。通过两个表的学号进行关联，就可以使用学生姓名来查询学生的成绩了。

6.1.3　在 SQL Server 2005 中创建数据库

可以作为数据库管理系统的工具有多种，常见的有 Microsoft SQL Server、Microsoft Access、DB2 和 Oracle 等。其中，SQL Server、DB2 和 Oracle 常用于大型企业服务器数据库的开发管理，而 Microsoft Access 则常用于中小型企业的桌面数据库开发。在一般的电子商务网站中 Microsoft SQL Server 使用得比较多，下面，将学习如何在 Microsoft SQL Server 2005 中创建数据库。

注意，在进行本章的学习之前，要确保计算机上安装了 Microsoft SQL Server 2005 和 Microsoft Access 2003（或者是更高版本）的数据库管理系统。

1．配置 SQL Server 数据库网络协议

默认情况下，为了保障安全，安装完成后的 SQL Server 2005 数据库服务器只提供本地网络服务，不提供基于互联网的网络服务，不能满足网站访问的要求，需要对数据库网络协议进行配置，以使其能提供基于互联网的网络服务。

（1）启用服务器 TCP/IP 协议

单击"开始"→"所有程序"→"Microsoft SQL Server 2005"→"SQL Server Configuration Manager"菜单命令，启动 SQL Server Configuration Manager（即 SQL Server 配置管理器）。

在 SQL Server Configuration Manager 窗口左侧展开"SQL Server 2005 网络配置"项，选择其下的"MSSQLSERVER 的协议"项，再在右侧窗口中的 TCP/IP 协议上单击鼠标右键，在弹出的菜单中选择"启用"菜单命令，以启动 TCP/IP 协议，如图 6-3 所示。

（2）启用 SQL Native Client 客户端 TCP/IP 协议

在 SQL Server Configuration Manager 窗口左侧展开"SQL Native Client 配置"项，选择其下的"客户端协议"项，再在右侧窗口中的 TCP/IP 项上单击鼠标右键，在弹出的菜单中选择"启用"菜单命令，以启动 TCP/IP 客户端协议，如图 6-4 所示。

TCP/IP 协议的启动，为通过互联网对 SQL Server 2005 数据库服务器进行访问提供了支持。

需要注意的是，在配置网络协议完成后，需要重新启动服务器才能生效。

2．启动 SQL Server 数据库服务

在 SQL Server Configuration Manager 窗口左侧单击"SQL Server 2005 服务"项，在右侧窗口中的 SQL Server（MSSQLSERVER）项上单击鼠标右键，在弹出的菜单中选择"重新启动"菜单命令，以重启 SQL Server 数据库服务，如图 6-5 所示。

注意，如果原来的 SQL Server 数据库服务处于停止状态，可以在这时单击弹出菜单中

的"启动"菜单命令，启动 SQL Server 数据库服务。

图 6-3 启用数据库网络 TCP/IP 协议

图 6-4 启用客户端 TCP/IP 协议

3．启动数据库管理器 Microsoft SQL Server Management Studio

在"开始"菜单中单击"开始"→"所有程序"→"Microsoft SQL Server 2005"→"Microsoft SQL Server Management Studio"菜单命令，启动 Microsoft SQL Server 2005 的数据库管理器程序。此时将弹出如图 6-6 所示的"连接到服务器"对话框，该对话框中的服务器名称 WIZARDYX 即为当前 SQL Server 服务器的计算机名称，如果有多台联网的 SQL Server 服务器，可以在此进行选择。

图 6-5 重新启动 SQL Server 数据库服务

图 6-6 "连接到服务器"对话框

单击"连接"按钮，即可将 Microsoft SQL Server Management Studio 连接到服务器，连接完成后将显示 Microsoft SQL Server Management Studio 窗口，如图 6-7 所示。

4．创建数据库

在 Microsoft SQL Server Management Studio 左侧窗口中的"数据库"文件夹上单击鼠标右键，在弹出的菜单中选择"新建数据库"菜单命令，在弹出的"新建数据库"窗口中的"数据库名称"文本框中输入新数据库的名称"aspteach"，如图 6-8 所示。

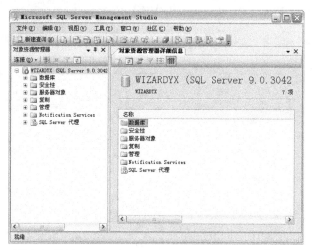

图 6-7 "Microsoft SQL Server Management Studio" 窗口

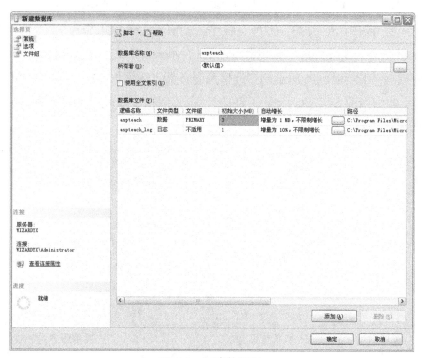

图 6-8 新建数据库

单击"确定"按钮，完成数据库的创建，回到 Microsoft SQL Server Management Studio，此时可以看到在展开的"数据库"文件夹下新添了一个名为"aspteach"的数据库，如图 6-9 所示。

5. 创建表

创建数据库 aspteach 完成后，接下来在数据库中创建一个数据表 news，用于存储本节任务中的新闻信息。在 Microsoft SQL Server Management Studio 左侧窗口中展开"数据库"

aspteach 数据库项，在下面找到"表"文件夹项。在"表"文件夹项上单击鼠标右键，在弹出的菜单中选择"新建表"菜单命令，此时将会在中部显示如图 6-10 所示的"表设计器"窗口。

图 6-9　创建完成的数据库

图 6-10　表设计器

在"表设计器"窗口中按如图 6-11 所示的内容创建新表。其中，id 为新闻序号，kind 为新闻类型（设定值为 msg 表示通知，值 news 表示普通新闻），title 为新闻标题，content 为新闻内容，addtime 为更新时间，admin 为增加/修改新闻的管理员名称。

图 6-11 设置表的字段

注意，在设计 id 列时，需要在 id 上单击鼠标右键，在弹出的菜单中选择"设置主键"菜单命令，将其设置为主键。再在下方的"列属性"窗口中，单击展开"标识规范"项，将其下的"（是标识）"项设置为"是"，"标识增量"设置为1，"标识种子"设置为1，如图 6-12 所示。这样设置后，id 列将作为以 1 为增量的自动递增的关键字。

单击工具栏中的"保存"按钮，此时会弹出"选择名称"对话框，在"输入表名"文本框中输入表名 news，单击"确定"按钮保存表，然后单击"表设计器"窗口右上角的"关闭"按钮，关闭表设计窗口。

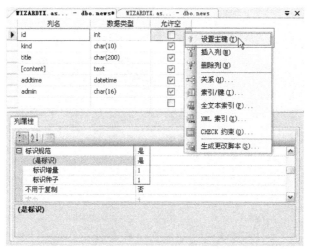

图 6-12 设置关键字和自增标识

6．输入表数据

在 Microsoft SQL Server Management Studio 左侧窗口中，展开 aspteach 数据库下的"表"文件夹，可以看到新建的表 news。在 news 项上单击鼠标右键，在弹出的菜单中选择"打开表"菜单命令，即可在 Microsoft SQL Server Management Studio 中间的窗口内显示表的内容。

由于是创建的新表，所以表中现在还没有记录（如果表中有记录此时将可以看到记录的信息），在该窗口可以用于输入记录。在表中输入若干新闻信息，如图 6-13 所示。

图 6-13 输入新闻记录

输入完成后,关闭窗口。到这里,完成了数据库和数据表的创建。在后面的任务程序中将调用该数据库进行操作。

7．创建数据库用户

默认情况下,可以使用数据库服务器的超级管理员 sa 来访问数据库,但这样给数据库安全性带来太多隐患,更好的作法是为各个用户数据库创建自己的用户,让不同用户可以用不同权限访问不同的数据库。

(1) 创建用户

打开 Microsoft SQL Server Management Studio 窗口,在左侧展开"安全性"文件夹,在"登录名"文件夹上单击鼠标右键,在弹出的菜单中选择"新建登录名"菜单命令(如图 6-14 所示),此时将会弹出"登录名－新建"窗口。

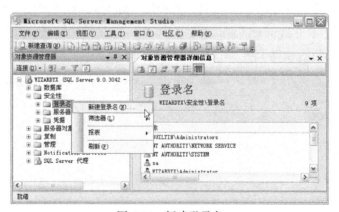

图 6-14 新建登录名

在"登录名－新建"窗口中左侧的"选择页"列表中单击"常规"项,再在右侧窗口进行设置。

在"登录名"文本框中输入 asp,选择"SQL Server 身份验证"单选按钮,在下面的"密码"和"确认密码"文本框中两次输入 123456——即设置用户名为 asp,密码为 123456;取消对"强制密码过期"和"用户在下次登录时必须更改密码"复选框的选中;再将下面的"默认数据库"设置为 aspteach,如图 6-15 所示。

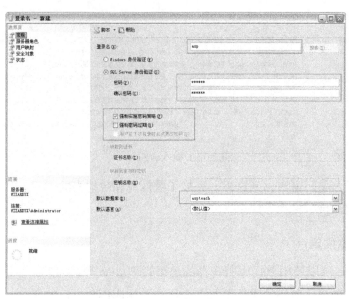

图 6-15 设置登录名信息

（2）设置用户映射

在"登录名—新建"窗口中左侧的"选择页"列表中单击"用户映射"项，再在右侧窗口进行设置。

在"映射到此登录名的用户"列表中，选中"数据库"aspteach 项前的"映射"复选框，后边的用户将自动映射到 asp；保持"数据库"aspteach 行的选中状态，在下面的"数据库角色成员身份（R）: aspteach"列表中，选中 db_owner 复选框，表示用户 asp 是 aspteach 数据库的所有者，如图 6-16 所示。

图 6-16 设置用户映射

（3）设置用户状态

在"登录名—新建"窗口中左侧的"选择页"列表中单击"状态"项，再在右侧窗口进行设置。

将"是否允许连接到数据库引擎"设置为"授予"状态；将"登录"设置为"启用"状态，如图 6-17 所示。

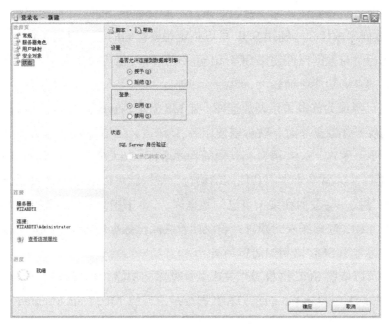

图 6-17　设置用户状态

按上述步骤设置完成后，单击"确定"按钮，即可完成用户的创建与设置。这样，就可以在 ASP 中通过用户名 asp，密码 123456 来访问数据库 aspteach 了。

6.1.4　SQL 查询语言简介

所有的关系数据库操作都离不开 SQL 语言，学习 SQL 语言，对数据库访问中有着非常重要的意义。本节将学习 SQL 语言的基本语句。

1．SQL 语言概述

SQL（Structured Query Language，结构化查询语言）是一种数据查询和编程语言，是操作数据库的工业标准语言。SQL 语言是基于 IBM 早期数据库产品 System R 发展起来的。于 1986 年经美国国家标准协会（ANSI）确认为国家标准，1990 年经国际标准化组织（ISO）确认为国际标准。作为一种特殊用途的语言，SQL 特别设计用来生成和维护关系数据库的数据。尽管 SQL 并不是一个通用的程序语言，但其中包含了数据库生成、维护并保证安全的全部内容。

SQL 语言是一个结构化的关系型数据库查询语言，主要用来存取数据库的内容，提供使用者方便、简单的操作方法的同时，也兼具了强大的功能，千万别以为 SQL 语言的所有功能只有查询（Query）而已，事实上，从建立新的数据表（Table），到修改或是删除数据库中的记录（Record），SQL 语言对于数据库的操作可以说是无所不能的。

SQL 语言包括了对数据库的设计、查询、维护、控制、保护等全方位的功能。在 SQL 语言中，只需要指定要做什么而不是怎么做，不需要告诉 SQL 如何访问数据库，只要告诉 SQL 需要数据库做什么。利用 SQL 可以指定想要检索的记录以及按什么顺序检索。可以在设计或运行时对数据控件使用 SQL 语句。一条 SQL 语句可以替代许多条数据库命令。从而使得数据的查询功能更加强大、灵活和快速。

SQL 语言已经成为许多关系型数据库（如 MS SQL Server、Oracle、DB2）的标准查询语言了，当需要操作数据库时，就可以使用 SQL 语言，但值得兴奋的是学习 SQL 语言并没有想象中的那么困难，SQL 语言和其他的程序语言（如 C/C++或者 Java）最大的不同之处在于 SQL 是一个非常易于学习和使用的语言，很快就可以学会 SQL 语言最常使用的命令，并且开始寻找一些数据和维护自己的数据库。（本书中只介绍与程序实例相关的数据库知识，不对 SQL 进行深入的探讨，建议读者去阅读数据库方面相关的书籍进行学习，在这里，只学习常用 SQL 语句的简单用法。）

基本上，可以依照 SQL 语言操作关系型数据库的功能，来将 SQL 语言分成数据定义语言（DDL，Data Definition Language）和数据维护语言（DML，Data Maintenance Language）两类。

数据定义语言可以用于创建（CREATE）、更改（ALTER）、删除（DROP）表格，而数据维护语言用来维护数据表的内容，主要是对记录进行操作，它可以查询（SELECT）、插入（INSERT）、更新（UPDATE）和删除（DELETE）表中的记录。下面，将学习常用 SQL 语句的用法。

2. 查询记录

SELECT 用于从表中读取所需要的数据，执行语句后将返回指定的字段。SELECT 的基本格式如下：

```
SELECT [Top n] column1, column 2, …FROM table_name [Order By Field [ASC | DESC]]
```

其中，column1、column 2 表示要查询的字段，table_name 是要查询的表名。Top 和 Order By 是可选项，Top 用于指定显示从头开始的 n 条记录（n 为整数），Order By 用于对记录按字段 Field 进行排序，参数 ASC 表示升序排列，DESC 表示降序排列，默认时为 ASC。

SELECT 语句的使用在 SQL 编程中最为广泛，下面对其用法一一进行介绍。

（1）查询表中的所有记录和字段

可以使用*来表示所有字段，以此来返回表中所有字段数据，如下所示：

```
SELECT * FROM provider
```

上面 SQL 语句将从"provider"表中读取所有记录。

（2）查询指定的字段

```
SELECT 联系人,电话 FROM provider
```

上面 SQL 语句将从"provider"表中查询联系人和电话字段。

（3）条件查询

SELECT 除了基本的格式外，还可以带有多种不同的子句，如 WHERE（条件筛选）、ORDER BY（排序）、GROUP BY（分组）等，其中使用最多的是 WHERE 子句。

WHERE 子句用于从表中筛选符合条件的记录，它可以使用多种比较运算符来进行运算，这些运算符如表 6-4 所示。

表 6-4 WHERE 运算符

运算符	说明	运算符	说明
>	大于	<>	不等于
>=	大于等于	=	等于
<	小于	LIKE	匹配字符串
<=	小于等于	BETWEEN	指定范围

例如：

```
SELECT * FROM provider WHERE 编号=2
```

从"provider"表查询编号等于 2 的记录。

```
SELECT * FROM provider WHERE 编号>=2
```

从"provider"表查询编号大于等于 2 的记录。

```
SELECT * FROM provider WHERE 编号<>2
```

从"provider"表查询编号不等于 2 的记录。

```
SELECT * FROM provider WHERE 编号 BETWEEN 2 AND 4
```

从"provider"表查询编号在 2 到 4 之间的记录。

```
SELECT TOP 10 * FROM provider
```

上面 SQL 语句将从"provider"表中读取前 10 条记录。

（4）字符串和日期的查询

对于字符串和日期型数据的查询，还需要加定界符，字符串和日期型数据前后加半角单引号。

```
SELECT * FROM provider WHERE 供应商='兰风'
```

从"provider"表查询供应商为"兰风"的记录。

```
SELECT * FROM 学生档案 WHERE 出生日期>'1982-1-1'
```

从"学生档案"表中选出1982年1月1日后出生的学生记录。

```
SELECT * FROM 学生档案 WHERE 出生日期 BETWEEN '1982-1-1' AND '1983-1-1'
```

从"学生档案"表中选出在1982年1月1日到1983年1月1日之间出生的学生记录。

（5）模糊查询

LIKE运算符支持通配符的使用，"%"可以用于匹配包含零个或多个字符的任意字符串。该通配符既可以用做前缀也可以用做后缀，可以进行模糊查询。

```
SELECT * FROM provider WHERE 姓名 LIKE '张%'
```

从"provider"表查询所有联系人姓张的记录。

（6）查询排序

```
SELECT * FROM 学生档案 Order By 出生日期
```

查询学生档案中的所有记录，并按出生日期升序排序。

```
SELECT * FROM provider Order By 姓名 DESC
```

从"provider"表查询所有联系人记录并按降序排序。

```
SELECT TOP 10 * FROM 学生档案 Order By 出生日期 DESC
```

将学生档案中的记录按出生日期降序排序，然后输出前10条，实际上就是输出学生档案中出生日期最靠后的10条记录。

3．删除记录

DELETE用于删除指定的记录，使用格式如下：

```
DELETE 字段名1,字段名2,… FROM 表名 [ WHERE 条件 ]
```

方括号中为可选内容，省略时删除所有记录。例如：

```
DELETE * FROM provider
```

删除"provider"中的所有记录。

```
DELETE * FROM provider WHERE 编号>2
```

删除"provider"中所有编号大于 2 的记录。

需要注意的一点是，在 Visual Studio.NET 环境的数据库视图设计中执行 DELETE 语句时，执行的结果会立即写入数据库，且该操作不可逆转，因此要慎重使用。对后面的 UPDATE 和 INSERT 语句也是一样。

4．更新记录

UPDATE 用于更新修改的数据，使用格式如下：

```
UPDATE 表名 SET 字段名1=值1，字段名2 =值2，… [ WHERE 条件]
```

方括号中为可选内容，省略时为更改所有记录。例如：

```
UPDATE    provider  SET 联系人='刘先生'
```

更新"provider"表中所有记录的联系人字段值为"刘先生"。

```
UPDATE    provider  SET 电话=' 01089234567'  WHERE 供应商='东源'
```

将"provider"表中供应商为"东源"的记录电话字段改为"01089234567"。

5．插入新记录

INSERT 语句用于在表中插入新记录。使用格式如下：

```
INSERT INTO 表名   （字段1，字段2，…） VALUE    （值1，值2，…）
```

注意字段列表中的字段顺序与后面值的顺序要一致，数据类型要匹配，否则易出错。例如：

```
INSERT INTO  provider   （编号,供应商,电话,联系人,地址）
VALUE ('10', '雪山', '010-65234567', '李先生','东城区东直门外12号')
```

上面语句将在"provider"数据表中插入一条编号为 10，供应商为"雪山"，电话为"010-65234567"，联系人为"李先生"，地址为"东城区东直门外 12 号"的新记录。

```
INSERT INTO  product   （编号,品名,供应商,规格,单价,库存量）
VALUE ('15', '巧克力', '雪山', '24 盒/箱',68,50)
```

上面语句将在"product"数据表中插入一条编号为 15，品名为"巧克力"，供应商为"雪山"，规格为"24 盒/箱"，单价为"68"，库存量为"50"的新记录。

6.1.5 数据提供程序

1．数据提供程序简介

要使用程序来访问数据库，除了有数据库服务器外，还需要有数据库提供程序（DB

Provider，也称为数据库提供者，数据源驱动程序），它为那些想访问数据库服务的程序提供了接口。

在 ASP 中，通常可用两种方式来实现对数据库的访问：一种是直接通过数据库提供程序进行访问；另一种是使用 ODBC（Open DataBase Connectivity，开放数据库连接）来进行访问。

第一种方式的性能比较高，也是最常用的方式，但需要确保数据库服务器提供了相应的驱动。

第二种方式是将数据库提供程序使用 ODBC 进行封装，程序访问 ODBC，再由 ODBC 使用数据库提供程序来访问数据库，这种方式统一了程序访问数据库的接口，但需要更多的开销，性能略低于第一种方式。

当前，第一种方式的应用最为广泛，因此，本书中也采用第一种方式。

2．常用数据提供程序

对不同的数据库进行访问，需要不同的数据库提供程序，下面介绍常用的访问 SQL Server 2005 数据库和 MS Access 数据库的提供程序，对于其他类型的数据库，请读者自行查阅相关数据库的资料。

（1）SQL Native Client

SQL Native Client(SQL 原生客户端)的提供程序为 SQLNCLI，通常在安装 SQL Server 2005 时会自动安装该程序。

SQLNCLI 仅用于 SQL Server 中，它针对 SQL Server 数据库进行了优化，能提供更高的性能和更多的功能。

在 SQL Server 2005 以上版本数据库中，最好使用 SQLNCLI。

（2）SQL Server

SQL Server 提供程序全称为 Microsoft OLE DB Provider for SQL Server，它是一种 OLE DB 兼容访问程序，可以用于 SQL Server 2005，也兼容 SQL Server 2000 等旧版本 SQL Server。在访问 SQL Server 2000 数据库时可以使用该提供程序，但它对于 SQL Server 2005 不能提供全部功能，性能也弱于 SQLNCLI。

（3）Microsoft Access

Microsoft Access 数据库的访问可以用 MS Access 的数据库引擎 Jet 的提供程序，MS Access 2003 对应的数据提供程序为 Microsoft Jet 4.0，它也是一种 OLE DB 兼容访问程序。

（4）其他数据库提供程序

通常系统中会安装多种数据库提供程序，这些提供程序有的是系统中自带的，也有些是安装数据库服务器或相关程序时自动安装的。

如果想知道计算机上已经安装了哪些数据库提供程序，可以在"ODBC 数据源管理器"

中进行查看。方法如下：

单击"开始"→"管理工具"→"数据源（ODBC）"菜单命令，打开"ODBC 数据源管理器"对话框，如图 6-18 所示（注意，由于 Windows 操作系统版本的不同，如果在"管理工具"下没有找到"数据源（ODBC）" 菜单命令，可以在"控制面板"中的"管理工具"中去找）。

单击"用户 DSN"选项卡中的"添加"按钮，此时将弹出如图 6-19 所示的"创建新数据源"对话框。

图 6-18 "ODBC 数据源管理器"对话框

图 6-19 "创建新数据源"对话框

可以看到，在"创建新数据源"对话框内的列表框中列出了多种数据提供程序，通过这些数据提供程序，可以访问多种不同的数据库。

6.1.6 【任务 25】在 Dreamweaver CS5 中快速实现"新闻浏览"页面设计

在本任务中，将通过 Dreamweaver CS5 提供的可视化数据库程序设计功能，来快速设计一个可以访问数据库中新闻记录的页面，浏览效果如图 6-20 所示。当在"新闻浏览"页单击新闻标题时，会在新闻内容页面上打开该标题相关的新闻内容，如图 6-21 所示。

在任务实现过程中，将学习如何使用 Dreamweaver CS5 的可视化数据库程序设计功能。

1. 创建数据连接

数据连接通常是一个 ASP 站点公用的，因此，在创建站点后，应该先创建数据连接，再设计内容页面。这里还是使用本书前面已经创建的 ASP 站点 aspteach。

启动 Dreamweaver CS5 开发环境后，打开 aspteach 站点，在右侧的"数据库"面板中，单击 ╋ 按钮，在弹出的菜单中选择"自定义连接字符串"菜单命令，如图 6-22 所示。

在弹出的"自定义连接字符串"对话框中，在"连接名称"文本框中输入 aspteach；在"连接字符串"文本框中输入连接字符串"Provider=SQLNCLI; Server=(local);database=

aspteach;UID=asp; Pwd=123456;";选择"使用测试服务器上的驱动程序"单选按钮,如图 6-23 所示。

图 6-20 新闻浏览

图 6-21 浏览新闻内容

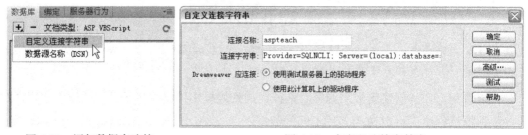

图 6-22 添加数据库连接   图 6-23 自定义连接字符串

自定义连接字符串设置完成后,可以单击"测试"按钮进行测试,如果设置正确,将弹出对话框提示创建成功,如图 6-24 所示。如果不成功,请检查连接字符串和数据库相关内容是否设置正确。本任务中使用的数据源是本章创建的数据库 aspteach 中的表 news,如果未创建该数据库或表,请参考本章中的方法进行创建。

在"自定义连接字符串"对话框中单击"确定"按钮,完成设置。此时在"数据库"面板中将出现新建的数据库连接 aspteach,如图 6-25 所示。

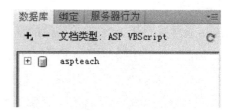

图 6-24 测试连接字符串成功   图 6-25 新建的数据库连接 aspteach

注意,对于不同的数据库提供程序,需要有不同的连接字符串,关于连接字符串的设计,在下一节将进一步进行学习。

2. 设计"新闻浏览"主页面

(1) 静态页面部分设计

在 Dreamweaver CS5 中,新建一个名为 newsindex.asp 的页面文件。使用 Dreamweaver CS5 中提供的可视化方法制作出如图 6-26 所示的网页静态部分。

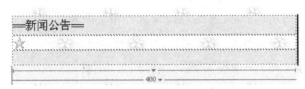

图 6-26 设计完成的网页静态部分

除了使用可视化设计方法外,也可以通过在"代码视图"中输入下面的代码来完成网页静态部分的设计。

```
<%@LANGUAGE="VBSCRIPT" CODEPAGE="65001"%>
<!DOCTYPE html PUBLIC "-//W3C//DTD XHTML 1.0 Transitional//EN"
"http://www.w3.org/TR/xhtml1/DTD/xhtml1-transitional.dtd">
<html xmlns="http://www.w3.org/1999/xhtml">
<head>
<meta http-equiv="Content-Type" content="text/html; charset=utf-8" />
<title>新闻浏览</title>

</head>

<body background="../images/bg.gif">
<table width="400" align="center" cellspacing="0" >
    <tr>
     <td height="27" align="left" bgcolor="#d6dff7"> ==新闻公告==</td>
    </tr>
    <tr>
        <td height="13" align="left" ><img src="../images/List2.GIF" width="18" height="18" /></td>
    </tr>
    <tr>
     <td height="14" align="left" bgcolor="#D6DFF7" > </td>
    </tr>
</table>

</body>
</html>
```

静态页面部分设计完成后，下面将在Dreamweaver CS5中通过可视化操作来快速地将数据库内容嵌入到静态页面中。

（2）绑定记录集到当前页面

单击"数据库"面板标签右侧的"绑定"标签，切换到"绑定"面板，如图6-27所示。如果网站设置、文档类型、测试服务器都是正确的，则"绑定"面板中的1、2、3项前都有表示通过的✔符号；如果某项未通过检测，请检查并修改该项内容直到通过。具体方法可参考第1章中的Dreamweaver CS站点设置部分相关内容。

在"绑定"面板中单击 ➕ 按钮，在弹出的菜单中选择"记录集（查询）"菜单命令，打开"记录集"对话框。在"记录集"对话框中，设置"名称"为rsNews，"连接"为aspteach，"表格"为dbo.news，"排序"为addtime的"降序"方式，如图6-28所示。

"记录集"设置完成后，单击"测试"按钮进行测试，如果测试正确，将在弹出的"测试SQL指令"对话框中显示出news表中的数据。

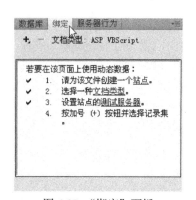
图6-27 "绑定"面板

图6-28 "记录集"设置

在"记录集"对话框中单击"确定"按钮，完成设置。此时，在"绑定"面板中将显示出新建的记录集rsNews。在"绑定"面板中，单击记录集rsNews前的加号，展开记录集，可以看到记录集中的各个数据字段，如图6-29所示。

图6-29 创建记录集rsNews

（3）将动态数据内容绑定到页面

在 Dreamweaver CS5 中，将文档窗口切换到设计视图。在"绑定"面板中的 title 项上按下鼠标左键选择该项，将其拖曳到设计视图内的表格中的星形图标之后（如图 6-30（a）所示），松开鼠标左键，将 title 绑定到该位置，如图 6-30（b）所示。

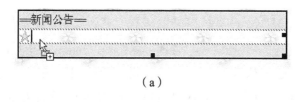

（a）

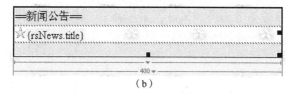

（b）

图 6-30 将记录集中的数据绑定到页面

使用同样的方法，将 addtime 项拖曳到表格中，并在 addtime 项前后添加括号，完成后的效果如图 6-31 所示。

图 6-31 将记录集中的数据绑定到页面

为确保操作的正确性，需要及时对绑定数据进行检查。单击"文档"工具栏中的"实时视图"按钮，如果前面步骤都正确，将在"实时视图"中显示出数据内容，如图 6-32 所示。

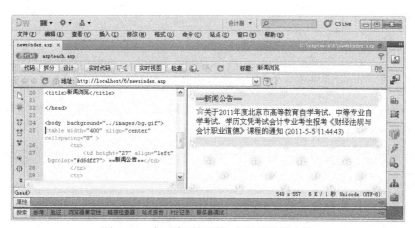

图 6-32 在"实时视图"中显示数据内容

如果在"实时视图"中不能显示出数据内容，则请根据前面的步骤逐步进行检查。

如果在"实时视图"显示"Active Server Pages 错误 'ASP 0131'"这样的内容，则是由于 IIS 中出于安全考虑，默认设置不允许包含父目录所导致的。ASP 页面中下面的这行包含代码引发了该错误。

```
<!--#include file="../Connections/aspteach.asp" -->
```

解决方法如下：单击"开始"→"管理工具"→"Internet 信息服务（IIS）管理器"菜单命令，打开"Internet 信息服务（IIS）管理器"对话框。在"Internet 信息服务（IIS）管理器"对话框左侧的窗口中，展开树状列表。在"网站"文件夹下的 aspteach 网站上单击鼠标右键，在弹出的菜单中选择"属性"菜单命令，此时将会弹出"aspteach 属性"对话框。在"aspteach 属性"对话框中单击"主目录"标签，切换到"主目录"选项卡，如图 6-33 所示。

在"主目录"选项卡中单击"配置"按钮，打开"应用程序配置"对话框。在"应用程序配置"对话框中单击"选项"标签，切换到"选项"选项卡，选中"启用父路径"复选框，如图 6-34 所示。单击"确定"按钮，保存所做的设置。

图 6-33　"aspteach 属性"对话框　　　　图 6-34　"应用程序配置"对话框

进行上面的操作后，就可以在 ASP 页面中使用包含父目录的包含文件指令了。

（4）设置浏览新闻内容页的超链接

在"实时视图"中验证无误后，再次单击"文档"工具栏中的"实时视图"按钮，返回到"设计视图"状态。

现在，需要将新闻标题做成超链接，以便在单击新闻标题时，转到新闻内容页面，显示相关的新闻内容。

在"设计视图"中选中新闻标题字段"{rsNews.title}",在 Dreamweaver CS5 开发环境中单击"绑定"面板右侧的"服务器行为"标签,切换到"服务器行为"面板。在该面板中可以看到前面操作中所创建的"记录集"和"动态文本"等服务器行为。

在"服务器行为"面板中单击 按钮,在弹出的菜单中选择"转到详细页面"菜单命令,将弹出"转到详细页面"对话框,在该对话框中可以对所选内容进行超链接设置,并能把相关参数传递到目标页面。

在"转到详细页面"对话框中,设置"详细信息页"为"newscontent.asp",即为新闻内容页文件名称,该页面将在后面步骤中创建;设置"传递 URL 参数"为 id,在新闻内容页中将通过该标识来获取所传递的参数;设置"记录集"为 rsNews,"列"为 id,即表示传递的参数值为 rsNews 记录集中 id 字段的值。完成设置后如图 6-35 所示。

注意,这里的记录集中列必须是具有唯一标识性的字段,这在前面设计 news 表时已为此做好准备。

单击"确定"按钮,完成设置。在"服务器行为"面板中可以看到新增的"转到详细页面"服务器行为,在"设计视图"中可以看到新闻标题字段"{rsNews.title}"已经成为超链接状态。

(5)设置重复区域

在前面的操作中,页面只显示一条记录,如果需要显示多条记录,则需要进行重复区域设置。

在"设计视图"中,将鼠标移动到新闻标题行左侧边缘单击,选中该行表格,如图 6-36 所示。

图 6-35 "转到详细页面"对话框　　　图 6-36 选中新闻标题行表格

在"服务器行为"面板中单击 按钮,在弹出的菜单中选择"重复区域"菜单命令,在弹出的"重复区域"对话框中设置"记录集"为 rsNews,"显示"记录数为 5 条,如图 6-37 所示。

单击"确定"按钮,完成设置。在"实时视图"观察,效果如图 6-38 所示。可以看到,页面中显示出 5 条新闻信息。

图 6-37　设置重复区域　　　　　图 6-38　在"实时视图"中观察重复区域效果

（6）设置记录集导航条

当记录太多时，在一个页面内显然是放不下的，这就需要使用分页导航，上一步的重复区域设置中，已经按每页 5 条记录进行了分页，现在来实现导航浏览。

在"设计视图"中，将鼠标移动到新闻标题行下方的单元格内单击，将光标移动到该单元格内，下一步将在此处插入导航条。

在主菜单中执行"插入"→"数据对象"→"记录集分页"→"记录集导航条"菜单命令，打开"记录集导航条"对话框。在"记录集导航条"对话框内设置记录集为 rsNews，"显示方式"为"文本"，如图 6-39 所示。

单击"确定"按钮，完成导航条设置。此时，在"设计视图"中可以看到新增加的导航条，如图 6-40 所示。

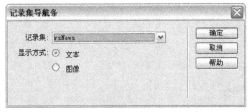 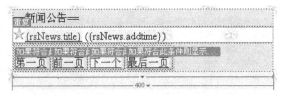

图 6-39　"记录集导航条"对话框　　　　图 6-40　自动创建的导航条

从图 6-40 中可以看到，自动生成的导航条标识不太符合使用习惯，可以在"设计视图"中将其改为"第一页"、"上一页"、"下一页"和"最后一页"，如图 6-41 所示。

图 6-41　修改后的导航条

至此，"新闻浏览"页面设计完成，在浏览器中浏览，效果如图 6-42 所示。

第6章 数据库网站开发

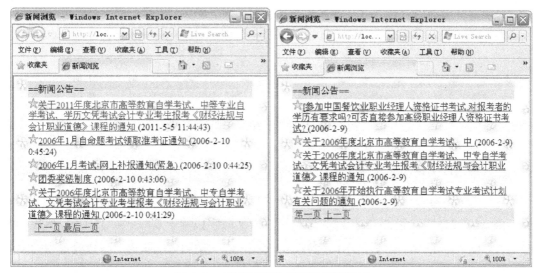

图 6-42 "新闻浏览"页面的浏览效果

3．设计"新闻内容"页面

（1）静态页面部分设计

在 Dreamweaver CS5 中，新建一个名为 newscontent.asp 的页面文件。注意，这里的文件名对应于前面设置"转到详细页面"参数中的文件名。

在页面"代码视图"中输入下面的代码来完成网页静态部分的设计。

```
<%@LANGUAGE="VBSCRIPT" CODEPAGE="65001"%>
<!DOCTYPE html PUBLIC "-//W3C//DTD XHTML 1.0 Transitional//EN" "http://www.w3.org/TR/xhtml1/DTD/xhtml1-transitional.dtd">
<html xmlns="http://www.w3.org/1999/xhtml">
<head>
<meta http-equiv="Content-Type" content="text/html; charset=utf-8" />
<title>新闻内容</title>
</head>
<body background="../images/bg.gif" style="font-size:12px">
<table width= "580" border="1" bordercolor="#E0E1E9" align="center" >
 <tr>
 <td height="20" align="center" style="color:#39F; font-size:24px"> </td>
 </tr>
 <tr>
    <td align="right">作者：   发布时间</td>
 </tr>
 <tr>   <td align="left">  </td>   </tr>
</table>
</body>
</html>
```

255

代码输入完成后，在"设计视图"中的效果如图 6-43 所示。

图 6-43　设计完成的网页静态部分

（2）绑定记录集到当前页面

在"绑定"面板中单击 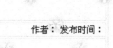 按钮，在弹出的菜单中选择"记录集（查询）"菜单命令，打开"记录集"对话框。在"记录集"对话框中，设置"名称"为 rsNewsContent，"连接"为 aspteach，"表格"为 dbo.news，"筛选"条件为 id 字段等于（即"="）"URL 参数"中的 id，如图 6-44 所示。这里的 URL 参数 id 对应于在"转到详细页面"参数设置中的"传递 URL 参数"。

图 6-44　设置记录集参数

按图 6-44 中的设置，当通过链接访问打开本页面时，将检查 URL 链接参数中的 id 参数，记录集中将只从数据库服务器中获取 news 表中 id 字段与 URL 的 id 参数相等的记录。

单击"确定"按钮，完成记录集的设置。

（3）将动态数据内容绑定到页面

按前面学过的方法，从"绑定"面板的记录集 rsNewsContent 中，将 title、admin、addtime 和 content 等字段拖曳到表格中，如图 6-45 所示。

图 6-45　将动态数据内容绑定到页面

至此，"新闻内容"页面设计基本完成。

在浏览器中浏览"新闻浏览"页面，再在"新闻浏览"页面中单击新闻标题链接，将打开"新闻内容"页面并显示相应的新闻内容，如图 6-46 所示。

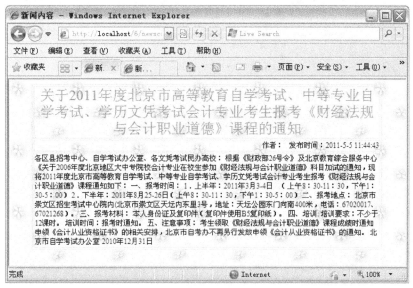

图 6-46 "新闻内容"页面

从图 6-46 中可以看到，"新闻内容"页面的内容显示效果不好，原来文本中的换行、空格等符号在 HTML 中被忽略，所有文本连成了一串。因此，还需要对其进行改进。

在 Dreamweaver CS5 开发环境中，将"文档"窗口切换到"代码"窗口状态，找到下面的代码：

```
<%=(rsNewsContent.Fields.Item("content").Value)%>
```

这行代码就是显示新闻内容的代码。下一步，将对新闻内容添加预处理标识，使其能显示出空格和换行符。

将上面找到的那行代码用下面的代码替换：

```
<pre style=" white-space:pre-wrap">
    <%=rsNewsContent.Fields.Item("content").Value%>
</pre>
```

经过上面代码的转换后，文本内容中的换行和空格将被转成 HTML 标识，就可以显示出效果来了。保存修改，再次浏览前面的页面，效果如图 6-47 所示。

至此，本节任务完成。从任务实现过程中可以看到，Dreamweaver CS5 为 ASP 网站的数据库访问设计提供了极大的便利，在只需要编辑极少代码的情况下，就可以快速实现访问数据库的页面设计。

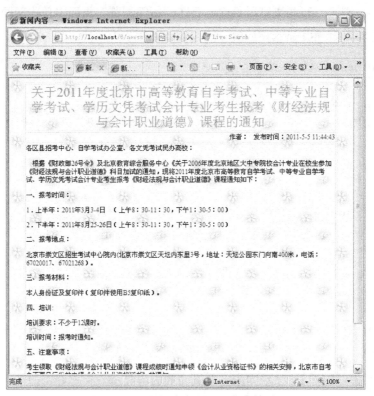

图 6-47 "新闻内容"页面浏览效果

不过，这种设计方法也有一些弊端，那就是不够灵活，而且有一些代码冗余，通常非专业的网页设计者才会使用这种方法来设计网站，而专职的网页程序开发人员都会使用程序来进行设计，后面的 ADO 程序设计中将介绍在网页中使用 ADO 程序来访问数据库。

6.2 在 ASP 中使用 ADO 进行数据库访问

6.2.1 ADO 程序设计基础

1. ADO 简介

ASP 对数据库的操作，主要是通过 ActiveX 数据对象（ActiveX Data Object，ADO）来进行的，ADO 是帮助用户与数据库进行交互的组件。下面将学习通过 ADO 从数据库中获取和传送数据，以及获取到数据后的数据处理方法。

用 ASP 访问 Web 数据库时，必须使用 ADO 组件，ADO 是 ASP 内置的 ActiveX 服务器组件（ActiveX Server Component），是对目前微软所支持的数据库进行操作的最有效、最简单和直接的方法。

ADO 组件主要提供了以下 7 个对象（4 个集合）来访问数据库。

- Connection 对象：建立与后台数据库的连接。
- Command 对象：执行 SQL 指令，访问数据库。
- Parameters 对象和 Parameters 集合：为 Command 对象提供数据和参数。
- RecordSet 对象：存放访问数据库后的数据信息，是最经常使用的对象。
- Field 对象和 Field 集合：提供对 RecordSet 中当前记录的各个字段进行访问的功能。
- Property 对象和 Properties 集合：提供有关信息，供 Connection、Command、RecordSet、Field 对象使用。
- Error 对象和 Errors 集合：提供访问数据库时的错误信息。

其中，最常用的是 Connection、Command 和 RecordSet 对象，图 6-48 给出了这些常用对象间的相互关系。

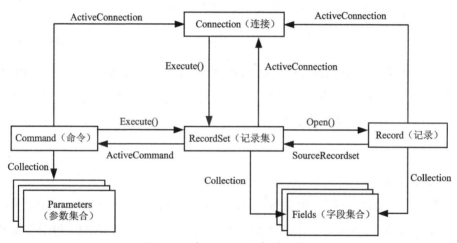

图 6-48　常用 ADO 对象间的联系

2．ASP 网络数据库应用程序的设计流程

ASP 网络数据库应用程序的设计可以归纳为以下几步：
- 创建数据库
- 创建数据库连接（Connection）
- 创建数据对象（Recordset 或 Command）
- 操作数据库
- 关闭数据对象和连接

下面的内容将以本节的任务实现为例，针对这些流程步骤进行简单的学习。

在前面的学习中，已经完成了数据库和数据源 DSN 的创建，DSN 数据源名称为 aspteach，接下来将通过 ADO 对象创建数据库连接，并操作数据库。

3．创建数据库连接

ASP 文件中如果要访问数据，必须首先创建与数据库的连接 Connection，下面的语句完成了数据库连接的创建和打开。

```
    Set con = Server.CreateObject("ADODB.Connection")    '创建 Connection 对象 con
    con.ConnectionTimeout = 15                           '设置连接时间
    con.CommandTimeout = 10                              '设置命令时间
    ServerName ="127.0.0.1"        '数据库名称(IP\实例名)
    Provider = "SQLNCLI"           '驱动程序
    DateBase = "aspteach"          '数据库名
    UserName = "asp"               'SQL 用户名
    PassWord = "123456"            'SQL 用户密码
    '设置连接字符串 ConStr
    ConStr = "Provider=" & Provider & "; Server=" & ServerName & "; database="
 & DateBase & "; UID=" & UserName&"; Pwd="&PassWord &";"

    con.Open constr                                      '通过连接字符串打开连接
```

这里，先是调用 Server.CreateObject 方法创建 ADODB.Connection 连接对象的实例，再设置必须的一些连接参数后，调用 Open 方法打开数据库，建立连接。连接字符串是打开连接时的参数，它提供了所需连接的数据源（DSN=aspteach）、用户名（UID=sa）和密码（PWD=）。

4．创建数据对象

要对数据库内容进行操作,通常是 ADO 中的数据对象 Recordset 或 Command 来完成，本例中使用的是 RecordSet。RecordSet 是 ADO 中最复杂的对象，它的内容通常是 SQL 查询结果，保存的是一行行的记录，并有一个游标（记录指针）来指示当前记录。任务中，下面的语句完成了 RecordSet 对象的创建和打开。

```
    Set rs = Server.CreateObject ("ADODB.Recordset")    '创建记录集
    '创建 Sql 语句以获取最近的 10 条新闻
    sql="select top 10 * from news  order by addtime desc,id desc"
    rs.open sql,con,3,3                                  '通过 Sql 语句打开记录集
```

这里，先是调用 Server.CreateObject 方法创建 ADODB. Recordset 记录集对象的实例，再调用 Open 方法打开数据库，获取 sql 查询的内容。

5．操作数据库

创建数据对象后，就可以进行数据操作，下面这些语句就是通过 ADODB.Recordset 记录集对象的属性和方法来读取数据记录，并显示到浏览器中。

```
    <%
```

```
        rscount=rs.recordcount                        '获取记录条数
%>

    <!--下面将在表格中显示读取到的数据 -->
    <table width="400" align="center" cellspacing="0" >
     <tr>
        <td width="188" height="27" bgcolor="#d6dff7" align="left"> ==新闻公告==</td>
        <td width="166" align="right" bgcolor="#d6dff7"><a href="../news/news.asp">更多&gt;&gt;&gt;</a></td>
     </tr>

<%
    If rscount <= 0 Then
        response.write("目前没有新闻!")
    else
        while (not rs.eof)                  '循环读取记录
            if color="#ffffff" then
                color="#F6F7FD"
            else
                color="#ffffff"
            end if
%>
        <tr>
            <td height="27" colspan="3" align="left" bgcolor="<%=color%>">
            <img src="../../images/List2.GIF" width="16" height="16">
            <a  href="../../news/newscontent.asp?id=<%=rs("id")%>"><%=rs("title")%>
                </a>(<%=datevalue(rs("addtime"))%>)
<%
        '10 天内的消息添加"New"图标
        if date()-rs("addtime")<10 then
%>
            <img src="../../images/new.gif" width="31" height="12" />
<%
        end if
%>
            </td>
        </tr>
<%
        rs.movenext         '移动记录指针到下一条记录
    wend
end if
```

```
%>
```

其中,下面的语句用于获取记录集中记录的总数。

```
rscount=rs.recordcount        '获取记录条数
```

下面的语句用于循环读取记录集中的记录。

```
while (not rs.eof)            '如果没有到记录集尾,则循环
   …
    rs.movenext               '移动记录指针到下一条记录
wend
```

在循环中,通过 rs("addtime")、rs("title")和 rs("")来访问当前记录中的 addtime、title 和 id 字段。

6. 关闭数据对象和连接

在数据库操作完毕后,需要关闭数据对象和数据库连接,这些操作由下面的两行语句完成。

```
rs.close                      '关闭记录集
con.close                     '关闭连接
```

注意,关闭 ADO 对象时,先关闭 RecordSet 等下级对象后,才能关闭 Connection 对象连接对象。

6.2.2 Connection 对象

1. Connection 对象概述

Connection 对象代表与数据源的连接,如果是客户端/服务器数据库系统,该对象可以等价于到服务器的实际网络连接。对于不同的数据提供者,Connection 对象所支持的功能不同,Connection 对象的某些集合、方法或属性在某些数据提供者而言是无效的。

使用 Connection 对象的集合、方法和属性可执行下列操作:

在打开连接前使用 ConnectionString、ConnectionTimeout 和 Mode 属性对连接进行配置;

使用 Provider 属性指定 OLE DB 提供者;

设置 CursorLocation 属性以便调用支持批更新的"客户端游标提供者";

使用 DefaultDatabase 属性设置连接的默认数据库;

使用 IsolationLevel 属性为在连接上打开的事务设置隔离级别;

使用 Open 方法建立到数据源的物理连接;

使用 Execute 方法执行对连接的命令;

可使用 BeginTrans、CommitTrans 和 RollbackTrans 方法，以及 Attributes 属性管理打开的连接上的事务（如果提供者支持则包括嵌套的事务）；

使用 Errors 集合检查数据源返回的错误；

通过 Version 属性读取使用中的 ADO 执行版本；

使用 OpenSchema 方法获取数据库模式信息；

使用 Close 方法将连接断开。

注意，如果不使用 Command 对象执行查询，请向 Connection 对象的 Execute 方法传送查询字符串。但是，当需要使命令文本具有持久性并重新执行，或使用查询参数的时候，则必须使用 Command 对象。

可以创建独立于先前定义的其他任何对象的 Connection 对象。

此外，还可以像执行 Connection 对象的本地方法一样执行 SQL 命令或 SQL 存储过程。

2．Connection 对象的常用方法

表 6-5 列出了 Connection 对象的一些常用方法。

表 6-5　Connection 对象的常用方法

方　　法	描　　述
Open	打开一个数据源连接
Close	关闭与数据源的连接以及相关的对象
Execute	执行一个相关的查询（SQL 语句或存储过程，或数据提供者特定文本）
BeginTrans	开始一个新事务
CommitTrans	保存一些改变或当前的事务，目的是为开始一个新事务
RollbackTrans	取消一些改变在当前事务和结束事务，目的是开始一个新事务

3．Connection 对象的常用属性

表 6-6 列出了一些 Connection 对象常用的属性。

表 6-6　Connection 对象的常用属性

属　　性	描　　述
ConnectionString	包含建立与数据源连接的相关信息
ConnectionTimeout	显示尝试建立与数据源的连接和产生错误所花去的时间
CommandTimeout	显示在中断一个尝试和返回一个错误前执行该项指令所花去的时间
State	表明是否与数据源连接上或已关闭或正在连接中
Provider	显示连接提供者的名称
Version	显示 ADO 版本号
CursorLocation	设定或返回一个提供者光标函数的定值

4. 创建 Connection 连接

ASP 中如果要访问数据，必须首先创建与数据库的连接，其语法如下：

```
set con=Server createObject("ADOBD.Connection")
```

这条语句创建了 Connection 对象 Con。

创建 Connection 对象后，并能不立刻使用，还需要指定一个连接字符串，用来指定想要连接的数据源，然后调用 Open 方法来建立连接。Open 方法的使用格式如下：

```
Connection.Open ConnectionString, UserID, Password
```

其中，参数 ConnectionString 为一个包含连接信息的字符串。参数 UserID 为建立连接时所使用的用户名，Password 为建立连接时所使用的密码。

通常情况下，可在连接字符串中包含用户名和密码数据，这样可以在 Open 方法中省略 UserID 和 Password。例如：

```
con.Open  "Provider=SQLNCLI; Server=127.0.0.1;database=aspteach;UID=asp; Pwd=123456; "
```

通过连接字符串提供的信息用 Connection 对象的 Open 方法可以非常轻松地建立与数据的连接。

另外，也可以创建一个 Connection 对象，在调用 Open 方法前可以先设置 ConnectionString 属性。这种方法容许连接一个数据源后再重新用这个对象再连接另一个数据源。例如：

```
<%
    con.ConnectionString=" Provider=SQLNCLI; UID=asp; Pwd=123456; database=aspteach; Server=127.0.0.1; "
    con.open
%>
```

5. 连接到 SQL Server 数据库

从上面创建 Connection 连接的代码中可以看到，创建连接的关键在于连接字符串的设置，使用不同的连接字符串，可以连接到不同的数据库以进行不同的数据库操作。

```
Provider=SQLNCLI; Server=127.0.0.1;database=aspteach;UID=asp; Pwd=123456;
```

上面的连接字符串中，使用的数据提供程序是 SQLNCLI；连接的数据库服务器是 IP 地址为 127.0.0.1 的计算机；连接的数据库名称为 aspteach；用户名为 asp；密码为 123456。

其中 127.0.0.1 为数据库服务器所在的计算机的 IP 地址，也可以使用该服务器的名称（如 6.1.3 节中连接数据库时所用的名称 WIZARDYX）。如果是本地服务器，还可以使用名

称"(local)"。注意,"(local)"中的括号不可省略。例如:

```
Provider=SQLNCLI; Server=(local);database=aspteach;UID=asp; Pwd=123456;
Provider=SQLNCLI; Server=WIZARDYX;database=aspteach;UID=asp; Pwd=123456;
```

由于笔者本地计算机的名称就是 WIZARDYX,因此,上面几种连接字符串实际上都是连接到同一数据库。如果在建站时,使用的数据库服务器是独立于 ASP 服务器的,则 Server 必须使用 IP 地址。

此外,如果在 SQL Server 服务器没有使用默认实例,而是指定的别的实例名称,则 Server 中必须指出实例名称。例如:

```
Provider=SQLNCLI;
Server=127.0.0.1\SQLEXPRESS;database=aspteach;UID=asp; Pwd=123456;
Provider=SQLNCLI;
Server=WIZARDYX\MSSQLSERVER;database=aspteach;UID=asp; Pwd=123456;
```

上面两个连接字符串中的 SQLEXPRESS 和 MSSQLSERVER 即为实例名,服务器地址(名称)与实例名之间用"\"隔开。

上面连接字符串中的数据提供程序是 SQLNCLI,如果是访问 SQL Server 2000 数据库,则需要改成 SQLoledb。例如:

```
Provider=SQLoledb; Server=127.0.0.1;database=aspteach;UID=asp; Pwd=123456;
```

此外,为方便修改参数,通常都使用下面方式来设计连接字符串。

```
ServerName ="127.0.0.1"           '数据库名称(IP\实例名)
Provider = "SQLNCLI"              '驱动程序
DateBase = "aspteach"             '数据库名
UserName = "asp"                  'SQL 用户名
PassWord = "123456"               'SQL 用户密码

'上面的参数使用字符串连接,得到最终的连接字符串 ConStr
ConStr = "Provider=" & Provider & "; Server=" & ServerName & "; database="
& DateBase & "; UID=" & UserName&"; Pwd="&PassWord &";"
Con.Open ConStr                   '打开连接
```

6. 连接到 MS Access 数据库

连接到 MS Access 数据库的数据提供程序与 SQL Server 不同,连接字符串也不一样,如下所示:

```
Provider=microsoft.jet.oledb.4.0;data    source=C:\aspteach\database\
aspteach.mdb
```

其中，Provider=microsoft.jet.oledb.4.0 表示数据提供程序是 Microsoft Jet 4.0，连接的 Access 数据库为 C:\aspteach\database\aspteach.mdb。

注意，这里的 Access 数据库路径使用的是绝对路径，在实际应用中是不会这样使用的，因为在网站上传到服务器前，基本上不可能指定 Access 数据库的绝对存储路径。

因此，实际应用中都是使用相对于网站根目录或当前页面的相对路径，通过 ASP 中的 Server 对象方法来换算成数据库的绝对路径。例如：

```
    DB_path=Server.MapPath("\database\aspteach.mdb")    '将相对于根目录的路径换算成绝对路径
    ConStr="provider=microsoft.jet.oledb.4.0;data source=" & DB_path   '将绝对路径连接到字符串
    Con.Open ConStr                                      '打开连接
```

最后补充一句，除了上述的方法外，还有多种方法可以连接到数据库，限于本书篇幅，就不一一介绍了，感兴趣的读者可自行查阅 ADO 的相关资料进行学习。

7．检查连接

如果要查看 Connection 对象是否连接正确，那么可以用它的 State 属性。如果 Connection 对象被打开了那么它的返回值为 adstateopen，如果没有，则它的返回值为 adstateclosed。在对 Connection 对象建立连接前，可以设置它的其他属性。例如，可以设置连接超时。下面的例子是利用 ODBC 建立与 SQL 的连接。

```
<%
    Set Con = Server.CreateObject("ADODB.Connection")   '创建 Connection 对象con
    Con.ConnectionTimeout = 30                           '设置连接时间
    Con.CommandTimeout = 10                              '设置命令时间

    ServerName ="127.0.0.1"       '数据库名称(IP+实例名)
    UserName = "asp"              'SQL 用户名
    PassWord = "123456"           'SQL 用户密码
    DateBase = "aspteach"         '数据库名
    Provider = "SQLNCLI"          '数据提供程序
    ConStr = "Provider=" & Provider & "; Server=" & ServerName & "; database=" & DateBase & "; UID=" & UserName & "; Pwd=" & PassWord & ";"
    Con.Open ConStr

    If Con.state=2 Then
        Response.Write("正在连接")
    ElseIf Con.state=1 Then
        Response.Write("连接已经打开")
```

第 6 章　数据库网站开发

```
    Else
        Response.Write("无法打开连接")
    End If
%>
```

上面代码运行时，如果数据库连接时间较长但未超出设置的连接时间，将显示"正在连接"；如果连接上数据库，将显示"连接已经打开"；如果连接超时，则显示"无法打开连接"。

6.2.3　Recordset 对象

1．Recordset 对象概述

Recordset 对象又称为记录集，用于代表一个数据库表或对数据库进行 SQL 查询得到的表，可使用 Recordset 对象操作来自提供者的数据。使用 ADO 时，通过 Recordset 对象可对几乎所有数据进行操作。所有 Recordset 对象均使用记录（行）和字段（列）进行构造。

Recordset 对象是在 Web 应用程序和 SQL Server 之间的主要界面，用于提供显示到页面的数据。下面方法可用于创建 Recordset 对象。

```
<%
Set Rs=Server.CreateObject("ADODB.Recordset")
%>
```

Recordset 对象的 Fields 集合对应于记录的字段，通常用于获取当前记录的字段值。可以通过下面的两种方式来在网页当前位置显示记录集 rs 当前记录的 addtime 字段的值。

```
<%=rs.fields("addtime")%>
<%=rs ("addtime")%>
```

上面两种方式可以实现相同的效果。

Recordset 对象提供了大量的属性和方法来方便数据表的操作，需要注意，由于提供者所支持的功能不同，某些 Recordset 方法或属性有可能无效。

2．Recordset 对象的常用属性

（1）AbsolutePage

当一个记录集分成多个页时，返回当前页的号码或者移动到一个新页。对于该属性，可以使用表 6-7 所示的几个常数之一。

（2）AbsolutePosition

在记录集内当前记录的绝对位置。返回一个数字来代表当前记录的绝对位置，或者移

动到一个指定绝对位置的记录。在该属性中，可以使用表 6-8 所示的常数。

表 6-7　AbsolutePage 常数

常　数	描　述
adPosUnknown	指明当前记录集为空，该页的号码未知，或者记录集不支持 AbsolutePage 属性
adPosBOF	属性 BOF 的值为 TRUE
adPosEOF	属性 EOF 的值为 TRUE

表 6-8　AbsolutePosition 常数

常　数	描　述
adPosUnknown	指明当前记录集为空，该页的号码未知，或者记录集不支持 AbsolutePage 属性
adPosBOF	属性 BOF 的值为 TRUE
adPosEOF	属性 EOF 的值为 TRUE

（3）ActiveConnection

指明连接字符串或 Connection 对象的名称。当记录集已经被打开或者记录集的 source 属性为一个 Command 对象时，该属性只可读。否则，在设定该属性时会创建一个新的连接。

（4）BOF

如果当前记录的位置位于记录集第一条记录之前时，返回值 TRUE。否则返回值 FALSE。

（5）Bookmark

当读取该属性时，它返回一个标志当前记录的书签。当该属性设置成书签时，当前记录变成由书签标志的记录。

（6）CacheSize

指明保存在本机内存缓冲区内记录集内记录的数目。对于一个只能向前移动的游标，默认值为 1。对于所有其他类型的游标，默认值为 10。

（7）CursorLocation

指明使用哪种类型的游标库。该属性取值如表 6-9 所示。

表 6-9　CursorLocation 常数

常　数	描　述
adUseClient	使用客户端游标
adUseServer	使用服务器或驱动器游标（默认值）

（8）CursorType

CursorType 为游标类型，可以是表 6-10 所示常数的任一个。

（9）EditMode

返回一个指明当前记录的编辑状态的常数，其值如表 6-11 所示。

表 6-10　CursorType 游标类型

常　数	描　述
adOpenForwardOnly	只允许在记录集内的记录间往前移动（默认值）
adOpenKeyset	反映由其他用户所做的对记录的改变或删除动作。然而并不反映由其他用户所做的添加新记录动作
adOpenDynamic	反映由其他用户所做的对记录的改变或删除动作。包括新添加的记录
adOpenStatic	不反映其他用户对记录所做的修改，删除或添加动作

表 6-11　EditMode 编辑状态常数

常　数	描　述
adEditNone	没有对当前记录进行修改
adEditInProgress	当前记录已经被编辑了，但还没有被保存
adEditAdd	调用了方法 AddNew

（10）EOF

如果当前的记录位置位于记录集的最后一个记录之后，返回值 TRUE。否则返回值 FALSE。

（11）Filter

为在记录集内的数据指明一个过滤器。可以使用一个条件字符串，书签数组或者如表 6-12 所示的某个常数来创建一个过滤器。

表 6-12　Filter 过滤器常数

常　数	描　述
adFilterNone	删除当前的过滤器
adFilterPendingRecords	仅仅在批修改模式下使用，用于观看已经被改变但还没有发送到服务器上的记录
adFilterAffectedRecords	被最近一次 Delete，Resync，UpdateBatch，或者 CancelBatch 方法调用所影响到记录的过滤器
adFilterFetchedRecords	最近一次从数据库返回记录的过滤器（在当前缓存内的记录）

（12）LockType

指明当数据提供者在打开记录集时所使用的锁定类型。可以使用表 6-13 所示常数的任意一个。

表 6-13　LockType 锁定类型

常　数	描　述
adLockReadOnly	数据不能改变（默认值）
adLockPessimistic	一般数据提供者一旦开始编辑数据时就锁定记录
adLockOptimistic	仅当 Update 方法被调用时，数据提供者锁定记录
adLockBatchOptimistic	用于批处理修改

（13）MarshalOptions

指明被重新返回到服务器的记录。在该属性内，可以使用表 6-14 所示的两个常数之一。

表 6-14 MarshalOptions 常数

常　　数	描　　述
adMarshalAll	所有记录都返回到服务器（默认值）
adMarshalModifiedOnly	只有被修改的记录返回到服务器

（14）MaxRecords

指明当打开一个记录集时，要返回记录的数目。默认值为 0，指明所有的记录都必须返回。

（15）PageCount

当该记录集分成多个页时，返回在记录集内记录的页数。

（16）PageSize

指明包含在一个单独的页内记录的数目。用于把在记录集内的记录分成逻辑页。

（17）RecordCount

返回在记录集内记录的数目。值–1 说明记录的数目没法确定。

（18）Source

Command 对象的名称，一个 SQL 语句，一个表的名称，或者一个存储过程。用于指明记录集的数据源。

（19）State

返回对象 RecordSet 的当前状态。该属性具有表 6-15 所示的值。

表 6-15 State 状态

常　　数	描　　述
adStateClosed	该对象已经关闭
adStateOpen	该对象已经打开

（20）Status

当使用批修改时，返回当前记录的状态。返回值可以是表 6-16 所示常数的一个或几个。

表 6-16 Status 记录状态

常　　数	描　　述
adRecOK	该记录被成功修改
adRecNew	该记录是新的
adRecModified	记录被修改
adRecDeleted	记录被删除
adRecUnmodified	记录没有被修改
adRecInvalid	由于存在一个不合法的书签所以记录没有保存
adRecMultipleChanges	记录没有被保存，因为这样会影响不止一条记录
adRecPendingChanges	记录没有被保存，因为它指向一个悬而未决的插入

续表

常　数	描　述
adRecCanceled	记录没有被保存，因为该操作被取消了
adRecCantRelease	记录没有被保存，因为记录被锁定
adRecConcurrencyViolation	记录没有被保存，因为正在使用优化同步
adRecIntegrityViolation	记录没有被保存，因为用户违反了整体性限制
AdRecMaxChangesExceeded	记录没有被保存，因为存在太多的潜在修改
AdRecObjectOpen	记录没有被保存，因为和一个打开的存储对象冲突
AdRecOutOfMemory	记录没有被保存，因为计算机内存资源不够
AdRecPermissionDenied	记录没有被保存，因为用户没有足够的权限
AdRecSchemaViolation	记录没有被保存，因为它会违反正在使用的数据库的结构
AdRecDBDeleted	记录已经在数据源内被删除

3．RecordSet 对象的常用方法

（1）AddNew [Fields],[Values]

向记录集内添加一条记录。Fields 是记录集内某一域的名称。可以通过使用域名称的数组来指定多域。不管哪一种情况，都可以使用域的排序位置而不是名称来指定域。Values 是新记录上该域的值。假如指定多域，Values 值是个数组。例如：

```
AddNew "id",10
```

上面语句设置当前新增记录的 id 字段值为 10。

（2）CancelBatch [AffectRecords]

当记录集处于批修改模式下时，该方法用于取消任何要发生的修改。AffectRecords 指明那些记录方法 CancelBatch 将要取消，可以使用表 6-17 的常数。

表 6-17　CancelBatch 常数

常　数	描　述
adAffectCurrent	只为当前记录取消批处理修改
adAffectGroup	只为满足 Filter 属性设置的记录取消批处理修改
adAffectAll	对所有记录取消批处理修改（默认设置）

（3）CancelUpdate

取消任何对当前记录的修改或者取消添加一个新的记录。假如没有记录被修改或者没有新记录添加入数据库内，就会产生错误。

（4）Clone

返回一个该 Recordset 的一个复本。只有在当前的记录集支持书签时才能复制该记录集。

（5）Close

关闭该记录集并且释放所有在该记录集内包含的数据。

（6）Delete [AffectRecords]

删除当前记录，AffectRecords 确定要删除的记录。可以使用在表 6-18 所示的常数。

表 6-18 Delete 常数

常 数	描 述
adAffectCurrent	仅删除当前的记录（默认值）
adAffectGroup	删除满足 Filter 属性设置的记录

（7）GetRows([Rows], [Start] , [Fields])

把记录接收到一个二维数组之内。该数组自动创建。数组的第一个索引指明记录的域；第二个索引标志该记录。Rows 指明从记录集中接收多少条记录。默认时接收所有的记录。Start 指明从记录集中何处开始接收记录，这里使用了书签。所以如果想使用该参数，记录集必须支持书签功能。Fields 是一个单独的域名或一个域名数组，用来限制在数组中接收哪些域。

（8）Move NumRecords, [Start]

在记录集的记录内往前或往后移动。如果 NumRecords 的数值为正，则当前记录就变成在记录集内的记录往前移动 NumRecords 后的记录。如果 NumRecords 数值为负，则调用记录就变成记录集内的记录往后移动 NumRecords 后的记录。Start 是一个书签。在移动记录时可以相对当前记录移动，也可以相对书签移动。为了使用该参数，记录集必须支持书签功能。

（9）MoveFirst

移动到记录集第一条记录。

（10）MoveLast

移动到记录集最后一条记录。

（11）MoveNext

移动到记录集下一条记录。

（12）MovePrevious

移动到记录集前一条记录。

（13）NextRecordSet([RecordsAffected])

当一个 Open 或 Execute 方法返回多个记录集时，NextRecordSet 方法清除当前记录集并且打开下一个记录集。RecordsAffected 返回被方法 NextRecordSet 所影响的记录的数目。

（14）Open

Open 用于打开记录集游标，游标代表从一个表或者一个 SQL 查询的结果返回的记录。

其使用格式如下：

```
Open [Source],[ActiveConnection],[CursorType],[LockType],[Options]
```

其中，参数 Source 是一个 Command 对象的名称，一个 SQL 语句，一个表的名称，或者一个存储过程。ActiveConnection 是一个 Connection 对象的名称或者一个连接字符串。CursorType 可以是表 6-11 所示的任意常数之一。

LockType 指明当打开该记录集时，数据提供者用于锁定数据的类型。可以使用表 6-14 所示的任意常数之一。

Options 可以使由参数 Source 所代表的命令更有效地执行，它可以把将要执行的命令的类型告诉数据提供者（比如，SQL Server）。在当参数 Source 不是一个 Command 对象的名称时使用该参数。可以使用表 6-19 所示的任一选项。

表 6-19　Options 参数取值

常　　数	描　　述
adCmdText	以一个命令的文本定义形式来执行 Source，比如一个 SQL 语句
adCmdTable	把 Source 当成一个表的名称
adCmdStoreProc	把 Source 当成一个存储过程
adCmdUnknown	未知的命令（默认值）

例如：

```
sql="select * from news "
rs.open sql,con,3,3
```

上面语句将使用 adOpenDynamic 和 adLockOptimistic 指定的游标类型，使用 con 所连接的数据库中表 news 中的所有记录创建记录集 rs。

（15）Requery

通过再次执行创建记录集所使用的命令来刷新在记录集内的所有数据。

（16）Resync [AffectRecords]

同步在记录集内的记录和在数据库内的数据并不反映新添加到数据库内的记录。AffectRecords 指明该方法会影响哪些数据。它可以使用表 6-20 所示 3 个常数中的任意一个。

表 6-20　Resync 参数

常　　数	描　　述
adAffectCurrent	只影响当前记录
adAffectGroup	影响所有满足 Filter 属性设定的记录
adAffectAll	影响所有在记录集内的记录（默认值）

（17）Supports (CursorOption)

通过返回一个值(TRUE 或 FALSE)来指明是否一个记录集支持一个给定的游标选项。可以使用表 6-21 所示的任一常数。

表 6-21 Supports 参数

常　数	描　述
adAddNew	该记录集支持方法 AddNew
adApproxPosition	该记录集支持属性 AbsolutePosition 和 AbsolutePage
adBookmark	该记录集支持属性 Bookmark
adDelete	该记录集支持方法 Delete
adHoldRecords	该记录集支持在不需要发送所有缓存的改变和释放当前所有缓存记录情况下接收更多的数据和改变下一个接收位置
adMovePrevious	该记录集支持在不使用书签的条件下使用方法 MovePrevious 或 Move 在记录集内向后移动
adResync	该记录集支持方法 Resync
adUpdate	该记录集支持方法 Update
adUpdateBatch	该记录集支持批修改

（18）Update [Fields],[Values]

保存任何新添加的记录和对当前记录所做的任何修改。Fields 是在记录集内某个域的名称。同样可以使用域的名称数组来指定多个域。在任何一种情况下，可以使用域的位置而不是域的名称来指定该域。Values 是该域的新值。如果指定了多个域，则该值也是一个值的数组。例如：

```
Update "datetime",date
```

上面语句使用当前日期去更新当前记录的 datetime 字段值。

（19）UpdateBatch [AffectRecords]

在批修改模式下保存任何新添加的记录和对记录集内记录所做的任何修改。AffectRecords 指明该方法会影响到的记录。它可以是表 6-22 中 3 个常数的任意一个。

表 6-22 UpdateBatch 参数

常　数	描　述
adAffectCurrent	只影响当前记录
adAffectGroup	影响所有满足 Filter 属性设定的记录
adAffectAll	影响所有在记录集内的记录（默认值）

6.2.4 【任务 26】使用 ADO 编程实现"新闻公告"页面设计

在本任务中，将通过 ADO 编程实现对数据库中的新闻记录的访问，效果如图 6-49 所示。

第6章 数据库网站开发

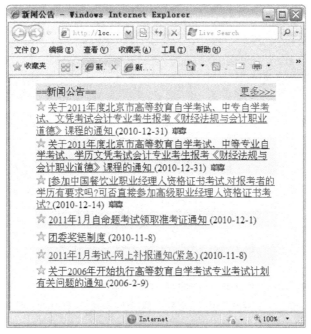

图 6-49 新闻公告

在本任务的实现过程中，将学习通过 ASP 来连接访问数据库的基本方法。任务中使用的数据是 6.1.3 节中创建数据库时所创建的 aspteach 数据库中的表 news。

创建一个名为 newsview.asp 的文件，输入代码如下：

```
<%@LANGUAGE="VBSCRIPT" CODEPAGE="65001"%>
<!DOCTYPE html PUBLIC "-//W3C//DTD XHTML 1.0 Transitional//EN"
"http://www.w3.org/TR/xhtml1/DTD/xhtml1-transitional.dtd">
<html xmlns="http://www.w3.org/1999/xhtml">
<head>
<meta http-equiv="Content-Type" content="text/html; charset=utf-8" />
<title>新闻公告</title>
</head>
<%
    Set con = Server.CreateObject("ADODB.Connection")  '创建 Connection 对象 con
    con.ConnectionTimeout = 15          '设置连接时间
    con.CommandTimeout = 10
    ServerName ="127.0.0.1"             '数据库名称(IP+实例名)
    UserName = "asp"                    'SQL 用户名
    PassWord = "123456"                 'SQL 用户密码
    DateBase = "aspteach"               '数据库名
    Provider = "SQLNCLI"                '数据提供程序
    ConStr = "Provider=" & Provider & "; Server=" & ServerName & ";
```

```asp
database=" & DateBase & "; UID=" & UserName&"; Pwd="&PassWord &";"
    Con.Open ConStr         '打开连接

    Set rs = Server.CreateObject ("ADODB.Recordset")      '创建记录集
    '创建 Sql 语句以获取最近的 10 条新闻
    sql="select top 10 * from news  order by addtime desc "
    rs.open sql,con,3,3                            '通过 Sql 语句打开记录集
    rscount=rs.recordcount                         '获取记录条数
%>

<body>
<table width="400" align="center" cellspacing="0" >
 <tr>
    <td width="188" height="27" bgcolor="#d6dff7" align="left"> ==新闻公告==</td>
    <td width="166" align="right" bgcolor="#d6dff7">
        <a href="../news/news.asp">更多&gt;&gt;&gt;</a></td>
 </tr>

<%
    If rscount <= 0 Then
        response.write("目前没有新闻！")
    else
        while (not rs.eof)            '循环读取记录
            if color="#ffffff" then
                color="#F6F7FD"
            else
                color="#ffffff"
            end if
%>

        <tr>
            <td height="27" colspan="3" align="left" bgcolor="<%=color%>">
            <img src="../../images/List2.GIF" width="16" height="16">
            <a href="../../news/newscontent.asp?id=<%=rs("id")%>"><%=rs("title")%>         </a>(<%=datevalue(rs("addtime"))%>)
            <%
            if date()-rs("addtime")<10 then      '10 天内的消息添加"New"图标
            %>
            <img src="../../images/new.gif" width="31" height="12" />
            <%
            end if
            %>
```

```
            </td>
        </tr>
<%
            rs.movenext              '移动记录指针到下一条记录
        wend
        end if
        rs.close                     '关闭记录集
        con.close                    '关闭连接
%>
</table>
</body>
</html>
```

保存文件，在浏览器中查看文件的运行效果，如图 6-49 所示。

6.2.5 【任务 27】新闻管理系统

本任务中将实现一个新闻管理系统，效果如图 6-50 所示。

图 6-50 新闻管理系统

在本任务实现的过程中，将学习 ADO 的 RecordSet 对象在网络数据库中的应用，使用 RecordSet 对象实现数据的增加、删除和修改等功能。

1. 新闻管理系统分析

新闻管理系统由新闻管理页面 newsmanage.asp、增加新闻页面 addnews.asp、修改新闻页面 newsmodi.asp、新闻更新页面 newsupdate.asp 和删除新闻页 newsdel.asp 组成，它们之间的关系如图 6-51 所示。

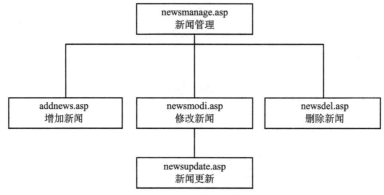

图 6-51　新闻管理系统结构

2. 创建公用连接文件

由于数据库操作中，都必须有创建连接字符串这个步骤，而对于同一个数据库，这个步骤的内容完全一样，为了统一连接方法，也为了避免不必的重复工作，这里先将连接字符串部分单独存为一个文件，在其他需要连接数据库的操作中对其进行包含，即可方便地连接到数据库。

创建一个名为 connections.asp 的文件，将其原有的代码全部删除。输入下面的代码：

```
<%
    Set con = Server.CreateObject("ADODB.Connection") '创建 Connection 对象 con
    con.ConnectionTimeout = 15          '设置连接时间
    con.CommandTimeout = 10
    ServerName ="127.0.0.1"             '数据库名称(IP+实例名)
    UserName = "asp"                    'SQL 用户名
    PassWord = "123456"                 'SQL 用户密码
    DateBase = "aspteach"               '数据库名
    Provider = "SQLNCLI"                '数据提供程序

    '创建连接字符串 ConStr
    ConStr = "Provider=" & Provider & "; Server=" & ServerName & "; database=" & DateBase & "; UID=" & UserName & "; Pwd=" & PassWord & ";"
%>
```

输入完成后，保存文件，后面的操作中就可以使用它来创建连接字符串 ConStr。

3. "新闻管理"页面的实现

首先实现的是如图 6-50 所示的"新闻管理"页面 newsmanage.asp，其内容如下：

```
<%@LANGUAGE="VBSCRIPT" CODEPAGE="65001"%>
<!DOCTYPE html PUBLIC "-//W3C//DTD XHTML 1.0 Transitional//EN"
"http://www.w3.org/TR/xhtml1/DTD/xhtml1-transitional.dtd">
<html xmlns="http://www.w3.org/1999/xhtml">
<head>
<meta http-equiv="Content-Type" content="text/html; charset=utf-8" />
<title>新闻管理</title>
</head>
<!--下面语句将包含连接文件connections.asp,通过该文件来创建连接字符串Constr -->
<!--#include file="connections.asp" -->

<body background="../images/bg.gif" style="font-size:12px">
    <table width="98%" border="1" align="center" >
      <tr>
        <td colspan="3"><table width="100%" border="0" cellspacing="0" >
          <tr>
            <td width="87%" height="23" align="left" bgcolor="#0099FF"><font color="white" size="3"><b>[新闻管理]</b></font></td>
            <td width="13%" align="right" bgcolor="#0099FF">
            <form name="form1" action="addnews.asp">
              <input type="submit" name="Submit" value="增加新闻">
            </form>
            </td>
          </tr>
        </table></td>
      </tr>

      <%
      Con.Open ConStr          '打开连接
      Set rs = Server.CreateObject ("ADODB.Recordset")   '创建记录集
      sql="select * from news order by addtime desc"     '创建查询语句
      rs.open sql,con,3,3                                '打开记录集，获取查询结果

      rscount=rs.recordcount                  '获取记录集中记录的总数
      If rscount <= 0 Then                    '检查是否有新闻记录
          response.write("目前没有新闻！")
      else
      while (not rs.eof)                      '如果没有到记录集尾，就循环
      %>
```

```
        <tr>
            <!--下面语句输出新闻的标题和更新时间-->
            <td width="76%" height="27" align="left" bgcolor="d6dff7">
                <%=rs("title")%>(<%=rs("addtime")%>)</td>

            <!--下面语句通过新闻记录的id创建具有唯一id参数的超链接，用于修改记录-->
            <td width="13%" height="27" align="left" bgcolor="d6dff7">
                <a href="newsmodi.asp?id=<%=rs("id")%>">修改</a></td>

            <!--下面语句通过新闻记录的id创建具有唯一id参数的超链接，用于删除记录-->
            <td width="11%" height="27" align="left" bgcolor="d6dff7"><a href="newsdel.asp?id=<%=rs("id")%>">删除</a></td>
        </tr>
        <%
            rs.movenext                 '移动到下一条记录
            wend
        end if
        rs.close                        '关闭记录集
        con.close                       '关闭连接
        %>
        <tr>
            <td height="27" colspan="3" align="left" bgcolor="d6dff7"> </td>
        </tr>
    </table>
</body>
</html>
```

保存文件，网页浏览效果如图 6-50 所示。

4."增加新闻"功能的实现

如果在新闻管理页面单击了"增加新闻"按钮，将跳转到"增加新闻"页面。"增加新闻"文件 addnews.asp 的内容如下：

```
<%@LANGUAGE="VBSCRIPT" CODEPAGE="65001"%>
<!DOCTYPE html PUBLIC "-//W3C//DTD XHTML 1.0 Transitional//EN"
"http://www.w3.org/TR/xhtml1/DTD/xhtml1-transitional.dtd">
<html xmlns="http://www.w3.org/1999/xhtml">
<head>
<meta http-equiv="Content-Type" content="text/html; charset=utf-8" />
<title>增加新闻</title>
</head>

<!--下面语句将包含连接文件 Connections.asp，通过该文件来创建连接字符串 Constr -->
```

```
<!--#include file="Connections.asp" -->

<!-- 下面代码段为在客户端验证输入内容的vbscript 代码-->
<script language="vbscript" >
    sub btnsubmit_onclick
        '验证新闻标题与内容是否不为空
        if form1.title.value<>"" and form1.content.value<>"" then
            form1.submit                        '提交表单
        else
            msgbox "标题与内容均不能为空！请重新输入。"
            form1.elements("title").focus    '设置密码输入框得到焦点'
        end if
    end sub
</script>

<body>
<%
'检查提交的信息中是否有标题和内容
    if request.form("title")<> "" and request.form("content")<>"" then
        '获取提交的新闻信息
        title=trim(request.form("title"))
        content=trim(request.form("content"))
        kind=trim(request.Form("rdo"))

        Con.Open ConStr         '打开连接

        '创建并打开记录集
        Set rs = Server.CreateObject ("ADODB.Recordset")
        sql="select top 1 * from news " '选择news 表中的最后一条记录
        rs.open sql,con,3,3

        '增加新记录。 注意，表 news 中的id 为自增标识，不要在新增记录中进行设置
        rs.addnew
        rs("title")=title
        rs("content")=content
        rs("kind")=kind
        rs("addtime")=now()
        rs("admin")=session("admin")
        rs.update           '更新数据库
        rs.close
        con.close
        '重定向到newsmanage.asp
        response.Redirect("newsmanage.asp")
```

```
        end if
    %>

    <form id="form1" name="form1" method="post" action="">
      <table width="780" border="1" align="center" bordercolor="#b7b7d7" style="font-size:12px">
        <tr>
          <td height="33" colspan="2" align="left" bgcolor="#0099FF">
<font color="white"><b>[增加新闻]</b></font></td>
        </tr>
        <tr>
          <td height="30" align="center" bgcolor="d6dff7">新闻类别：</td>
          <td width="601" bgcolor="#e4edf9">
<input name="rdo" type="radio" value="news" checked="checked" />新闻
            <input type="radio" name="rdo" value="msg" />通知
</td>
        </tr>
        <tr>
          <td width="90" height="30" align="center" bgcolor="d6dff7">新闻标题：</td>
          <td bgcolor="#e4edf9"><label>
            <textarea name="title" cols="80" id="title"></textarea>
          </label></td>
        </tr>
        <tr>
          <td height="30" align="center" bgcolor="d6dff7">新闻内容：</td>
          <td bgcolor="#e4edf9"><label>
            <textarea name="content" cols="80" rows="20" id="content"></textarea>
          </label></td>
        </tr>
        <tr>
          <td height="38" bgcolor="d6dff7"> </td>
          <td bgcolor="#e4edf9"><input name="btnsubmit" type="button" value="提交" />
            <input type="reset" name="reset" value="重置" /></td>
        </tr>
      </table>
    </form>
</body>
</html>
```

上面网页的效果如图 6-52 所示。

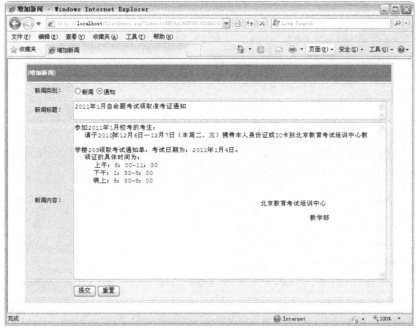

图 6-52 增加新闻

程序执行时，先检查是否有提交的新闻内容，如果没有提交，则显示用于如图 6-52 所示的增加新闻表单页面；如果有新闻内容，先通过下面的语句查询到表第一行记录。注意，本页面的功能是增加新记录，没必要将所有记录从数据库中读取到客户端，因此只读取了一行记录。

```
sql="select top 1 * from news "
```

然后，通过 rs.addnew 方法在记录集中增加一个新记录行，通过下面的语句对新记录行的字段进行赋值后再将记录集的修改更新到数据库。

```
rs.addnew
rs("title")=title
rs("content")=content
rs("kind")=kind
rs("addtime")=now()
rs("admin")=session("admin")
rs.update          '更新数据库
```

5．"新闻修改"功能的实现

如果在"新闻管理"页面单击了"修改"链接，将提交带有 id 参数的 URL，跳转到"新闻修改"页面。"新闻修改"页面 newsmodi.asp 的内容如下：

```
<%@LANGUAGE="VBSCRIPT" CODEPAGE="65001"%>
```

```
<!DOCTYPE html PUBLIC "-//W3C//DTD XHTML 1.0 Transitional//EN"
"http://www.w3.org/TR/xhtml1/DTD/xhtml1-transitional.dtd">
<html xmlns="http://www.w3.org/1999/xhtml">
<head>
<meta http-equiv="Content-Type" content="text/html; charset=utf-8" />
<title>修改新闻</title>
</head>

<!--下面语句将包含连接文件Connections.asp,通过该文件来创建连接字符串Constr-->
<!--#include file="Connections.asp" -->

<!-- 下面代码段用于在客户端验证输入内容的vbscript代码-->
<script language="vbscript" >
sub btnsubmit_onclick
'验证新闻标题与内容是否不为空
    if form1.title.value<>"" and form1.content.value<>"" then
        form1.submit                    '提交表单
    else
        msgbox "标题与内容均不能为空！请重新输入。"
        form1.elements("title").focus '设置密码输入框得到焦点 '
    end if
end sub
</script>

<body style="font-size:12px">
<%
    '检查提交的信息,如果有id参数,则打开页面进行修改,否则退回管理页面
    if request("id")<>"" then


        con.Open Constr        '打开连接
        '打开指定id的记录
        Set rs = Server.CreateObject ("ADODB.Recordset")
        id=request("id")
        sql="select * from news where id = "& id
        rs.open sql,con
        if not (rs.eof and rs.bof) then'如果找到记录
%>

<form id="form1" name="form1" method="post" action="newsupdate.asp">
  <table width="725" border="1" align="center" bordercolor="#b7b7d7">
    <tr>
      <td height="33" colspan="2" align="left" bgcolor="#0099FF">
```

```
                <font color="white"><b>[修改新闻]</b></font></td>
      </tr>
      <tr>
         <td width="75" height="30" align="center" bgcolor="d6dff7">新闻标题：
</td>
         <td width="634" bgcolor="#e4edf9">
           <textarea name="title" cols="76" id="title"><%=trim(rs("title"))
%></textarea>
         </td>
      </tr>
      <tr>
         <td height="30" align="center" bgcolor="d6dff7">新闻内容：</td>
         <td bgcolor="#e4edf9">
           <textarea name="content" cols="76" rows="20" id="content">
              <%=trim(rs("content"))%></textarea>
         </td>
      </tr>
      <tr>
         <td height="38" bgcolor="d6dff7"> </td>
         <td bgcolor="#e4edf9">
                <input name="btnsubmit" type="button" value="提交" />
            <input name="btnback" type="button" id="btnback" value="取消"
                 onclick="parent.location.href='newsmanage.asp'" /></td>
      </tr>
  </table>
  <input name="id" type="hidden" value="<%=id%>" />
</form>
<%
         end if
         rs.close
         con.close
      else
         response.Redirect("newsmanage.asp")
      end if
%>
</body>
</html>
```

上面网页的效果如图 6-53 所示。

页面打开时，将提取 URL 中传递过来的 id 值，如果没有这个参数，则返回到 newsmanage.asp 页面；如果有 id，则执行下面的查询语句，提取符合的记录，将记录中的新闻标题和内容赋给表单元素显示在窗口中。

```
sql="select * from news where id = "& id
```

图 6-53 修改新闻

如果用户取消修改,单击"取消"按钮时,执行下面的语句返回到 newsmanage.asp 页面。

```
onclick="parent.location.href='newsmanage.asp'"
```

这行语句在用户单击按钮（click）时,通过链接"parent.location.href="跳转到 'newsmanage.asp'指定的页面。

当用户完成修改,单击"提交"按钮时,将通过过程 btnsubmit_onclick 对表单内容进行检查,然后提交到 newsupdate.asp 文件进行处理。

newsupdate.asp 文件用于保存用户的修改结果,其内容如下:

```
<%@LANGUAGE="VBSCRIPT" CODEPAGE="65001"%>

<!--下面语句将包含连接文件 Connections.asp,通过该文件来创建连接字符串 Constr-->
<!--#include file="connections.asp" -->

<%
    '检查提交的内容
if request.form("title")<> "" and request.form("content")<>"" then

    title=trim(request.form("title"))
    content=trim(request.form("content"))
    id=request.Form("id")
    response.Write(id)
```

```
        con.Open constr  '打开连接

        '查询符合 id 的记录, 打开记录集
        Set rs = Server.CreateObject ("ADODB.Recordset")
        sql="select * from news where id = "&id
        rs.open sql,con,3,3
        rs.movefirst                          '移动到第一条记录

        '更新当前记录的各个字段内容
        rs.update "title",title
        rs.update "content",content
        rs.update "addtime",now()
        'rs.update "admin",session("admin")

        rs.close
        con.close
        '跳转到 newsmanage.asp
        response.Redirect("newsmanage.asp")
    end if

%>
```

上面的程序通过提交过来的参数，查找要修改的记录，再对该记录进行更新（update）操作。

注意，程序中的第一行代码不能省略，该行代码说明了 ASP 中的脚本语言使用的是 VBScript，传递的参数用 UTF-8（编码代号 65001）进行编码，如下所示：

```
<%@LANGUAGE="VBSCRIPT" CODEPAGE="65001"%>
```

如果第一行代码被省略或出错，可能使传递的参数成为乱码，从而导致整个程序执行失败。程序中，还会看到下面的这行语句被注释了。

```
'rs.update "admin",session("admin")
```

语句中的 session("admin")是在管理员登录时记录的，因为进行新闻维护需要有管理员权限，因此，在新闻管理页面之前应该还有一个管理员的登录页面，在本任务中被省略，将在后面的【任务 28】中创建该页面。由于没有 session("admin")值，所以这里暂时将其注释。这种通过注释语句以执行程序中的一部的方法在程序调试中非常有用。

6．"删除新闻"功能的实现

如果在新闻管理页面中单击了"删除"链接，将提交带有 id 参数的 URL，跳转到"删除新闻"页面，执行删除操作。删除新闻页面 newsmodi.asp 的内容如下：

```
<%@LANGUAGE="VBSCRIPT" CODEPAGE="65001"%>

<!--下面语句将包含连接文件 Connections.asp,通过该文件来创建连接字符串 Constr -->
<!--#include file="connections.asp" -->

<%
    '检查提交的内容
    if request("id")<> "" then
        id=request("id")

        con.Open constr'打开连接

        '查询符合 id 的记录
        Set rs = Server.CreateObject ("ADODB.Recordset")
        sql="select * from news where id ="& id
        response.Write(sql)
        rs.open sql,con,3,3

        '如果找到记录，则删除记录
        If not rs.eof Then
            rs.delete
            'rs.update
        end if

        rs.close
        con.close
        response.Redirect("newsmanage.asp")
    end if
%>
```

上面的程序中，首先查找符合 id 的记录，找到后通过下面的语句将其删除。

```
rs.delete
```

在删除符合条件的记录后，程序将通过重定向语句跳转回"新闻管理"页面。

6.3 使用 Command 对象操作数据库

6.3.1 Command 对象简介

Command 对象定义了将对数据源执行的指定命令。使用 Command 对象，可以查询数据库并返回 Recordset 对象中的记录,以便执行大量操作或处理数据库结构。

Command 对象的创建方式如下:

```
<% Set cmd = Server.CreateObject("ADODB.Command") %>
```

Command 对象是对数据存储执行命令的对象。与 Connection 对象不同,Connection 对象在处理命令的功能上受到一定的限制,而 Command 对象是特别为处理命令的各方面问题而创建的。实际上,当从 Connection 对象中运行一条命令时,已经隐含地创建了一个 Command 对象。有时其他对象允许向 Command 对象传入参数,但在 Connection 对象中不能指定参数的任何细节。使用 Command 对象允许指定参数(以及输出参数和命令执行后的返回值)的精确细节(比如,数据类型和长度)。

因此,除了执行命令和得到一系列返回记录,也可能得到一些由命令提供的附加信息。对于那些不返回任何记录的命令,如插入新数据或更新数据的 SQL 查询,Command 对象也是有用的。

如果不想使用 Command 对象执行查询,请将查询字符串传送给 Connection 对象的 Execute 方法或 Recordset 对象的 Open 方法。但是,当需要使命令文本具有持久性并重新执行它,或使用查询参数时,则必须使用 Command 对象。

可以使用 Command 对象的集合、方法、属性进行各种数据操作,常用方式如下:

- 使用 CommandText 属性定义命令(例如,SQL 语句)的可执行文本。
- 通过 Command 对象的集合 Parameters,可以执行带参数的存储过程、SQL 查询和 SQL 语句,可以将 Command 对象传送给 Recordset 对象。
- 可以使用 Execute 方法执行命令并在适当的时候返回 Recordset 对象。
- 执行前应使用 CommandType 属性指定命令类型以优化性能。
- 使用 Prepared 属性决定提供者是否在执行前保存准备好(或编译好)的命令版本。
- 使用 CommandTimeout 属性设置提供者等待命令执行的秒数。
- 通过设置 ActiveConnection 属性使打开的连接与 Command 对象关联。
- 设置 Name 属性将 Command 标识为与 Connection 对象关联的方法。
- 将 Command 对象传送给 Recordset 的 Source 属性以便获取数据。

6.3.2 Command 对象常用方法

1. CreateParameter 方法

CreateParameter 方法用于创建 Command 对象要使用的新参数,其使用格式如下:

```
CreateParameter ([Name] , [type] , [Direction] , [Size] , [Value] )
```

其中,Name 是新参数的名称。Type 是该参数的数据类型(表 6-23 列出了常用的数据类型），Direction 确定参数是否为输入参数/输出参数（表 6-24 列出了可使用的 Direction 值），Size 是参数的最大长度，以字节或字符为单位，Value 是参数的值。

表 6-23 Type 参数的数据类型

常　　数	值	描　　述
adBinary	128	二进制值
adBoolean	11	布尔值
adChar	129	字符串值
adCurrency	6	货币值
adDate	7	日期值
adDBDate	133	日期值（yyyymmdd）
adDBTime	134	时间值(hhmmss)
adDBTimeStamp	135	日期时间值（yyyy－mm－dd hh:mm:ss）
adDecimal	14	具有固定的精度和范围的扩展数字型
adDouble	5	双精度浮点数值
adEmpty	0	空值
adInteger	3	4 字节有符号整数
adLongVarChar	201	长字符串值
adNumeric	131	具有固定的精度和范围的扩展数字型
adSingle	4	单精度浮点值
adSmallInt	2	2 字节有符号整数
adVarBinary	204	二进制值
adVarchar	200	字符串值
adVariant	12	OLE 自动变量

表 6-24 Direction 参数值

常　　数	值	描　　述
adParamInput	1	输入参数（默认值）
adParamOutput	2	输出参数
adParamInputOutput	3	输入/输出参数
adParamReturnValue	4	返回值

2．Execute 方法

Execute 方法用于执行在 CommandText 属性中指定的查询、SQL 语句或存储过程，其使用格式如下：

```
Execute [RecordAffected] , [Parameters] , [Options]
Execute ([RecordAffected] , [Parameters] , [Options])
```

如果是插入 Insert、更新 Update、删除 Delete 等操作，使用第一种无括号方式。

如果是执行 SQL 查询，要返回记录集时，使用第二种带括号的 Execute 方式。

在该命令执行后，RecordAffected 变量内包含该命令所影响的记录的数目。Parameters 是参数数组，可以覆盖以前添加到 Command 对象中的变量。Options 为要执行命令的类型，可以使命令执行得更有效。表 6-25 给出了 Options 的值。

表 6-25　Options 命令类型

常　　数	描　　述
adCmdText	把 CommandText 作为一个命令的文本定义执行，比如 SQL 语句
adCmdTable	把 CommandText 作为表的名称执行
adCmdStoreProc	把 CommandText 作为存储过程执行
adCmdUnknown	未知的命令（默认值）

例如：

```
<%
Set cmd = Server.CreateObject("ADODB.Command")
cmd.CommandType = 1
Set cmd.ActiveConnection = con
cmd.CommandText="delete from news where id =10
cmd.Execute
%>
```

上面代码用于删除表 news 中 id 为 10 的记录。

```
<%
cmd.CommandText = "select * from admin where username='wizard'
rs.open cmd
%>
```

上面代码可用于查找表 admin 中 username 为 wizard 的记录，并将结果传递给记录集 rs。

```
<%
cmd.CommandText="insert into admin (id,username,password) values (12,'yx','1234')
cmd.Execute
%>
```

上面的代码用于在 admin 表中插入一条记录，记录中，id 字段为 12，username 字段为 yx，password 字段为 1234。

3．Open 方法

Open 方法用于打开一个到数据源的连接。

```
Open [ConnectionString],[UserID],[Password]
```

打开一个到数据源的连接。ConnectionString 是数据源的名称（DSN）或者是包含以分号隔开的参数和值对的连接字符串（请参考 6.2.3 中连接字符串的相关内容），UserId 是在打开数据连接时所要用的用户名，Password 是在打开数据连接时所要用的密码。

6.3.3 Command 对象的常用属性

1．CommandTimeOut

指明所有依靠数据连接的对象等待数据提供者回应的时间长度，以秒为单位。默认该属性的值为 30。如果设置该属性的值为 0，ADO 会永远等待服务器的回应。

2．ConnectionString

指明数据源（DSN）的名称或者包含以分号隔开的参数和值对的连接字符串（请参考 6.2.3 中连接字符串的相关内容）。

3．ConnectionTimeOut

指明 Connection 对象试着建立一个到数据提供者的连接时会等待的时间，以秒为单位。默认该属性的值为 15 秒，如果设置该值为 0，Connection 对象将会永久等待连接。

4．CursorLocation

指明使用哪个游标库。该属性具有表 6-26 所示的值。

表 6-26 CursorLocation 属性常数

常　数	描　述
adUseClient	使用客户端的游标
adUseServer	使用服务器或驱动器的游标（默认值）

5．DefaultDatabase

指明连接时使用的默认数据库。当已经指定默认数据库时，就不必在所有的 SQL 字符串内包含数据库名称。

6．Mode

指明在连接中改变数据可用的权限。该属性具有如表 6-27 所示的值。

表 6-27 Mode 权限常数

常　数	描　述
adModeUnknown	未定（默认值）
adModeRead	只读权限
adModeWrite	只写权限
adModeReadWrite	可读、可写权限

续表

常　　数	描　　述
AdModeShareDenyRead	防止其他人用读权限打开连接
adModeShareDenyWrite	防止其他人用写权限打开连接
adModeShareExclusive	防止其他人用读或写权限打开连接
adModeShareDenyNone	防止其他人用任何权限打开连接

7．Provider

指明连接的数据提供者名称。默认时，该属性的值为 MSDASQL（Microsoft OLEDB ODBC 数据提供者）。

8．State

在连接对象使用异步传输（用 adRunAsync）时使用。返回连接对象当前的状态。可用值如表 6-28 所示。

表 6-28　State 状态常数

常　　数	描　　述
adStateClosed	对象已经关闭
adStateOpen	对象处于打开状态

9．Version

以字符串形式返回当前的 ADO 版本。

6.3.4 【任务 28】后台管理系统

在本任务中实现了一个网络后台管理的简单界面。任务中提供了一个管理员登录检查页面，当管理员登录时，需要输入用户名和密码，ASP 后台检查程序将从数据库中查找与输入的用户名和密码相符的记录，如果找到，则说明是正确登录，此时会转到后台管理页面；如果没有找到，则说明用户名或密码有误。程序运行后的效果如图 6-54 所示。

在本任务的实现过程中，将学习 Command 对象的应用。

后台管理系统界面（不包括进行后台管理的各个模块）由四个页面构成，分别是管理员登录页面 adminlogin.htm、登录检查页面 logincheck.asp、后台管理页面 manage.asp 和登录提示页面 loginerr.htm，它们之间的关系如图 6-55 所示。

1．在 SQL Server 2005 中创建管理员表

由于后台管理中，需要检查管理员身份，以保安全。首先，需要在数据库 aspteach 中新建一个名为 admin 的管理员信息表，表结构如图 6-56 所示。

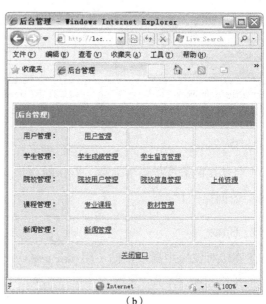

(a)　　　　　　　　　　　　　　　(b)

图 6-54　后台管理系统

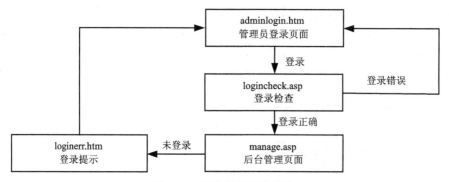

图 6-55　后台管理系统结构

其中，id 为自增标识，username 为用户名，password 为用户密码。

表 admin 创建完成后，在表中输入若干用户信息，如图 6-57 所示。

图 6-56　表 admin 的结构　　　　　　图 6-57　输入用户信息

至此，本任务中要用到的数据库内容设计完成。

2．创建公用连接文件

本任务中使用的公用连接文件与上一节【任务 27】中的 connections.asp 文件完全相同，

因此，在这里继续使用 connections.asp 文件，不再新建文件。

3. 管理员登录页面 adminlogin.htm

管理员登录页面 adminlogin.htm 用于接受管理员输入用户名和密码进行登录，内容如下：

```
<%@LANGUAGE="VBSCRIPT" CODEPAGE="65001"%>
<!DOCTYPE html PUBLIC "-//W3C//DTD XHTML 1.0 Transitional//EN"
"http://www.w3.org/TR/xhtml1/DTD/xhtml1-transitional.dtd">
<html xmlns="http://www.w3.org/1999/xhtml">
<head>
<meta http-equiv="Content-Type" content="text/html; charset=utf-8" />
<title>管理员登录</title>
</head>

<script language="vbscript" >
sub btnsubmit_onclick
'验证姓名和密码是否不为空
   if form1.username.value<>"" then            '姓名不为空
     if form1.pwd.value<>"" then               '密码不为空
             form1.submit                      '提交表单
         else
             msgbox "请输入密码!"
             form1.elements("pwd").focus       '设置密码输入框得到焦点
         end if
   else
         msgbox "请输入姓名!"
         form1.elements("username").focus      '设置姓名输入框得到焦点
   end if
end sub
</script>

<body style="font-size:12px">
  <form id="form1" name="form1" method="post" action="logincheck.asp">
    <table width="261" border="1" align="center" bordercolor="#b7b7d7">
      <tr>
        <td height="33" colspan="2" bgcolor="#0099FF">
           <font color="white"><b>[管理员登录]</b></font></td>
      </tr>
      <tr>
        <td width="80" height="30" align="center" bgcolor="d6dff7">用户名：</td>
        <td width="165" bgcolor="#e4edf9">
           <input name="username" type="text" size="12" maxlength="16" /></td>
```

```html
        </tr>
        <tr>
          <td height="30" align="center" bgcolor="d6dff7">密 码: </td>
          <td bgcolor="#e4edf9">
            <input name="pwd" type="password" size="12" maxlength="12" /></td>
        </tr>
        <tr>
          <td height="38" bgcolor="d6dff7"> </td>
          <td bgcolor="#e4edf9">
            <input name="btnsubmit" type="button"  value="登录" />
            <input type="reset" name="reset" value="重置" /></td>
        </tr>
      </table>
    </form>

</body>
</html>
```

当输入用户名和密码后，效果如图 6-54（a）所示。单击"登录"按钮将跳转到登录检查页面 logincheck.asp。

4．登录检查页面 logincheck.asp

登录检查页面 logincheck.asp 用于检查登录页面 adminlogin.htm 所提交的用户信息。如果用户信息正确，跳转到后面管理页面；如果用户信息不正确，则提示信息有误。logincheck.asp 页面的代码如下：

```asp
<%@LANGUAGE="VBSCRIPT" CODEPAGE="65001"%>
<!DOCTYPE html PUBLIC "-//W3C//DTD XHTML 1.0 Transitional//EN" "http://www.w3.org/TR/xhtml1/DTD/xhtml1-transitional.dtd">
<html xmlns="http://www.w3.org/1999/xhtml">
<head>
<meta http-equiv="Content-Type" content="text/html; charset=utf-8" />
<title>管理员登录</title>
</head>

<!--#include file="connections.asp"-->

<%
    '获取提交信息
    username=request.form("username")
    pwd=request.Form("pwd")
```

```
    con.Open constr          '打开连接
    '创建 Command 对象实例 cmd
    Set cmd = Server.CreateObject("ADODB.Command")
    '设置命令文本
    cmd.CommandText = "select * from admin where username='" & _
                username &"' and password='"& pwd &"'"
    cmd.CommandType = 1      '设置命令类型
    Set cmd.ActiveConnection = con   '设置 cmd 的连接为 con

    '创建记录集对象 rs
    Set rs = Server.CreateObject ("ADODB.Recordset")
    '通过 Open 命令，将 Command 对象传送给记录集 rs
    rs.Open cmd
%>

<body style="font-size:12px">
<table width="298" border="1" align="center" bordercolor="#b7b7d7">
  <tr>
    <td width="288" height="33" colspan="2" bgcolor="#0099FF">
          <font color="white"><b>[管理员登录]</b></font></td>
  </tr>
  <tr>
    <td height="104" colspan="2"  bgcolor="d6dff7">
<%
        if rs.eof and rs.bof then   '检查记录集是否为空
%>
        <li>没有符合条件的记录，请核实用户名和密码。</li>
        <li>单击这里<a href="adminlogin.htm">返回</a>。    </li>

<%   else
'通过 Session 记录登录信息，以备后面的权限检查及其他操作
          session("admin")=username
          session("login")=true
          response.Redirect "manage.asp"
        end if
%>
    </td>
  </tr>
</table>
</body>
<%
    '关闭并销毁连接对象
    con.Close
```

```
        Set con = Nothing
%>
</html>
```

这段程序中，先通过下面的语句创建了一个 Command 命令对象 cmd。

```
Set cmd = Server.CreateObject("ADODB.Command")     '创建 Command 对象实例
cmd
    '设置命令文本
    cmd.CommandText = "select * from admin where username='" & _
                username &"' and password='"& pwd &"'"
    cmd.CommandType = 1 '设置命令类型
    Set cmd.ActiveConnection = con  '设置 cmd 的连接为 con
```

再通过下面的语句将 cmd 传送给记录集 rs。

```
Set rs = Server.CreateObject ("ADODB.Recordset")    '创建记录集对象 rs
rs.Open cmd '通过 Open 命令，将 Command 对象传送给记录集 rs
```

然后再检查记录集是否为空来知道是否输入了正确的用户名和密码。如果不正确，显示如图 6-58 所示页面，提示重新登录。

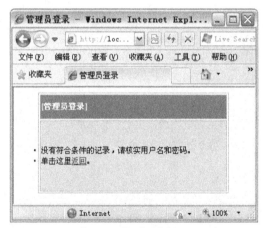

图 6-58　提示重新登录

如果正确，通过下面的语句记录登录信息（以备后面的权限检查及其他操作），再跳转到后台管理页面 manage.asp。

```
session("admin")=username
session("login")=true
response.Redirect "manage.asp"
```

5. 后台管理页面 manage.asp

后台管理页面是一个对网站各个模块进行后台管理的索引页面，主要内容是链接到各个管理模块的文本链接（各个具体管理模块未在本任务中实现），效果如图 6-54（b）所示。manage.asp 页面的内容如下：

```
<%@LANGUAGE="VBSCRIPT" CODEPAGE="65001"%>
<!DOCTYPE html PUBLIC "-//W3C//DTD XHTML 1.0 Transitional//EN"
"http://www.w3.org/TR/xhtml1/DTD/xhtml1-transitional.dtd">
<html xmlns="http://www.w3.org/1999/xhtml">
<head>
<meta http-equiv="Content-Type" content="text/html; charset=utf-8" />
<title>后台管理</title>
</head>
<%
    '检查是否是已登录的管理员，如果没有登录，则跳转到loginerr.htm
    if not session("login") then
        Response.Redirect "loginerr.htm"
    end if
%>
<body style="font-size:12px">
<p> </p>
    <table width="434" border="1" align="center" bordercolor="#b7b7d7">
      <tr>
        <td height="33" colspan="4" bgcolor="#0099FF">
            <font color="white"><b>[后台管理]</b></font></td>
      </tr>
      <tr>
        <td width="90" height="30" align="center" bgcolor="d6dff7">用户管理：</td>
        <td width="100" align="center" bgcolor="#e4edf9">
            <a href="usermanage.asp">用户管理</a> </td>
        <td width="112" align="center" bgcolor="#e4edf9"> </td>
        <td width="104" align="center" bgcolor="#e4edf9"> </td>
      </tr>
      <tr>
        <td height="30" align="center" bgcolor="d6dff7">学生管理：</td>
        <td align="center" bgcolor="#e4edf9">
            <a href="../student/resultmanage.asp">学生成绩管理</a></td>
        <td align="center" bgcolor="#e4edf9">
            <a href="../student/lybmanage.asp">学生留言管理</a></td>
        <td align="center" bgcolor="#e4edf9"> </td>
      </tr>
      <tr>
        <td height="38" align="center" bgcolor="d6dff7">院校管理：</td>
        <td align="center" bgcolor="#e4edf9">
```

```
                <a href="schoolmanage.asp">院校用户管理</a></td>
            <td align="center" bgcolor="#e4edf9">
                <a href="schoolmsgmanage.asp">院校信息管理</a></td>
            <td align="center" bgcolor="#e4edf9">
                <a href="../school/resupload.asp">上传资源</a></td>
        </tr>
        <tr>
            <td height="38" align="center" bgcolor="d6dff7">课程管理：</td>
            <td align="center" bgcolor="#e4edf9">
                <a href="kcgl.asp">专业课程</a></td>
            <td align="center" bgcolor="#e4edf9">
                <a href="jcmanage.asp">教材管理</a></td>
            <td align="center" bgcolor="#e4edf9"> </td>
        </tr>
        <tr>
            <td height="38" align="center" bgcolor="d6dff7">新闻管理：</td>
            <td align="center" bgcolor="#e4edf9">
                <a href="../news/newsmanage.asp">新闻管理</a></td>
            <td align="center" bgcolor="#e4edf9"> </td>
            <td align="center" bgcolor="#e4edf9"> </td>
        </tr>
        <tr>
            <td height="38" colspan="4" align="center" bgcolor="d6dff7">
                <a href="javascript:window.close()">关闭窗口</a></td>
        </tr>
    </table>
</body>
</html>
```

后台管理页面中，先通过下面的语句对登录信息进行检查。

```
if not session("login") then
    Response.Redirect "loginerr.htm"
end if
```

如果是正确登录过的，则显示出管理页面的内容，主要是一些用于链接到各个管理模块的超链接。如果没有正确登录，则跳转到登录提示页面 loginerr.htm。

6. 登录提示页面 loginerr.htm

登录提示页面用于在用户未登录而直接进入后台管理页面时，提醒用户需要登录后才能进入到后台管理页面，loginerr.htm 的代码内容如下：

```
<!DOCTYPE html PUBLIC "-//W3C//DTD XHTML 1.0 Transitional//EN"
"http://www.w3.org/TR/xhtml1/DTD/xhtml1-transitional.dtd">
```

```
<html xmlns="http://www.w3.org/1999/xhtml">
<head>
<meta http-equiv="Content-Type" content="text/html; charset=utf-8" />
<title>无标题文档</title>
</head>
<body style="font-size:12px">
<table width="298" border="1" align="center" bordercolor="#b7b7d7">
  <tr>
    <td width="288" height="33" colspan="2" bgcolor="#0099FF">
        <font color="white"><b>[登录提示]</b></font></td>
  </tr>
  <tr>
    <td height="104" colspan="2" bgcolor="d6dff7"><% if rs.eof and rs.bof then %>
        <li><font color="#FF0000" size="4"><b>还没有登录！</b></font></li>
        <li></li>
        <li>单击这里<a href="adminlogin.htm">登录</a>。</li>
    </td>
  </tr>
</table>
</body>
</html>
```

登录提示页面是一个静态页面，仅用于显示揭示登录信息和转到登录页面的链接，效果如图 6-59 所示。

图 6-59 登录提示页面

6.4 任务拓展训练

6.4.1 【任务 29】站内搜索

本任务中，将实现通过关键字对站中数据库内的新闻信息进行搜索的功能。任务效果如图 6-60 所示。

（a）

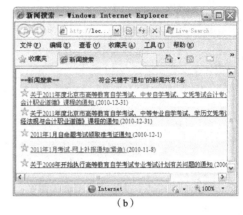
（b）

图 6-60　新闻搜索

本任务共分为两个页面，一个是前台输入搜索信息的 newssearch.asp 页面，一个是进行搜索并显示结果的搜索页面 searchnews.asp。

1．前台输入搜索信息的页面

前台输入搜索信息的 newssearch.asp 页面的内容如下：

```
<%@LANGUAGE="VBSCRIPT" CODEPAGE="65001"%>
<!DOCTYPE html PUBLIC "-//W3C//DTD XHTML 1.0 Transitional//EN"
"http://www.w3.org/TR/xhtml1/DTD/xhtml1-transitional.dtd">
<html xmlns="http://www.w3.org/1999/xhtml">
<head>
<meta http-equiv="Content-Type" content="text/html; charset=utf-8" />
<title>站内搜索</title>
</head>
<body style="font-size:12px" background="../images/bg.gif">
<form id="form1" name="form1" method="post" action="searchnews.asp" target="_blank">
  <table width="100%" border="0" cellpadding="0" cellspacing="0">
    <tr>
      <td height="35" align="left" bgcolor="#d6dff7"> ==站内新闻搜索==</td>
    </tr>
    <tr>
      <td height="44">
        <img src="../images/link_logo_pxzx.gif" width="120" height="44" align="absmiddle" />
        <input type="radio" name="caption " title="sdfsadf" value="title" checked="checked" />
        新闻标题
```

第6章 数据库网站开发

```
    <input type="radio" name="caption " value="content" />  新闻内容</td>
    </tr>
    <tr>
    <td><input name="search" type="text" id="search" size="35" maxlength="50" />
        <input type="submit" name="Submit" value="搜索" /></td>
    </tr>
  </table>
</form>
</body>
</html>
```

从代码中可以看出,这是一个仅供输入信息的静态页面,显示效果如图 6-60(a)所示。

2. 搜索并显示结果的搜索页面

进行搜索并显示结果的搜索页面 searchnews.asp 的内容如下:

```
<%@LANGUAGE="VBSCRIPT" CODEPAGE="65001"%>
<!DOCTYPE html PUBLIC "-//W3C//DTD XHTML 1.0 Transitional//EN"
"http://www.w3.org/TR/xhtml1/DTD/xhtml1-transitional.dtd">
<html xmlns="http://www.w3.org/1999/xhtml">
<head>
<meta http-equiv="Content-Type" content="text/html; charset=utf-8" />
<title>新闻搜索</title>
</head>

<!-- #include file="connections.asp"-->

<body style="font-size:12px">
<%
    '获取提交的信息
    search=trim(request.form("search"))
    caption =request.form("caption ")
    if search<>"" then

        con.Open constr
        Set rs = Server.CreateObject ("ADODB.Recordset")
        '下面这句完成新闻的搜索
        sql="select * from news  where " & caption & " like  '%"& _
            search & "%' order by addtime desc"
        rs.open sql,con,3,3
        rscount=rs.recordcount
```

```asp
%>
<table width="545" align="center" cellspacing="0" >
 <tr>
    <td width="152" height="27" bgcolor="#d6dff7" align="left">==新闻搜索== </td>
    <td width="264" bgcolor="#d6dff7" align="left">
        符合关键字"<%=search%>"的新闻共有<%=rscount%>条</td>
    <td width="121" align="right" bgcolor="#d6dff7">
        <a href="newspage.asp">更多&gt;&gt;&gt;</a></td>
</tr>
<%
    If rscount <= 0 Then
        response.write("目前没有新闻！")
    else
    while (not rs.eof)            '循环读取记录
        if color="#ffffff" then
            color="#F6F7FD"
        else
            color="#ffffff"
        end if
%>
    <tr>
        <td height="27" colspan="4" align="left" bgcolor="<%=color%>">
        <img src="../images/List2.GIF" width="16" height="16">
        <a href="../news/newscontent.asp?id=<%=rs("id")%>"><%=rs("title")%>
            </a>(<%=datevalue(rs("addtime"))%>)
    <%
    '10天内的消息添加"New"图标
    if date()-rs("addtime")<10 then
    %>
    <img src="../images/new.gif" width="31" height="12" />
    <%
    end if
    %>        </td>
    </tr>
<%
    rs.movenext          '移动记录指针到下一条记录
    wend
    end if
    rs.close              '关闭记录集
    con.close             '关闭连接
else
    response.Write("没有找到相关的新闻！")
```

```
end if
%>
</table>
</body>
</html>
```

搜索页面 searchnews.asp 的运行效果如图 6-60（b）所示。这段程序代码很简单，参考注释不难理解，不再作详细说明。

6.4.2 【任务 30】新闻分页浏览

分页浏览技术是数据库应用中常用的技术，它的目的是将不能在一页上显示的大量记录分页进行显示。本任务中将实现对新闻的分页浏览，效果如图 6-61 所示。

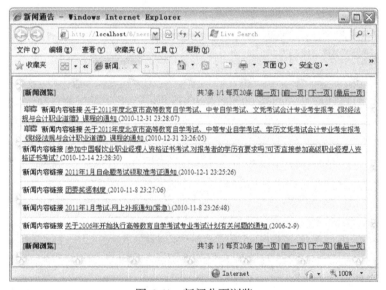

图 6-61　新闻分页浏览

本任务由两个文件组成，一个是实现新闻分页浏览的 newspage.asp 文件，另一个是当用户单击新闻链接后显示新闻内容的 newscontents.asp 文件。

1．新闻分页页面

实现新闻分页浏览的 newspage.asp 文件内容如下：

```
<%@LANGUAGE="VBSCRIPT" CODEPAGE="65001"%>
<!DOCTYPE html PUBLIC "-//W3C//DTD XHTML 1.0 Transitional//EN" "http://www.w3.org/TR/xhtml1/DTD/xhtml1-transitional.dtd">
<html xmlns="http://www.w3.org/1999/xhtml">
<head>
<meta http-equiv="Content-Type" content="text/html; charset=utf-8" />
```

```asp
<title>新闻通告</title>
</head>
<!-- #include file="connections.asp"-->

<body style="font-size:12px" background="../images/bg.gif">
<table width="98%" border="1" align="center" cellspacing="0" bordercolor="#E0E1E9" >
<%
    recsize=20              '分页显示时每页显示的最多记录数


    con.Open constr
    Set rs = Server.CreateObject ("ADODB.Recordset")
    sql="select  * from news order by addtime desc"
    rs.open sql,con,3,3
    rscount=rs.recordcount
    If rscount <= 0 Then
        response.write("目前没有新闻! ")
    else
        offset=0
        param=request("offset")
        if param<>"" then
            offset=int(param)
            ' 如果记录超过最后一条或传回的参数为-1，设置记录起始位置为最后一页
            If offset>rscount or offset = -1 Then
                '设置最后一页的记录起始位置
                If (rsCount Mod recsize) > 0 Then
                '如果总记录不是每页记录数的整数倍
                    offset = rsCount - (rsCount Mod recsize)
                Else
                    offset = rsCount - recsize
                End If
            elseif offset<-1 then
                offset=0
            End If
        End If
        '记录索引
        rsindex=0
        '移动记录指针到记录索引
        While ((Not rs.EOF) And (rsindex < offset ))
            rs.MoveNext
            rsindex = rsindex + 1
        Wend
        '定义翻页标识
```

```
        firstpage=0
        lastpage=-1
        prepage=offset-recsize
        nextpage=offset+recsize
        '分页取整
        npage=int(rscount/recsize+0.9)
        idpage=int(offset/recsize)+1
%>
  <tr>
    <td><table width="100%" border="0" cellspacing="0" >
      <tr>
        <td width="33%" height="33" align="left" bgcolor="#CDD3F5">
            <font  color="#0000FF"><strong>[ 新 闻 浏 览 ]</strong></font></td>
        <td align="right" bgcolor="#CDD3F5"><font color="#0000FF">
            共<%=rscount%>条 <%=idpage%>/<%=npage%> 每页<%=recsize%>条
            [<a href="newspage.asp?offset=<%=firstpage%>">第一页</a>]
            [<a href="newspage.asp?offset=<%=prepage%>">前一页</a>]
            [<a href="newspage.asp?offset=<%=nextpage%>">下一页</a>]
            [<a href="newspage.asp?offset=<%=lastpage%>">最后一页</a>]
            </font> </td>
      </tr>
    </table></td>
  </tr>
<%
    '循环显示新闻记录
    while ((not rs.eof) and (rsindex < offset+recsize))

        if color="ffffff" then
            color="#F6F7FD"
        else
            color="ffffff"
        end if
%>
  <tr>
    <td height="27" colspan="3" align="left" bgcolor="<%=color%>">
    <%
        if date()-rs("addtime")<10 then
    %>
        <img src="../images/new.gif" />
    <%
        end if
    %>
```

```
            '新闻内容链接
            <a href="newscontent.asp?id=<%=rs("id")%>">
            <%=rs("title")%></a>(<%=rs("addtime")%>) </td>
    </tr>
    <%
        rs.movenext
        rsindex=rsindex+1     '记录索引递增
        wend
        offset=rsindex     '设置分页的偏移记录数
      end if
      rs.close
      con.close

    %>
    <tr>
      <td height="33" >
        <table width="100%" border="0" cellspacing="0" bordercolor="#E0E1E9" >
        <tr>
          <td width="32%" height="33" align="left" bgcolor="#CDD3F5">
            <font color="#0000FF"><b>[新闻浏览]</b></font></td>
          <td align="right" bgcolor="#CDD3F5" ><font color="#0000FF">
            共<%=rscount%>条 <%=idpage%>/<%=npage%> 每页<%=recsize%>条
            [<a href="newspage.asp?offset=<%=firstpage%>">第一页</a>]
            [<a href="newspage.asp?offset=<%=prepage%>">前一页</a>]
            [<a href="newspage.asp?offset=<%=nextpage%>">下一页</a>]
            [<a href="newspage.asp?offset=<%=lastpage%>">最后一页</a>]
            </font></td>
        </tr>
      </table></td>
    </tr>
  </table>
</body>
</html>
```

上面的程序代码有些长,但参考注释,不难理解,这里不再详细说明。

2. 新闻内容显示页面

显示新闻内容的 newscontents.asp 文件的内容如下:

```
<%@LANGUAGE="VBSCRIPT" CODEPAGE="65001"%>
<!DOCTYPE html PUBLIC "-//W3C//DTD XHTML 1.0 Transitional//EN" "http://www.w3.org/TR/xhtml1/DTD/xhtml1-transitional.dtd">
```

```asp
<html xmlns="http://www.w3.org/1999/xhtml">
<head>
<meta http-equiv="Content-Type" content="text/html; charset=utf-8" />
<title>新闻内容</title>
</head>
<body background="../images/bg.gif" style="font-size:12px">
<!--#include file="connections.asp"-->
<%
'获取URL传递的id参数，通过id参数查找记录并显示
if request("id")<> "" then
    id=request("id")
    
    con.Open constr
    
    Set rs = Server.CreateObject ("ADODB.Recordset")
    sql="select * from news where id = "&id
    rs.open sql,con
    rs.movefirst
        '按新闻分类设置颜色
        if trim(rs("kind"))="news" then
            color="#000099"
        else
            color="#ff0000"
        end if
        
        '下面语句将记录内容中的HTML标识转成实体字符并输出
        m=rs("content")
        r=""
        mlen=len(m)
        for i=1 to mlen
            c=mid(m,i,1)
            select case(c)
            case chr(13)
                c="<br>"
            case " "
                c=" "
            end select
            r=r+c
        next
    %>
<table width="100%" height="92" border="1" bordercolor="#E0E1E9">
 <tr>
    <td height="17" align="right">
```

```
            <!--下面几句通过javascript方法实现网页打印、返回和关闭-->
                [<a href="javascript:print()">打印</a>]
                [<a href="javascript:history.go(-1)">返回</a>]
                [<a href="javascript:window.close()">关闭</a>] </td>
        </tr>
        <tr>
            <td height="20" align="center"><font size="6" color="<%=color%>">
                <%=rs("title")%></font></td>
        </tr>
        <tr>
            <td align="right"><%=rs("addtime")%></td>
        </tr>
        <tr>
            <td align="left"><font size="4"> <%=r%></font> </td>
        </tr>
</table>
<%
    rs.close
    con.close
end if
%>
</body>
</html>
```

当单击新闻分页页面的新闻标题后，显示的新闻内容页面如图6-62所示。

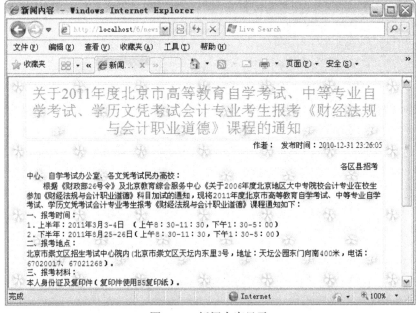

图 6-62　新闻内容显示

习题 6

1. 填空

（1）_____对象用于建立与后台数据库的连接。

（2）_____对象可用来执行 SQL 指令，访问数据库。

（3）_____对象用于存放访问数据库后的数据信息。

（4）创建 Connection 对象后，并能不立刻使用，还需要指定一个_____，用来指定想要连接的数据源，然后调用 Open 方法来建立连接。

（5）用 ODBC DSN 方法打开 DNS 数据源名为 book 所对应的 SQLServer 数据库，其 ConnectionString 属性为_____。

（6）用全路径 DSN 方法打开网页所在当前目录中的 addr.mdb 数据库，其 Connection String 属性为_____。

（7）Recordset 对象的集合对应于记录的字段，通常用于获取当前记录的字段值_____。

（8）当记录集的_____属性和_____属性同时为真，可判断记录集为空。

（9）使用记录集 addnew 方法增加新记录后，需要执行_____方法将改变存储到数据库。

（10）Command 对象的_____方法可用于执行在 CommandText 属性中指定的查询、SQL 语句或存储过程。

2. 程序设计

（1）仿照"新闻浏览"和表 6-2，创建一个学生成绩数据库，可在网页中浏览学生成绩。

（2）仿照"新闻管理"完善上一题的学生成绩数据库，可以在网页中添加、删除、修改学生成绩。

（3）仿照"新闻管理系统"和"后台管理系统"设计一个站内邮箱，可用于本网站用户间的信息传递。

CHAPTER7 第 7 章

常用 ASP 组件

 文件访问组件

7.1.1 ASP 组件概述

ASP 使用 VBScript 或者 JScript 脚本语言完成编程，而这两种脚本语言本身能力有限，利用 ASP 的几个内置对象也无法完成较大规模的应用，但是令人兴奋的是 ASP 支持组件技术，类似文件上传、绘图、收发电子邮件等工作都可以借助组件来完成，使用合适的组件，将使网站开发事半功倍，网站的功能也更为强大。

ASP 的强大不仅仅局限于接受和显示的交互，更多的是运用 ActiveX 组件进行更强大的 Web 应用。其实 ActiveX Server Components(ActiveX 服务器组件)是一个存在于 Web 服务器上的文件，该文件封装了执行某些特定任务的代码。组件可以执行一些通用的常见任务（如数据库的访问，文件的上传等），这样就不必自己去创建执行这些任务的代码。

一般 ActiveX 组件由三种路径获得：安装完 IIS 服务器以后，自带的一些内置组件，如 Database Access 数据库连接组件；从第三方开发者处获得可选的组件，或者免费或者收费的，如一些上传组件、收发电子邮件组件；开发者自行设计、支持其所需要的特殊功能的 ActiveX 组件。对于第三方和自行开发，在使用之前都必须要进行系统的注册。

创建组件的实例可使用 Server 对象提供的 CreateObject 方法，形式如下。

```
Server.CreateObject( progID )
```

其中，参数 progID 指定要创建的对象的类型。

下面的语句创建了一个 FileSystemObject 组件实例。

```
<% Set mFileObject=Server.CreateObject("Scripting.FileSystemObject") %>
```

默认情况下，由 Server.CreateObject 方法创建的对象具有页作用域。这就是说，在当前 ASP 页处理完成之后，服务器将自动销毁这些对象。也可以通过将变量设置为 Nothing 来销毁对象，如下所示：

```
<% Set mFileObject = Nothing %>
```

7.1.2 文件访问组件简介

ASP 中提供了多种文件访问（File Access）组件来方便对文件进行操作处理。利用 ASP 脚本，几乎可以完全控制服务器的文件系统。File Access 组件主要由 FileSystemObject 对象和 TextStream 对象组成，使用 FileSystemObject 对象，可以建立、检索、删除目录及文件，而 TextStream 对象则提供读写文件的功能。

注意，本章中的很多内容都是对文件、文件夹进行操作的，要求设置所访问的文件夹可以支持"Internet 来宾账户"具有所访问文件夹的读写权限，可以在文件夹上单击鼠标右键，在弹出的菜单中选择"属性"命令，在打开的"属性"对话框的"安全"选项卡中添加"Internet 来宾账户"，并具有文件夹的修改、读取和写入权限，如图 7-1 所示。

图 7-1 设置文件夹权限

下面对 ASP 中提供的文件访问组件进行简单介绍。

1. FileSystemObject

FileSystemObject 对象包括了一些基本的对文件系统进行操作的方法，比如说，复制和删除文件夹或者文件，也可以通过 FileSystemObject 对象遍历计算机的本地及网络的驱动器、文件夹和文件。

2. TextStream

TextStream 对象可用来读写文件，它提供对存储在磁盘上文件的访问能力，用于与 FileSystemObject 对象协同使用。TextStream 对象能够读出或写入文本（顺序的）文件，并能通过 FileSystemObject 对象进行实例化。

3. File

File 对象的方法和属性被用来处理单独的文件。

4. Folder

Folder 对象的方法和属性被用来处理文件夹。

5. Drive

Drive 对象可用来收集驱动器的信息，如可用磁盘空间或驱动器的类型等。

7.1.3 FileSystemObject 对象

FileSystemObject 对象提供了许多种集合和方法来处理文件夹和文件，下面将对 FileSystemObject 对象的常用方法进行介绍。

1. CopyFolder 方法

CopyFolder 方法用来进行文件夹的复制，其使用格式如下：

```
CopyFolder source, destination [,Overwrite]
```

其中，参数 source 为源文件夹路径，destination 为目录文件夹路径，如果目标文件夹已经存在，可以通过将 Overwrite 参数设为 TRUE 的方法来进行覆盖。默认值为 TRUE。此外，还可以使用通配符来进行多目录的复制。

2. CreateFolder 方法

CreateFolder 方法用于创建一个指定的文件夹，其使用格式如下：

```
CreateFolder FolderSpecifier
```

其中，参数 FolderSpecifier 表示文件夹路径。

3. DeleteFolder 方法

DeleteFolde 方法用于删除一个指定的文件夹，其使用格式如下：

```
DeleteFolder FolderSpecifier
```

其中,参数 FolderSpecifier 表示文件夹路径。

4. FolderExists 方法

DeleteFolde 方法用于判断文件夹是否存在,其使用格式如下:

```
FolderExists(FolderSpecifier)
```

其中,参数 FolderSpecifier 表示文件夹路径。如果该指定文件夹存在,返回 True,否则返回 False。

5. GetFolder 方法

GetFolder 方法用于对指定的文件夹创建一个 Folder 对象,其使用格式如下:

```
GetFolder(FolderSpecifier)
```

其中,参数 FolderSpecifier 表示文件夹路径。

6. GetParent 方法

GetParent 方法用于返回包含该路径的上一级目录名,其使用格式如下:

```
GetParentFolderName(Path)
```

其中,参数 path 为被包含的路径。

7. MoveFolder 方法

MoveFolder 方法用于将指定目录进行移动,使用格式如下:

```
MoveFolder source, Destinatioin
```

其中,参数 source 为源文件夹路径,destination 为目录文件夹路径,可以利用通配符来移动多个文件夹。

下面是一个文件夹操作的例子。

```
<%@LANGUAGE="VBSCRIPT" CODEPAGE="65001"%>
<%
    '创建一个 FileSystemObject 对象的实例
    Set MyFileObject=Server.CreateObject("Scripting.FileSystemObject")
    '创建一个用来操作的文件夹
    MyFileObject.CreateFolder("C:\aspteach\NewFolder")
    '复制文件夹
    MyFileObject.CopyFolder
"C:\aspteach\NewFolder","C:\aspteach\NewFolder2"
    '移动文件夹
    MyFileObject.MoveFolder
```

```
"C:\aspteach\NewFolder","C:\aspteach\NewFolder3"
    '删除文件夹
    MyFileObject.DeleteFolder "C:\aspteach\NewFolder3"
%>
```

上面代码通过 FileSystemObject 对象，演示了文件夹的创建、复制、移动和删除。

8．CreateTextFile 方法

CreateTextFile 方法用指定的文件名创建文件，它返回一个 TextStream 对象，可以用该对象在文件被创建后操作该文件。CreateTextFile 方法的语法如下：

```
Set objTextStream=FileSystemObject.CreateTextFile(Filename,[Overwrite],
[Unicode])
```

下面是 CreateTextFile 方法参数的具体说明：

Filename 包含文件路径名的字符串，可以是文件的全路径名，包括驱动器名和目录名，或者也可以只是文件名，如果只包含文件名的话，文件将被创建在站点的根目录下。

Overwrite 为布尔值，设置成 False 时可以防止 FileSystemObject 对象在创建一个新文件时删除已存在的文件，该参数是可选的，如果没有赋值系统默认为 true，具有相同文件名的已有文件会被删掉。

Unicode 是可选参数。布尔值指明是否以 Unicode 或 ASCII 文件格式创建文件。如果以 Unicode 文件格式创建文件，则该值为 True；如果以 ASCII 文件格式创建文件，则该值为 False。如果省略此部分，则假定创建 ASCII 文件。

9．OpenTextFile 方法

OpenTextFile 方法用指定的文件名打开文件，利用它所带的参数可以对文件进行各种不同的操作。和 CreateTextFile 方法一样，OpenTextFile 方法返回一个 TextStream 对象，使得可以在文件被打开后操作该文件。OpenTextFile 方法的语法如下：

```
Set objTextStream=FileSystemObject.OpenTextFile(Filename,[IOmode],
[Create],[Format])
```

具体的参数说明如下：

Filename 必须的变量，同 CreateTextFile 的 filename。

IOmode 是可选的常量，取值为下列两个常数之一 ForReading 或 ForAppending，如果 mode 为 1，文件以只读方式打开，如果为 8，则文件以追加的方式打开。

Create 是可选的布尔量，指定如果想打开的文件不存在是做什么操作，如果其值为 True，当文件不存在时就自动创建一个空的文件。如果为 False，就会在文件没找到时产生一个出错信息，其默认值是 False，建议将其设为 True，以避免在打开文件时检查是否出错。

Format 是可选值，可以选择三种值来指定文件的格式，–2、–1 和 0 分别对应于系统默认、unicode 和 ASCII。

10．CopyFile 方法

复制一个或者多个文件到新路径。

```
CopyFile source, destination [,Overwrite]
```

其中，参数 source 为源文件路径，destination 为目录文件路径，如果目标文件已经存在，可以通过将 Overwrite 参数设为 True 的方法来进行覆盖。默认值为 True。此外，还可以使用通配符来进行多目录的复制。

11．DeleteFile

删除一个文件。使用格式如下：

```
DeleteFile FileSpecifier
```

12．MoveFile

移动文件到新位置。使用格式如下：

```
MoveFile source, Destinatioin
```

其中，参数 source 为源文件路径，Destination 为目录文件路径，可以利用通配符来移动多个文件。

13．FileExists

判断文件是否存在。使用格式如下：

```
FileExists (FileSpecifier)
```

其中，参数 FileSpecifier 表示文件名及其路径。

下面是一个创建文件的示例：

```
<%@LANGUAGE="VBSCRIPT" CODEPAGE="65001"%>
<%
   Set fso=Server.CreateObject("Scripting.FileSystemObject")
   path="c:\aspteach\text.txt"
   '检测 text.txt 文件是否存在，如果存在则追加文件内容，反之则直接写文件
   if fso.FileExists(path) then
      Set ss=fso.OpenTextFile(path,8,true)
   else
      set ss=fso.CreateTextFile(path,false)
   end if
```

```
%>
```

14. DriveExists

检查驱动器是否存在。如果在 drivespec 中指定的驱动器存在，则返回 True，否则返回 False。DriveExists 使用格式如下：

```
DriveExists(drivespec)
```

drivespec 参数可以是一个驱动器字母，或者是文件、文件夹的完整绝对路径。

15. GetDrive

返回 drivespec 指定的驱动器所对应的 Drive 对象，使用格式如下：

```
GetDrive(drivespec)
```

返回 drivespec 指定的驱动器所对应的 Drive 对象。drivespec 可以包含冒号、路径分隔符或者是网络共享名，即：c、c:、c:\和\\machine\sharename。

16. GetDriveName

用字符串返回 drivespec 指定的驱动器的名称，其使用格式如下：

```
GetDriveName(drivespec)
```

drivespec 参数必须是文件或文件夹的绝对路径，或者仅仅是驱动器字母，例如，c:或 c。

7.1.4 Folder 对象

Folder 对象用于对文件夹的操作，其常用集合、方法和属性如下。

1. CopyFolder 方法

将当前文件夹复制到新的位置，使用格式如下：

```
CopyFolder newcopy [,overwrite]
```

其中,参数 newcopy 为目标文件夹路径,如果存在与目标文件夹同名情况而且 overwrite 参数为 False，则会报错。

2. DeleteFolder 方法

删除当前文件夹。

3. Files 集合

返回所有该目录下文件的集合。其中隐含文件不显示。

4. IsRootFolder 属性

判断是否为根目录，如果是根目录返回 True。

5. MoveFolder 方法

移动当前目录到另外的位置，使用方法如下：

```
MoveFolder FolderSpecifier
```

其中，参数 FolderSpecifier 为目标位置。

6. name

返回当前目录名称。

7. ParentFolder 方法

返回到上一级目录。

8. Size 属性

显示目前目录及子目录的所有文件大小总和。

9. SubFolders 集合

返回为所有这个文件夹下面子目录的集合。

下面的例子将显示出 C:盘根目录下的文件列表。

```
<!--Filelist.asp-->
<%@LANGUAGE="VBSCRIPT" CODEPAGE="65001"%>
<!DOCTYPE html PUBLIC "-//W3C//DTD XHTML 1.0 Transitional//EN"
"http://www.w3.org/TR/xhtml1/DTD/xhtml1-transitional.dtd">
<html xmlns="http://www.w3.org/1999/xhtml">
<head>
<meta http-equiv="Content-Type" content="text/html; charset=utf-8" />
<title>文件夹内容列表</title>
</head>
<body>
<%
    '创建一个FileSystemObject对象的实例
    Set MyFileObject=Server.CreateObject("Scripting.FileSystemObject")
    '创建一个Folder对象
    Set MyFolder=MyFileObject.GetFolder("c:\aspteach")
    '循环显示其中文件名称
    For Each thing in MyFolder.Files
        Response.Write("<p>"&thing)
```

```
    Next
%>
</body>
</html>
```

程序中，Folder 对象由 FileSystemObject 对象的 GetFolder()方法来创建，创建后使用了 For Each 循环将 Folder 对象的 Files 方法中的文件显示出来。

7.1.5　TextStream 对象

TextStream 对象用于对文件内容进行操作，不能通过 CreatObject 来创建一个 TextStream 对象，得到 TextStream 对象的唯一方法是用前面的 FileSystemObject 对象的 CreateTextFile（打开一个存在的文本文件）或 OpenTextFile 方法（创建一个新的文件）。

可在打开或创建了文本文件后，就得到一个 TextStream 对象，该对象有一个光标，就好像是在字处理程序中的光标一样，指出接下来要输入的字符将出现的位置，它同时也指出要读取的字符的位置。表 7-1 列出了 TextStream 对象的常用属性和方法。

表 7-1　TextStream 对象的常用属性和方法

名　称	说　明
AtEndOfLine	返回只读型布尔值，当光标在当前行的末尾时，其值为 True，反之则为 False
AtEndOfStream	返回只读型布尔值，如果光标在流的末尾时，其值为 True，否则为 False
Column	返回只读型整数，统计从行首到当前光标位置之间的字符数
Line	返回只读型整数，指明光标所在行在整个文件中的行号
close()	关闭流以及对应的文本文件
read(Num)	指定从光标的当前位置开始从文本文件中读取一定数目的字符
readall()	将整个流读入一个字符串中
readline()	将一整行的字符读入一个字符串中
TextStream.write(text)	将一个字符串写入流中
TextStream.writeline()	将一个文本串写入流中
TextStream.skip(Num)	在流中将光标的位置移动一定数目的字符串长度
TextStream.skiplines()	在流中将光标移动一定数目的行数
writeblank	将一定数目的空行写入流中
lines(num)	计算光标在文件中的行号

下面是一个记录用户信息的例子。

```
<!--info.asp-->
<%@LANGUAGE="VBSCRIPT" CODEPAGE="65001"%>
<!DOCTYPE html PUBLIC "-//W3C//DTD XHTML 1.0 Transitional//EN"
"http://www.w3.org/TR/xhtml1/DTD/xhtml1-transitional.dtd">
<html xmlns="http://www.w3.org/1999/xhtml">
```

```html
<head>
<meta http-equiv="Content-Type" content="text/html; charset=utf-8" />
<title>用户信息存储</title>
</head>

<%
    '获取提交的信息
    strName = Request.Form("username")
    strEmail = Request.Form("Email")
    if strname<>"" and strEmail<>"" then
        ' 创建 FileSystemObject 对象
        Set fso = Server.CreateObject("Scripting.FileSystemObject")
        path="c:\aspteach\text.txt"
        '检测 text.txt 文件是否存在，如果存在则追加文件内容，反之则直接写文件
        if fso.FileExists(path) then
            Set ss=fso.OpenTextFile(path,8,true)
        else
            set ss=fso.CreateTextFile(path,false)
        end if
        ' 写信息到文件
        ss.write(strName) & vbcrlf
        ss.write(strEmail) & vbcrlf
        ' 关闭文件
        ss.close
        set ss = nothing
        set fso = nothing
    end if
%>
<body>
<h2 align="center">用户信息存储</h2>
<form name="form1" action="" method="post">
  <p>姓名：
    <input type="text" size="10" name="username">
  邮箱：
    <input type="text" size="10" name="Email">
  </p>
  <p>
    <input type="submit" name="Submit" value="提交">
  </p>
</form>
</body>
</html>
```

上面网页在浏览时的效果如图 7-2（a）所示。

（a） （b）

图 7-2 用户信息存储

当提交表单内容后，信息被存储到文件 text.txt 中。可以通过下面的程序来读取 text.txt 文件中的信息。读出的数据如图 7-2（b）所示。

```
<!--readtxt.asp-->
<%@LANGUAGE="VBSCRIPT" CODEPAGE="65001"%>
<!DOCTYPE html PUBLIC "-//W3C//DTD XHTML 1.0 Transitional//EN"
"http://www.w3.org/TR/xhtml1/DTD/xhtml1-transitional.dtd">
<html xmlns="http://www.w3.org/1999/xhtml">
<head>
<meta http-equiv="Content-Type" content="text/html; charset=utf-8" />
<title>北京教育考试培训中心—助学科</title>
</head>

<body>
<%
        ' 创建 FileSystemObject 对象
        Set fso = Server.CreateObject("Scripting.FileSystemObject")
        path="c:\aspteach\text.txt"
        '检测 text.txt 文件是否存在，如果存在则打开
        if fso.FileExists(path) then
            Set ss=fso.OpenTextFile(path,1,true)
        else
            response.Write("文件不存在！")
            response.end
        end if
        ' 循环读取各行信息
        while not ss.AtEndOfStream                '如果未读到文件尾
            str=ss.ReadLine&"<br>"                '读取一行数据
```

```
            response.Write str
        wend
        ss.close                              ' 关闭文件
        set ss = nothing
        set fso = nothing
%>
</body>
</html>
```

7.1.6　File 对象

File 对象又称为文件对象，一个文件就是一个 File 对象。File 对象提供了对文件属性的访问，通过它的方法能够对文件进行操作。Folder 对象中提供了一个 Files 集合，包含文件夹中文件对应的 File 对象。还可以直接从 FileSystemObject 对象中通过使用 GetFile 方法得到一个 File 对象引用。表 7-2 给出了 File 对象的常用属性。

表 7-2　File 对象的常用属性

名　　称	说　　明
Attributes	返回文件的属性。可以是下列值中的一个或其组合：Normal(0)、ReadOnly(1)、Hidden(2)、System(4)、Volume(名称)(9)、Directory(文件夹)(16)、Archive(32)、Alias(64)和 Compressed(128)
DateCreated	返回该文件夹的创建日期和时间
DateLastAccessed	返回最后一次访问该文件的日期和时间
DateLastModified	返回最后一次修改该文件的日期和时间
Drive	返回该文件所在的驱动器的 Drive 对象
Name	设定或返回文件的名字
ParentFolder	返回该文件的父文件夹的 Folder 对象
Path	返回文件的绝对路径，可使用长文件名
ShortName	返回 DOS 风格的 8.3 形式的文件名
ShortPath	返回 DOS 风格的 8.3 形式的文件绝对路径
Size	返回该文件的大小（字节）
Type	如果可能，返回一个文件类型的说明字符串（例如："Text Document"表示.txt 文件）

类似于 Folder 对象，File 对象的方法允许复制、删除以及移动文件。它也有一个使用文本流打开文件的方法。File 对象的方法及说明如下。

1．Copy

复制文件到指定文件夹，使用格式如下：

`Copy(destination,overwrite)`

Copy 方法将文件复制到 destination 指定的文件夹。如果 destination 的末尾是路径分隔符"\"，那么认为 destination 是放置复制文件的文件夹。否则认为 destination 是要创建的新文件的路径和名字。如果目标文件已经存在且 overwrite 参数设置为 False，将产生错误，默认值为 True。

2．Delete

删除文件，使用格式如下：

```
Delete(force)
```

如果可选的 force 参数设置为 True，即使文件具有只读属性也会被删除。默认值为 False。

3．Move

将文件移动到指定的文件夹，使用格式如下：

```
Move(destination)
```

Move 方法将文件移动到 destination 指定的文件夹。如果 destination 的末尾是路径分隔符('\')，那么认为 destination 是一文件夹。否则认为 destination 是一个新的文件的路径和名字。如果目标文件夹已经存在，则会出错。

4．CreateTextFile

用指定的文件名创建一个新的文本文件，并且返回一个相应的 TextStream 对象，使用格式如下：

```
CreateTextFile(filename,overwrite,unicode)
```

如果可选的 overwrite 参数设置为 True，将覆盖任何已有的同名文件。默认的 overwrite 参数是 False。如果可选的 unicode 参数设置为 True，文件的内容将存储为 unicode 文本。默认的 unicode 是 False。

5．OpenAsTextStream

打开指定文件并且返回一个 TextStream 对象，用于文件的读、写或追加，使用格式如下：

```
OpenAsTextStream(iomode,format)
```

其中，iomode 参数指定了要求的访问类型，允许值是 ForReading(1)（默认值）、ForWrite(2)、ForAppending(8)。format 参数说明了读、写文件的数据格式。允许值是 TristateFalse(0)（默认），说明用 ASCII 数据格式；TristateTrue(-1)说明用 Unicode 数据格

式；TristateUseDefault(-2)说明使用系统默认格式。

给定一个 File 对象后，可以使用 ParentFolder 属性得到包含该文件的 Folder 对象的引用，用来在文件系统中导航。甚至可以用 Drive 属性获得相应的 Drive 对象的引用，并得到各种 Folder 对象以及所包含的 File 对象。另外，给定一个 Folder 对象以及对应的 Files 集合后，可以通过遍历该集合检查这一文件夹中的每个文件。还可以使用 File 对象的各种方法以一定方式处理该文件，如复制、移动或删除。下面的代码给出了 C 驱动器的第一个文件夹的文件列表。

```
<!--filebrow.asp-->
<%@LANGUAGE="VBSCRIPT" CODEPAGE="65001"%>

<%
    ' 创建 FileSystemObject 实例
    Set objFSO = Server.CreateObject("Scripting.FileSystemObject")
    ' 取得驱动器 C
    Set objDriveC = objFSO.GetDrive("C:")
    ' 获取根目录
    Set objRoot = objDriveC.RootFolder
    ' 获取文件夹集合
        Set objFolders = objRoot.SubFolders
    ' 循环查看文件夹集合中的文件夹
    For Each objFolder In objFolders
        Set objFolder1 = objFolders.Item((objFolder.Name))
    ' 显示文件夹中的文件信息
        For Each objFile in objFolder1.Files
            Response.Write "文件名: " & objFile.Name & "<br>"
            Response.Write "大小: " & objFile.Size & " bytes <br>"
            Response.Write "文件类型: " & objFile.Type & "<br>"
            Response.Write "路径: " & objFile.Path & "<br>"
            Response.Write "创建时间: " & objFile.DateCreated & "<br>"
            Response.Write "最后修改时间: " & objFile.DateLastModified & "<br>"
            Response.Write "<hr>"
        Next
    Next
%>
```

上面程序在浏览器中的显示效果如图 7-3 所示。

在使用 Folders 和 File 时需要注意，不能使用数字索引来定位 Folders 或 Files 集合里的条目，必须使用 For Each … Next 语句遍历集合，然后使用该条目的 Name 属性。

图 7-3 文件信息浏览

7.1.7 Drive 对象

Drive 对象可用来获取当前系统中各个驱动器的信息，Drive 对象没有方法，其应用都是通过属性表现出来的，表 7-3 给出了 Drive 对象的属性。

表 7-3 Drive 对象的属性

名　称	说　明
AvailableSpace	返回在指定的驱动器或网络共享上的用户可用的空间容量
DriveLetter	返回某个指定本地驱动器或网络驱动器的字母，这个属性是只读的
DriveType	返回指定驱动器的磁盘类型
FileSystem	返回指定驱动器使用的文件系统类型
FreeSpace	返回指定驱动器上或共享驱动器可用的磁盘空间，这个属性是只读的
IsReady	确定指定的驱动器是否准备好
Path	返回指定文件、文件夹、或驱动器的路径
RootFolder	返回一个 Folder 对象，该对象表示一个指定驱动器的根文件夹。只读属性
SerialNumber	返回用于唯一标识磁盘卷标的十进制序列号
ShareName	返回指定驱动器的网络共享名
TotalSize	返回驱动器或网络共享的总容量，以字节为单位
VolumeName	设置或返回指定驱动器的卷标名

可以看到 Drive 对象基本上包含了通常操作所需的全部驱动器信息，因此在使用中是非常方便的。

下面示例演示了 Drive 对象的使用。

```
<%@LANGUAGE="VBSCRIPT" CODEPAGE="65001"%>
<%
```

```
        Dim fso,drv,s
        drvPath="c:\"                         '设置驱动器路径
        Set fso = CreateObject("Scripting.FileSystemObject")
        Set drv = fso.GetDrive(fso.GetDriveName(drvPath))    '获取 Drive 对象
        s = "Drive " & UCase(drvPath)
        s = s & drv.VolumeName & "<br>"                          '显示卷标
        s = s & "总容量: " & FormatNumber(drv.TotalSize/1024,0) '以 KB 为单位显
示总容量
        s = s & " Kb" & "<br>"
        s = s & "可用空间: " & FormatNumber(drv.FreeSpace/1024,0)    '以KB为单
位显示可用空间
        s = s & " Kb" & "<br>"
        Response.Write s
%>
```

在上面代码中通过 GetDrive 方法来获得现有 Drive 对象的引用，然后使用 Drive 对象来收集有关驱动器的信息。

7.1.8 【任务31】"故事接龙"网页设计

故事接龙游戏的玩法很简单，随便谁先说第一个短句，大家一人跟一个短句，由此连成一个故事。在本任务中，将通过 ASP 实现在线故事接龙，浏览效果如图 7-4 所示。

图 7-4 故事接龙

在本任务的实现过程中，将学习如何通过 ASP 文件系统对象来存储用户提交的信息。本任务中只有一个文件，story.asp 文件的内容如下：

```
<!--story.asp-->
<%@LANGUAGE="VBSCRIPT" CODEPAGE="65001"%>
<!DOCTYPE  html  PUBLIC  "-//W3C//DTD  XHTML  1.0  Transitional//EN"
```

```
"http://www.w3.org/TR/xhtml1/DTD/xhtml1-transitional.dtd">
  <html xmlns="http://www.w3.org/1999/xhtml">
  <head>
  <meta http-equiv="Content-Type" content="text/html; charset=utf-8" />
  <Title>故事接龙</Title>
  </Head>
  <%
  '检查是否提交了新句,如果有,则将其存储到文件 Story.txt 中
  If not request.Form("NextLine")="" then
    Set fso=Server.CreateObject("Scripting.FileSystemobject")        '创建文件系统对象
    set mFile=fso.OpenTextFile("c:\aspteach\story.txt",8,Ture)       '打开文件
    mFile.WriteLine(Request.Form("NextLine"))          '将新句写入文件
    mFile.Close                                        '关闭文件
  end if
  %>

  <Body>
  <Center><h2>故事接龙</h2></Center>
  <hr>
  <%
      Set fso=Server.CreateObject("Scripting.FileSystemObject")      '创建文件系统对象
      path="c:\aspteach\story.txt"
      if fso.FileExists(path) then             '打开文件
          Set mFile=fso.OpenTextFile(path)
      end if

      while not mFile.AtEndOfStream            '循环读取文件中的每行数据
          Response.Write "  " & mFile.ReadLine   '读取数据并显示
      wend
      mFile.close                              '关闭文件
  %>
  <hr>
  <h3>请输入这个故事的新行:</h3>
  <form method=post action=story.asp>
  <input name="NextLine" type=text size=70>
  <input type=submit value=确认添加本句>
  </form>
  </html>
```

注意,这个程序在执行时将访问 C:\aspteach 盘根目录下的 Story.txt,需要设置 C:\aspteach 的安全权限,让 Internet 来宾账户可以读写其中的文件。

7.2 浏览器性能组件

7.2.1 浏览器性能组件简介

浏览器性能组件 Browser Capabilities 是 ASP 内置的组件，它可以创建一个浏览器类型（BrowserType）对象，以提取识别客户端浏览器的版本信息，用以描述客户端浏览器性能。

当客户端浏览器向服务器发送页面请求时，同时会自动发送一个 User Agent HTTP 报头，该报头是一个声明浏览器及其版本的 ASCII 字符串。浏览器性能组件将 User Agent 映射到文件 Browscap.ini 中所注明的浏览器，并通过 BrowserType 对象的属性来识别客户浏览器。

若在 Browscap.ini 文件中找不到与该报头匹配的项，那么将使用默认的浏览器属性。若既未找到匹配项，且 browscap.ini 文件中也未指定默认的浏览器设置，则它将每个属性都设为字符串 "UNKNOWN"。

在默认情况下，Browscap.ini 文件被存放在 C:\Windows\System32\Inersrv 目录中，可以手工编辑这个文本文件，以添加属性或者根据最新发布的浏览器版本的更新文件来修改该文件。

注意，Browscap.ini 文件的内容需要及时更新，以保证能提供新版浏览器信息。本书所附源码中有最新的 Browscap.ini 文件，请替换 C:\Windows\System32\Inersrv 目录下的旧文件。

7.2.2 浏览器性能组件的属性

浏览器性能组件是通过其各种属性来检查浏览器的性能的，常用属性如表 7-4 所示。

表 7-4 浏览器性能组件的属性

属 性 名	描 述
ActiveXControls	指示浏览器是否支持 ActiveX 控件
backgroundsounds	指示浏览器是否支持背景音乐
beta	指示浏览器是否是测试版
browser	指示浏览器的名字
cdf	指示浏览器是否支持 Web 发布的频道解释定义
cookies	指示浏览器是否支持 cookies
frames	指示浏览器是否支持帧显示
Javaapplets	指示浏览器是否支持 Javaapplets
javascript	指示浏览器是否支持 Javascript

续表

属性名	描述
platform	指示浏览器运行所需的操作系统
tables	指示浏览器是否支持表格
vbscript	指示浏览器是否支持 VBScript
version	指示浏览器的版本

7.2.3 【任务 32】查看浏览器性能

本任务中，将通过浏览器性能组件来查看浏览器的兼容性，浏览效果如图 7-5 所示。

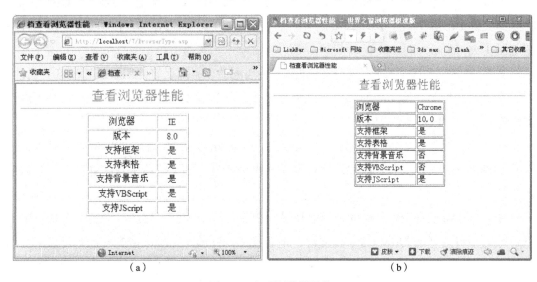

图 7-5 查看浏览器性能

在本例的实现过程中，将学习浏览器性能组件的应用。

创建名为 BrowserType.asp 的 ASP 脚本文件，内容如下：

```
<!--BrowserType.asp-->
<%@LANGUAGE="VBSCRIPT" CODEPAGE="65001"%>
<!DOCTYPE html PUBLIC "-//W3C//DTD XHTML 1.0 Transitional//EN"
"http://www.w3.org/TR/xhtml1/DTD/xhtml1-transitional.dtd">
<html xmlns="http://www.w3.org/1999/xhtml">
<head>
<meta http-equiv="Content-Type" content="text/html; charset=utf-8" />
<title>档查看浏览器性能</title>
</head>
<body>
<%
'创建 BrowserType 实例
Set bc = Server.CreateObject("MSWC.BrowserType") %>
```

```
<center>
<font size=5 color=red>查看浏览器性能</font><hr>
<TABLE BORDER=1>
    <TR><TD width=120>浏览器</TD><TD width=50>  <%= bc.browser%>  </td>
    <TR><TD>版本</TD><TD>  <%= bc.version  %>  </TD></TR>
    <TR><TD>支持框架</TD><TD>
    <%
    if (bc.frames = TRUE) then
        response.Write("是")
    else
        response.Write("否")
    end if
    %>
    </td></TR>
    <TR><TD>支持表格</TD><TD>
    <%
    if (bc.tables = TRUE) then
        response.Write("是")
    else
        response.Write("否")
    end if
    %>
    </TD></TR>
    <TR><TD>支持背景音乐</TD><TD>
    <%
    if (bc.BackgroundSounds = TRUE) then
        response.Write("是")
    else
        response.Write("否")
    end if
    %>
    </TD></TR>
    <TR><TD>支持 VBScript</TD><TD>
    <%
    if (bc.vbscript = TRUE) then
        response.Write("是")
    else
        response.Write("否")
    end if
    %>
    </TD></TR>
    <TR><TD>支持 JScript</TD><TD>
    <%
```

```
        if (bc.javascript = TRUE) then
            response.Write("是")
        else
            response.Write("否")
        end if
        %>
        </TD></TR>
    </TABLE>
    </center>
    </body>
</html>
```

上面的程序中，通过对 BrowserType 对象的实例进行检查，以获取浏览器的各种性能参数。这对在网站中设计跨平台的网页时，是相当有用的。

7.3 导航链接组件

7.3.1 Content Linking 组件简介

在维护和更新网站页面时，如果某个网页发生了改变，其他所有相关的网页都要重新再做一次超级链接。如果网站较大，那么这种维护工作是相当烦琐的。Content Linking 组件的出现解决了这一问题，它可以让设计者在这些页面中建立一个目录表，然后在它们中间建立动态连接，并自动生成和更新目录表及先前和后续的 Web 页的导航链接。

ContentLinking 组件对网站是非常有用的工具，它提供了内容页面，或者包含对同一站点上其他页面的链接列表的页面。它自动把当前显示页面的 URL 与存储在服务器里的内容链接列表文件中的页面列表匹配起来，并且能允许用户通过页面列表按正反顺序进行浏览。也就是说，即使访问者已经在内容页面中单击了一个链接并且正在查看列表中的某一个页面，该组件仍然会辨认出所访问的页面在列表中的位置。

因为所有链接的资料均在一个含有链接内容的内容链接列表文件中，该文件是一个文本文件，维护网站以及页面间的链接仅仅需要编辑这个文本文件就可以了。

7.3.2 Content Linking 组件的成员

Content Linking 组件提供了 8 种方法来进行链接条目的检索操作，如表 7-5 所示。

如果当前页面不在内容链接列表文件中，GetListIndex 方法将返回 0，GetNextURL 和 GetNextDescription 方法将返回列表文件中最后一个页面的 URL 和描述，而 GetPreviousURL 和 GetPreviousDescription 方法将返回列表文件中第一个页面的 URL 和描述。

表 7-5　Content Linking 组件的方法

方　　法	说　　明
GetListCount(links_file)	统计内容链接列表文件中链接的项目数
GetListIndex(links_file)	获取内容链接列表文件中所列的下一页的
GetNextURL(links_file)	获取内容链接列表文件中所列的上一页的说明行
GetNextDescription(links_file)	获取内容链接列表文件中当前页的索引
GetPreviousURL(links_file)	获取内容链接列表文件中所列的第 n 页的说明
GetPreviousDescription(links_file)	获取内容链接列表文件中所列的上一页的
GetNthURL(links_file,n)	获取内容链接列表文件中所列的下一页的说明
GetNthDescription(links_file,n)	获取内容链接列表文件中所列的第 n 页的说明

这些方法能够检索来自内容链接列表文件的条目，既能相对于当前页面检索条目，也可以使用索引号检索绝对条目，第一个条目的索引号为 1。

7.3.3　内容链接列表文件

内容链接列表文件包括一个简单的按显示顺序排列的页面 URL 列表，同时也提供了相应的描述，用于在内容页面中显示链接文本。如果需要，还可以增加对每个页面的注释，注释可以帮助识别链接，但对访问者来说注释是不可见的。

对于网站中需要维护的每个页面，列表文件中都有一个对应的文本行，每一行由 URL、描述和注释所组成，各部分由 Tab 字符（注意，不是空格，否则文件将不能工作）分隔，最后用回车结束。例如：

```
page1.htm    第1章 ASP 网站开发基础
page2.htm    第2章 网页设计基础
page3.htm    第3章 ASP 脚本语法
page4.htm    第4章 Request 对象与 Response 对象
```

需要注意的是，链接页面的 URL 必须由一个相对的虚拟或物理的路径来说明，如 page1.htm、aspteach\index.aspt 等。URL 中不能使用 "http："、"//" 或者 "\\" 作为开头。

此外，可以通过在内容链接列表文件中重新排列页面的顺序，来改变它们的显示顺序。

一旦创建了内容链接列表文件，就可以把 Content Linking 组件添加到页面中进行导航浏览。还有一点需要注意，内容列表文件和使用它的 ASP 页面应处在同一文件夹中。否则，应提供一个相对物理路径或一个完整的虚拟路径。

7.3.4　【任务 33】案例导航

本任务中，将通过 ASP 的 Content Linking 组件实现一个导航链接页面，为本章前面所做过的任务案例做导航链接，以方便浏览，任务效果如图 7-6 所示。

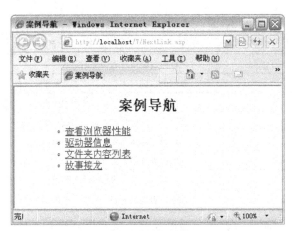

图 7-6 导航链接

在本例的实现过程中，将学习使用 Content Linking 组件来管理和维护链接。

本任务中共有 6 个文件，分别是包含 Content Linking 组件的导航链接页面，1 个内容链接列表文件和 4 个对应的链接内容页面。

导航链接页面文件名为 NextLink.asp，内容如下：

```
<%@LANGUAGE="VBSCRIPT" CODEPAGE="65001"%>
<!DOCTYPE html PUBLIC "-//W3C//DTD XHTML 1.0 Transitional//EN" "http://www.w3.org/TR/xhtml1/DTD/xhtml1-transitional.dtd">
<html xmlns="http://www.w3.org/1999/xhtml">
<head>
<meta http-equiv="Content-Type" content="text/html; charset=utf-8" />
<title>案例导航</title>
</head>
<body>
<h2 align="center">案例导航</h2>
<ol>
<%
    Set NextLink=Server.CreateObject("MSWC.NextLink")  '创建NextLink对象实例
    count=NextLink.GetListCount("nextlink.txt")  '获取链接列表文件中的超链接数目
    I=1                                          '初始化超链接序号
%>
<ul>
<%
    While (I<=count)                             '循环显示超链接条目
%>
    <!--获取超链接列表中第 i 个超链接的 URL 和对应的描述-->
    <li><a href=" <%=NextLink.GetNthURL("nextlink.txt", I) %> ">
        <%= NextLink.GetNthDescription ("nextlink.txt", I) %> </a>
    <%
```

```
        I=(I+1)
   wend
     %>
</ul>
</ol>
</body>
</html>
```

内容链接列表文件名为 nextlink.txt，内容如下：

```
BrowserType.asp        查看浏览器性能
drive.asp              驱动器信息
FileList.asp           文件夹内容列表
story.asp              故事接龙
```

4个对应的链接内容页面在本章前面的学习中已完成，这里不需要重新设计。

完成设计后，运行导航链接页面文件 NextLink.asp，效果如图 7-6 所示，可以通过其中的链接转到对应的链接内容页面。

注意，如果导航链接页面文件 NextLink.asp 运行时出现乱码，可能是因为内容链接列表文件 nextlink.txt 的编码格式不符所引起。解决方法是：在 Dreamweaver CS5 中打开 nextlink.txt 文件，单击"修改"→"页面属性"菜单命令，在弹出的"页面属性"窗口中修改"文档编码"为 GB2312。

7.4 广告轮显组件

7.4.1 广告轮显组件简介

广告轮显组件 AdRotator 允许浏览器在引用 ASP 页面时每次显示不同的图像，这项技术经常用在显示广告的页面上。每次打开或重新载入页面时，AdRotator 组件根据"旋转调度文件"（rotatorschedulefile）中的信息选择一幅图片，并插入网页中。

AD Rotator 组件功能相当于在网站上建立了一个符合广告领域标准功能的广告系统。它具有每次访问 ASP 页面时，在页面上显示不同的广告内容；跟踪特定广告显示次数的能力以及跟踪客户端在广告上单击次数的能力。

7.4.2 AD Rotator 组件的应用

AD Rotator 组件的应用通常包括三个部分：广告计划文件、广告引用文件和转向处理文件。

AD Rotator 组件的工作原理是：广告计划文件包括与要显示广告图片文件的位置有关的信息，以及每个图片的不同属性；广告引用文件通过 AD Rotator 组件读取计划文件中的内容，并将其作为广告显示到页面中，通常这是个超级链接广告，并且对其单击会载入一个重定向文件；重定向所载入的网页是个常规的 ASP 页面，能记录用户对文件的操作或单击计数，然后重新定向到相应的广告主的网站。

1．AD Rotator 广告计划文件

AD Rotator 计划文件是一个标准的文本文件，该文件是用户自行创建的文件。它通常用来解析由 AdRotator 对象发送的查询字符串的脚本，并将用户重定向到与用户所单击的广告所相关的 URL。其内容格式如下：

```
Redirect gourl.asp
width 234
height 40
border 0
*
bjjyksy.gif
http://www.bjeea.cn
北京教育考试院
50
…
```

文件的前四行包含了广告的全局设置：

（1）Redirect

Redirect 指定转向处理文件的 URL。

当单击广告图片时将发送一个请求到该 URL，请求中包含有两个参数的查询字符串，参数为特定广告主页的 URL 和图像文件的 URL。下面是一个广告请求的 URL 示例。

```
http://localhost/gourl.asp?url=http://www.bjeeic.org&image=logo_pxzx.gif
```

这些参数可在转向处理文件 gourl.asp 文件中进行提取，进行下一步的处理，比如跟踪广告的单击次数、跳转到接受的广告主页等。

（2）width、height、border

这几行指定广告图片的宽、高以及边框线大小。

第五行的"*"号表示了分隔符，"*"号下面以每 4 行为一个单位进行描述每个广告的细节。其中，第一行为每个广告的描述，即包含图片文件的 URL；第二行为广告对象的主页 URL（如果广告客户没有主页，则该行可设置为一个连字符"-"，指出该广告没有链接）；第三行为图片的替代文字；第四行指定该页与其他页交替显示频率的数值，如果有多个广告，则这些数值的总和为 100。

2. 广告引用文件

通常广告引用文件只有如下两行语句：

```
<%Set objAd = Server.CreateObject("MSWC.AdRotator")    %>
<%= objAd.GetAdvertisement("adrot.txt") %>
```

第一行用于创建 AdRotator 组件实例，第二行用于读取指定的计划文件 adrot.txt 中的广告计划，并显示图片。

在网页设计中，可以通过#include 指令将该文件包含到需要设置广告的位置，将广告嵌入到网页中。

3. 转向处理文件

转向处理文件用于处理单击广告时传递的请求，通常内容如下：

```
<%
    where=request.querystring("url")
    response.redirect where
%>
```

程序中提取 URL 中发来的广告主的目标 URL，并通过 response.redirect 方法重定向到广告主的网站。通常，在执行重定向跳转语句之前，可以添加跟踪广告的单击次数、记录单击频率的代码，用于统计和收费。

7.4.3 【任务 34】动态广告条

本任务中，在网页上会随机显示一张广告图片，如图 7-7 所示。如果刷新页面或重新访问页面，会按一定概率显示另外的广告图像；如果单击广告图片，则会跳转到该图片所链接的网站。

图 7-7 动态广告条

在本任务的实现过程中,将学习使用广告轮显组件 AdRotator 在网页中添加动态广告。

本任务中包括3个文件,广告计划文件 adrot.txt、广告引用文件 adrot.asp 和转向处理文件 gourl.asp。

广告计划文件 adrot.txt 用于广告图片的位置、大小、超链接和出现概率的设计,内容如下:

```
Redirect gourl.asp
width 200
height 40
border 0
*
http://www.baidu.com/img/baidu_sylogo1.gif
http://www.baidu.com
百度搜索
30
http://www.google.com.hk/intl/zh-CN/images/logo_cn.png
http://www.google.com.hk
谷歌搜索
30
http://www.bjeeic.org/images/logo_zdzx.gif
http://www.bjeeic.org
北京市教育考试指导中心
40
```

广告引用文件 adrot.asp 用于读取广告计划文件的内容,并显示广告。adrot.asp 的内容如下:

```
<%@LANGUAGE="VBSCRIPT" CODEPAGE="65001"%>
<!DOCTYPE html PUBLIC "-//W3C//DTD XHTML 1.0 Transitional//EN"
"http://www.w3.org/TR/xhtml1/DTD/xhtml1-transitional.dtd">
<html xmlns="http://www.w3.org/1999/xhtml">
<head>
<meta http-equiv="Content-Type" content="text/html; charset=utf-8" />
<title>动态广告条</title>
</head>
<body>
    <h1 align="center">动态广告条        </h1>
    <center>
    <%
        '创建 adrotator 对象实例
        set objad = server.createobject("mswc.adrotator")
    %>
```

```
            <!--读取 adrot.txt 中的广告计划,并显示图片-->
        <%= objad.getadvertisement("adrot.txt") %><br>
    </center>
    <hr>
    <center><a href="adrot.asp">重新访问本页</a>
    </center>
</body>
</html>
```

当用户单击广告图片时,将跳到转向处理文件 gourl.asp 进行处理,然后通过重定向转到广告对应的网站。gourl.asp 文件的内容如下:

```
<!--gourl.asp-->
<%
    where=request.querystring("url")
    response.redirect where
%>
```

7.5 电子邮件组件

7.5.1 JMail 组件简介

JMail 组件是一个第三方组件,它是 Dimac 公司出品的邮件收发组件,是一个非常成熟和强大的邮件组件。它不但可以完成发邮件的工作,还可以 POP 收信,并支持收发邮件时的 PGP 加密,内置一个群发邮件的对象,可以使群发编程更简单。

JMail 的功能非常强大,除了常见的抄送暗送等多收件人功能外,它还支持添加嵌入式图片附件,并且可以从 URL 读取文件作为附件。在网上可以下载到 JMail 组件的免费版本,地址如下:

http://www.dimac.net/freedownloads/freedownloadsstart.asp

JMail 的免费版本也拥有全部完成的发邮件功能,只在收邮件和加密邮件等不常用到的方面进行了限制。

要使用 Dimac 的 JMail,必须在服务器上注册 jamil.dll。这可以通过以下方法实现:

方法一:使用 Jmail 提供的安装程序安装。双击 weJMail4.exe 运行安装程序,安装程序默认将该组件安装到 C:\Program Files\Dimac\w3JMail4\,安装程序将注册 jmail.dll 文件为一个组件。

方法二:将 jmail.dll 复制到的服务器上的 C:\WINDOWS\system32 目录下,再单击"开始"菜单中的"运行"命令,在弹出的"运行"对话框中输入 regsvr32 jmail.dll 命令并执行。

7.5.2 JMail 组件的应用

JMail 组件具有强大的功能,其方法和属性也较多,本书中只介绍一些常用的方法和属性,其他内容可参考 JMail 的说明文档。

JMail 组件使用最多的对象是 Message,几乎大部分的邮件收发功能都是由它的方法和属性来完成的。下面给出了 Message 的常用属性和方法。

(1) AddRecipient(emailAddress, recipientName, PGPKey)

为邮件添加一个收件人。例如:

```
JMail.AddRecipient "info@dimac.net"
```

(2) AddRecipientBCC(emailAddress, PGPKey)

添加一个密件抄送人(BCC)。要密送多人时,AddRecipientBCC 方法可以被使用多次,暗送人姓名是可选项。PGPKey 是可选项,如果没有设置或者 PGPencryption 被设置为 true,则使用 emailAddress 作为默认值。例如:

```
Message.AddRecipientBCC "info@dimac.net"
```

(3) AddRecipientCC(emailAddress, recipientName, PGPKey):

添加一个抄送人(CC)。要抄送多人时,AddRecipientCC 方法可以被使用多次,抄送人姓名是可选项。PGPKey 是可选项,如果没有设置或者 PGPencryption 被设置为 true,则使用 emailAddress 作为默认值。

```
Message.AddRecipientCC "info@dimac.net"
```

(4) AppendHTML(Text)

追加 HTML 正文给邮件。例如:

```
Message.AppendHTML("<h4>Hello</h4>")
```

(5) AppendText(Text)

追加文本正文给邮件。例如:

```
JMail.AppendText "Text appended to message Body"
```

(6) Close()

关闭 JMail。例如:

(7) Send(mailServer, enque)

发送邮件。邮件服务器是一个描述邮件服务器名称或地址的字符串(包括引号),用户名和密码是可选项,当邮件服务器需要发信认证时使用,使用格式为"用户名:密码@邮件服务器"。例如：

```
Message.Send("www.163.com")
Message.Send("wizardxxx:123456@163.com")
```

（8）Attachments()

返回邮件的附件的集合。例如：

```
set attachments = Message.Attachments
```

（9）Body()

返回邮件的正文。例如：

```
Response.Write( Message.Body )            '输出正文
Message.Body = "Hello world."             '设置正文
```

（10）BodyText()

返回全部的文本正文。例如：

```
Response.Write( Message.BodyText )
```

（11）Charset()

设置邮件使用的字符集，默认为"US-ASCII"，中文简体则设置为"GB2312"，本书中使用的是"UTF-8"。例如：

```
Message.Charset = " UTF-8"
```

（12）ContentType()：String

返回正文格式。

```
Response.Write( Message.ContentType )
```

（13）From()

返回或设置发件人的电子邮件地址。例如：

```
Message.From = "wizardxxx@163.com"        '设置发件人的电子邮件地址
Response.Write( Message.From )            '输出发件人的电子邮件地址
```

（14）FromName()

返回或设置发件人的姓名。例如：

```
Message.FromName = "John Doe"             '设置发件人的姓名
Response.Write(Message.FromName)          '输出发件人的姓名
```

（15）Size()

返回邮件的总的大小（字节数）。例如：

```
Response.Write( Message.Size )
```

（16）Subject()

邮件的主题（subject）。例如：

```
Response.Write( Message.Subject )
Message.subject = "w3 JMail is here!"
```

（17）MailServerPassWord()

如果邮件服务器启用了 SMTP 发信认证，则用此属性设置登录密码。例如：

```
Message.MailServerPassword = "123456"
```

（18）MailServerUserName()

如果邮件服务器启用了 SMTP 发信认证，则用此属性设置登录用户名。例如：

```
Message.MailServerUserName = "wizardxxx"
```

下面的例子将告诉用户如何创建 JMail 对象，并使用它创建一个新的邮件，设置它的标题、内容并发送它。

```
<!--sendmail.asp-->
<html>
<head>
<meta http-equiv="Content-Type" content="text/html; charset=gb2312" />
<title>邮件发送</title>
</head>

<body>
<%
set msg = Server.CreateOBject("JMail.Message")         '创建 Jmail 对象实例
msg.From = "wizardxxx@163.com"                          '设置发件人信息
msg.AddRecipient "wizardwood@163.com","杨旭"            '设置收件人信息
msg.Charset="utf-8"                                     '设置字符集
msg.ContentType = "text/html"                           '设置正文格式
msg.Subject = "近来可好？"                              '设置邮件标题
msg.Body = "这是我学习 JMail 时的一个试验." & vbCrLf    '设置邮件正文
msg.appendText "这里是追加的内容。"                     '追加邮件正文信息
msg.MailServerUserName = "wizardxxx"                    '设置身份验证的用户名
msg.MailServerPassword = "abc123"                       '设置身份验证的密码
msg.Send("smtp.163.com" )                               '发送邮件服务器
msg.close
response.Write("发送成功！")
%>
```

```
</body>
</html>
```

程序中加了详细的注释,可以很容易地了解程序语句的用途。另外,由于不是所有的服务器都有邮件发送功能,因此,这里使用了一个 163 的邮箱来进行邮件的发送,邮箱用户名为 wizardxxx,密码为 abc123,发送邮件服务器为 smtp.163.com。

7.5.3 【任务 35】收发电子邮件

本任务中将实现一个可以发送电子邮件的 ASP 程序,运行效果如图 7-8 所示。

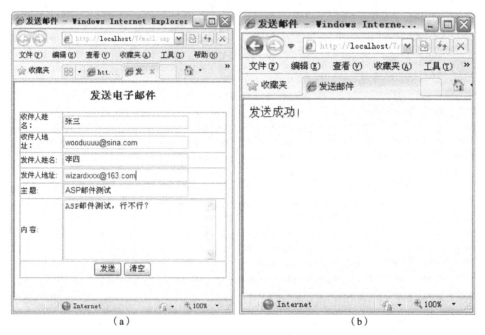

图 7-8 发送电子邮件

在本任务的实现过程中,将学习第三方组件的注册和 Jmail 电子邮件组件的应用。

这个电子邮件发送程序分为两个文件,前台用于输入电子邮件信息的 mail.asp 文件和后台用于发送电子邮件的 mailsend.asp 文件。

mail.asp 文件用于输入邮件信息并提交邮件信息给 send.asp 进行处理。其内容如下:

```
<%@LANGUAGE="VBSCRIPT" CODEPAGE="65001"%>
<!DOCTYPE html PUBLIC "-//W3C//DTD XHTML 1.0 Transitional//EN" "http://www.w3.org/TR/xhtml1/DTD/xhtml1-transitional.dtd">
<html xmlns="http://www.w3.org/1999/xhtml">
<head>
<meta http-equiv="Content-Type" content="text/html; charset=utf-8" />
<title>发送邮件</title>
```

```html
</head>

<body style="font-size:12px">
<h2 align="center">发送电子邮件</h2>
<form method=post action="mailsend.asp">
  <table border="1" cellspacing="0">
    <tr>
      <td width="78">收件人姓名：</td>
      <td width="281"><input name="towho" type="text" id="towho" size="30"></td>
    </tr>
    <tr>
      <td>收件人地址：</td>
      <td><input name="toaddr" type="text" id="toaddr" size="30"></td>
    </tr>
    <tr>
      <td>发件人姓名:</td>
      <td><input name="fromwho" type="text" id="fromwho" size="30"></td>
    </tr>
    <tr>
      <td>发件人地址:</td>
      <td><input name=fromaddr type=text id="fromaddr" size=30></td>
    </tr>
    <tr>
      <td>主 题:</td>
      <td><input name=subject type=text size=30></td>
    </tr>
    <tr>
      <td>内 容:</td>
      <td><textarea name=content cols=30 rows=6></textarea></td>
    </tr>
    <tr>
      <td colspan="2"><center>
        <input name="submit" type=submit value=发送>
        <input name="reset" type=reset value=清空>
      </center>    </td>
    </tr>
  </table>
  <br>
</form>
</body>
</html>
```

后台用于发送电子邮件的 send.asp 文件内容如下：

```
<%@LANGUAGE="VBSCRIPT" CODEPAGE="65001"%>
<!DOCTYPE html PUBLIC "-//W3C//DTD XHTML 1.0 Transitional//EN"
"http://www.w3.org/TR/xhtml1/DTD/xhtml1-transitional.dtd">
<html xmlns="http://www.w3.org/1999/xhtml">
<head>
<meta http-equiv="Content-Type" content="text/html; charset=utf-8" />
<title>发送邮件</title>
</head>

<body>
<%
    '获取邮件表单信息
    fromaddr=request.Form("fromaddr")
    fromwho=request.Form("fromwho")
    towho=request.Form("towho")
    toaddr=request.Form("toaddr")
    subject=request.Form("subject")
    content=request.form("content")

    '创建 Jmail 对象实例
    set msg = Server.CreateObject("JMail.Message")
    msg.Logging = true
    msg.From = fromaddr                              '设置发件人信息
    msg.FromName=fromwho
    msg.AddRecipient toaddr,towho                    '设置收件人信息
    msg.Charset="utf-8"                              '设置字符集
    msg.ContentType = "text/html"                    '设置正文格式
    msg.Subject = subject                            '设置邮件标题
    msg.Body = content                               '设置邮件正文
    msg.MailServerUserName = "wizardxxx"             '身份验证的用户名
    msg.MailServerPassword = "abc123"                '身份验证的密码
    msg.Send("smtp.163.com" )                        '发送邮件服务器
    msg.close
    response.Write("发送成功！")
%>
</body>
</html>
```

在这个文件中，先获取 mail.asp 提交的邮件信息，再通过 Jmail 的 Message 对象实例来发送邮件。

7.6 文件上传组件

7.6.1 AspUpload 组件简介

AspUpload 是个功能强大的文件上传组件，通过它可以实现多种方案的文件上传，还有一些不错的附属功能。

AspUpload 组件可以从下面的地址下载。

http://www.aspupload.com

AspUpload 下载到服务器之后，按照安装向导的指示一步步安装即可。

与 Jmail 一样，下载组件的文件形式一般有两种，.EXE 可执行文件和.DLL 动态链接库文件。对于 EXE 程序，只需要按照安装向导的提示一步步安装即可；而 DLL 动态链接库文件则需要在操作系统的"运行"对话框里输入注册命令，手工进行系统注册。

7.6.2 AspUpload 组件的使用

AspUpload 是个非常强大的文件上传组件，功能也比较多，这里只是简单的介绍其文件上传功能。AspUpload 组件除了可以上传文件外，还可以像表单一样上传表单元素内容。因此，即有上传文件属性，也有表单属性。

1. AspUpload 组件常用属性和方法

AspUpload 组件常用的上传文件的属性和方法如下。

（1）SetMaxSize

设置上传文件的最大字节数。

（2）OverWriteFiles

能否将同名文件覆盖。为 True 时能覆盖原文件，默认为 True。

（3）Save

将文件上传到某个文件夹中。

（4）CodePage

设置编码格式，如设置为 65001 即为 utf-8 编码，设置为 936 则为 GB2312 编码。

（5）Files 集合

如果在一个表单中上传一个或多个文件，可以通过 Files 集合来获取这些文件对象的信息。

（6）Form 集合

代替原来 HTML 中的 Form 集合。因为 AspUpload 要求在上传时，表单必须使用 multipart/form-data 方法进行编码，原来表单中的内容不能使用 Form 集合来取得，因此 AspUpload 中提供了自己的 Form 集合，来取代原来 ASP 中的 Form 表单。

注意，AspUpload 的 Form 集合与 HTML 中的 Form 集合有一个区别，它不能获取 file 表单元素的内容，HTML 中的 file 表单元素内容可由 AspUpload 中的 Files 集合来获取。

（7）Path

文件上传后的存放位置，可用于 Files 集合对象。

（8）Size

文件上传后的大小（字节数），可用于 Files 集合对象。

（9）Name

上传表单中的表单元素名称，可用于 Form 集合对象。

（10）FileName

上传文件的名称，用于 Files 集合对象。

（11）Value

表单元素的值，用于 Form 集合对象。

2．AspUpload 的应用

（1）表单 Form 的设置

由于是使用表单上传文件，必须指定表单 Form 的 enctype 属性为"multipart/form-data"，才能使用二进制格式上传表单内容。此外，还需要设置表单的 method 方法为 post，如下所示：

```
<form method="post" enctype="multipart/form-data" action="upload.asp">
```

表单中的源文件通常通过 HTML 中的表单元素 file 来获取，如下所示：

```
<input name="uploadfile" type="file" >
```

（2）文件的上传

通过表单 Form 上传文件信息到服务器端后，可以使用 AspUpload 来上传文件并获取文件相关信息。

首先，可以使用下面的语句来创建 AspUpload 对象。

```
set upload = server.createobject("persits.upload.1")
```

然后，通过下面的语句来存储文件到指定文件夹（注意，必须设置文件夹权限）。

```
upload.save "c:\aspteach\upload"
```

（3）同名文件的处理

默认情况下，AspUpload 将覆盖上传路径中已有的同名文件。可以在调用 Save 方法前设置 OverwriteFiles 属性来为上传文件产生特有的名字来防止覆盖已有文件，如下所示：

```
Upload.OverwriteFiles = False
```

为防止名字冲突，AspUpload 将在原来文件名后面加上用圆括号括起来的整数。例如，如果文件 File.txt 已经存在于上传目录了，并且另外一个同名文件正在上传，AspUpload 会将新文件存为 File(1).txt。如果上传更多的 File.txt，它们将被存为 File(2).txt、File(3).txt……

（4）限制文件大小

可以使用 SetMaxSize 方法来限制上传文件的最大大小，以免文件过大，导致存储空间被占用。例如：

```
upload.SetMaxSize 5000000, False
```

上面语句中，第一个参数设置文件最大大小为 5M，第二个参数设置为 False，表示超出部分被裁剪，如果为 True，则整个文件被删除。

注意，upload.SetMaxSize 语句必须在 upload.save 之前进行设置。

（5）获取文件信息

上传文件信息可由 Files 集合来获取，如下所示：

```
upload.files("uploadfile").filename      '文件名
upload.files("uploadfile").path          '文件路径
upload.files("uploadfile").size          '文件大小
```

注意，Files 集合中的对象名称 uploadfile 必须与上传文件表单元素 file 中的 Name 值相对应。如果是多个文件，也可以通过 For Each 语句来获取，如下所示：

```
For Each File in Upload.Files
    response.write File.filename & "<br>"    '显示文件名
    response.write File.path & "<br>"        '显示文件路径
    response.write File.size & "<br>"        '显示文件大小
Next
```

（6）获取表单中的其他表单元素信息

其他表单元素信息可以用 Form 集合来获取，如果是中文信息，需要在获取前指定编码格式，编码格式要与上传时一致。如下所示：

```
upload.CodePage=65001             '设置编码方式为utf-8
response.write upload.Form("intro").value & "<br>" '显示表单中名为intro的
元素value值
```

7.6.3 【任务 36】文件上传

本任务将实现一个可以上传文件的 ASP 网页，任务效果如图 7-9 所示。

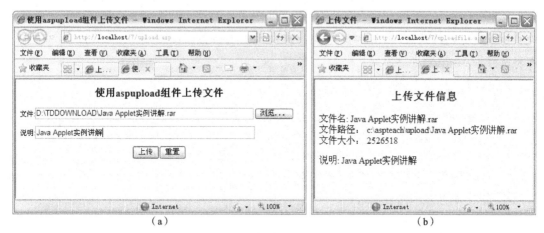

图 7-9 文件上传

在本任务实现过程中，将学习 AspUpload 组件的应用。

任务由两个文件组成，分别是前台添加文件的 upload.asp 文件和后台上传文件的 uploadfile.asp 文件。

upload.htm 文件的内容如下：

```
<%@LANGUAGE="VBSCRIPT" CODEPAGE="65001"%>
<!DOCTYPE html PUBLIC "-//W3C//DTD XHTML 1.0 Transitional//EN"
"http://www.w3.org/TR/xhtml1/DTD/xhtml1-transitional.dtd">
<html xmlns="http://www.w3.org/1999/xhtml">
<head>
<meta http-equiv="Content-Type" content="text/html; charset=utf-8" />
<title>
使用 aspupload 组件上传文件
</title>
<body style="font-size:12px">
<h2 align="center">使用 aspupload 组件上传文件</h2>
    <!--使用 multipart/form-data 方式提交表单-->
    <form method="post" enctype="multipart/form-data" action="uploadfile.asp">
        <!--使用文件浏览控件添加文件路径-->
        <p>文件:<input name="uploadfile" type="file" size="60" > </p>

        <p>说明:<input name="intro" type="text" size="60"></p>
        <p align="center">
```

```
            <input type=submit value="上传"><input type=reset value="重置">
          </p>
      </form>
</body>
</html>
```

在程序中，表单 ENCTYPE 属性必须设置为 multipart/form-data，该属性将表单内容作为多部分/格式-数据进行提交。

uploadfile.asp 文件的内容如下：

```
<%@LANGUAGE="VBSCRIPT" CODEPAGE="65001"%>
<!DOCTYPE html PUBLIC "-//W3C//DTD XHTML 1.0 Transitional//EN"
"http://www.w3.org/TR/xhtml1/DTD/xhtml1-transitional.dtd">
<html xmlns="http://www.w3.org/1999/xhtml">
<head>
<meta http-equiv="Content-Type" content="text/html; charset=utf-8" />
<title>上传文件</title>
</head>

<body >
<%
set upload = server.createobject("persits.upload.1")  '创建upload对象实例
upload.CodePage=65001          '设置编码方式为utf-8
Upload.OverwriteFiles = False   '同名文件自动改名
upload.SetMaxSize 5000000, True   '设置文件大小为 5M，超出则整个文件被删除
upload.save "c:\aspteach\upload"   '上传文件
%>
<h3 align="center">上传文件信息</h3>
文件名：
<%
response.write upload.files("uploadfile").filename & "<br>" '显示文件名
%>
文件路径：
<%
response.write upload.files("uploadfile").path & "<br>" '显示文件路径
%>
文件大小：
<%
response.write upload.files("uploadfile").size & "<br>" '显示文件大小
%>
<p>
说明：
<%
```

```
    response.write upload.Form("intro").value & "<br>"      '显示文件说明
%>
</body>
</html>
```

7.7 任务拓展训练

7.7.1 【任务 37】文件信息浏览

本任务中,将实现一个在网页中显示服务器端文件的 ASP 程序,效果如图 7-10 所示。

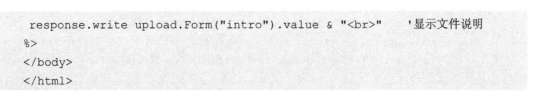

图 7-10 文件信息浏览

本任务中,将通过 FileSystemObject 对象和 Folder 对象来实现对文件夹内文件信息的浏览。

创建名为 FileView.asp 的 ASP 文件,输入如下代码:

```
<%@LANGUAGE="VBSCRIPT" CODEPAGE="65001"%>
<!DOCTYPE html PUBLIC "-//W3C//DTD XHTML 1.0 Transitional//EN"
"http://www.w3.org/TR/xhtml1/DTD/xhtml1-transitional.dtd">
<html xmlns="http://www.w3.org/1999/xhtml">
<head>
<meta http-equiv="Content-Type" content="text/html; charset=utf-8" />
<title>文件浏览器</title>
</head>
<body>
<table   width="100%"   border=1    bordercolor="#000000"   align="left"
cellpadding="2" cellspacing="0">
        <tr align="left" valign="top" bgcolor="#800000" >
```

```
        <td width="60%"><font color="#ffffff"><b>文件名</b></font></td>
        <td width="15%"><font color="#ffffff"><b>大小</b></font></td>
        <td width="25%"><font color="#ffffff"><b>修改日期</b></font></td>
    </tr>
<%
    set objfso = createobject("scripting.filesystemobject")    '创建filesystemobject实例
    smappath ="c:\aspteach"                                    '设置浏览路径
    set objfolder = objfso.getfolder(smappath)    '取得路径的文件夹目录
    for each objfile in objfolder.files           '通过for each循环浏览文件
%>
    <tr align="left" valign="top" bordercolor="#999999" bgcolor='f7efde'>
        <td> <font  color="#000000"><a href="<% = smappath & "/" & objfile.name %>">
<%
response.write objfile.name                        '显示文件名称
%>
</a>
</font> </td>
        <td>
            <font  color="#000000">
            <%
            '设置文件大小的单位
            if objfile.size <1024 then
                response.write objfile.size & " bytes"
            elseif objfile.size < 1048576 then
                response.write round(objfile.size / 1024.1) & " kb"
            else
                response.write round((objfile.size/1024)/1024.1) & " mb"
            end if
            %>
            </font>    </td>
        <td>
            <font face="宋体" color="#000000">
            <%
            response.write objfile.datelastmodified           '显示修改日期
            %>
            </font></td>
        </font>
    </td>
    </tr>
    <%
    next
```

```
       %>
       </table>
</body>
</html>
```

保存文件,在浏览器中的访问效果如图 7-10 所示。

7.7.2 【任务 38】图形显示的访问计数器

在前面的学习中,计数器都只在应用程序运行时有效,当应用程序停止时,则计数丢失。本任务中将通过文件系统对象来存储计数结果,将以图形方式显示访问计数器,如图 7-11 所示。

程序中使用了数字图片来显示对应的文字,如图 7-12 所示。

图 7-11 图形显示的访问计数器

图 7-12 数字图片

其中每个数字都是一个独立的小图片,这些图片存储在网站根目录下的 image 文件夹中。

创建名为 counter.asp 的文件,输入如下代码:

```
<%@LANGUAGE="VBSCRIPT" CODEPAGE="65001"%>
<!DOCTYPE html PUBLIC "-//W3C//DTD XHTML 1.0 Transitional//EN"
"http://www.w3.org/TR/xhtml1/DTD/xhtml1-transitional.dtd">
<html xmlns="http://www.w3.org/1999/xhtml">
<head>
<meta http-equiv="Content-Type" content="text/html; charset=utf-8" />
<title>图形显示的访问计数器</title>
</head>
<body>
<h2 align="center">图形显示的访问计数器</h2>
<h2 align="center">
    <%
```

```
            counterfile=server.mappath("count.txt")        '获取计数文件路径

    '打开文件,获取原计数值
    set fs = createobject("scripting.filesystemobject")
    if fs.fileexists(counterfile) then
        set txtfile = fs.opentextfile(counterfile)
        visitors=txtfile.readline
        txtfile.close
    else
        visitors = 1
    end if

    '计算输出数字图像
    counterlen=len(visitors)
    for i=1 to counterlen
        gif=mid(visitors,i,1)
        gifurl="/images/"&gif&".gif"
        response.write("<img src='"&gifurl&"' hspace='0' vspace='0' border='0'>")
    next

    '将计数值加1后写入文件
    application.lock
    visitors=visitors+1
    set out=fs.createtextfile(counterfile)
    out.writeline(visitors)
    out.close
    set fs=nothing
    application.unlock
    %>
    </h2>
    </body>
    </html>
```

保存文件,在浏览器中的访问效果如图 7-11 所示。

习题 7

1. 填空

(1) 创建组件的实例可使用 Server 对象提供的_____方法。

(2) _____对象可用来读写文件,它提供对存储在磁盘上文件的访问能力。

（3）_____对象的方法和属性被用来处理单独的文件。

（4）_____组件可以提取识别客户端浏览器的版本信息，用以描述客户端浏览器性能。

（5）_____允许浏览器在引用 ASP 页面时每次显示不同的图像，这项技术经常用在显示广告的页面上。

（6）_____要使用 JMail，必须在服务器上_____。

（7）当使用 AspUpload 上传文件时，表单 ENCTYPE 属性必须设置为_____。

（8）表单元素_____的功能是打开"选择文件"对话框，以选择要上传的文件。

（9）_____用于对文件内容进行操作。

（10）_____可用来获取当前系统中各个驱动器的信息。

2．程序设计

（1）仿照"故事接龙"设计一个 ASP 程序，可以访问存储格式如下的联系人信息。

姓名	电话	住址
张明	87566745	东城区东直门外 11#
刘军	65749812	朝阳区将台路 212#

（2）仿照"导航链接"设计一个网页用于显示商品目录，并在单击商品链接时跳转到商品说明页面。

（3）仿照"动态广告条"设计一个更完善的广告统计程序，可以记录该广告被单击的总次数。

反侵权盗版声明

电子工业出版社依法对本作品享有专有出版权。任何未经权利人书面许可，复制、销售或通过信息网络传播本作品的行为；歪曲、篡改、剽窃本作品的行为，均违反《中华人民共和国著作权法》，其行为人应承担相应的民事责任和行政责任，构成犯罪的，将被依法追究刑事责任。

为了维护市场秩序，保护权利人的合法权益，我社将依法查处和打击侵权盗版的单位和个人。欢迎社会各界人士积极举报侵权盗版行为，本社将奖励举报有功人员，并保证举报人的信息不被泄露。

举报电话：（010）88254396；（010）88258888
传　　真：（010）88254397
E-mail：dbqq@phei.com.cn
通信地址：北京市万寿路 173 信箱
　　　　　电子工业出版社总编办公室
邮　　编：100036